湖北省地质灾害综合防治体系建设成果

地质灾害综合防治体系建设宜昌实践

DIZHI ZAIHAI ZONGHE FANGZHI TIXI JIANSHE YICHANG SHIJIAN

宜昌市自然资源和城乡建设局　编著

图书在版编目(CIP)数据

地质灾害综合防治体系建设宜昌实践/宜昌市自然资源和城乡建设局编著. —武汉:中国地质大学出版社,2024.11. —ISBN 978-7-5625-6094-4

Ⅰ. P694

中国国家版本馆CIP数据核字第2025E3N195号

地质灾害综合防治体系建设宜昌实践	宜昌市自然资源和城乡建设局	**编著**
责任编辑:谢媛华　　　　　选题策划:谢媛华		责任校对:徐蕾蕾
出版发行:中国地质大学出版社(武汉市洪山区鲁磨路388号)		邮政编码:430074
电　　话:(027)67883511　　传　　真:(027)67883580		E-mail:cbb @ cug.edu.cn
经　　销:全国新华书店		https://cugp.cug.edu.cn
开本:787mm×1092mm 1/16	字数:525千字	印张:20.5
版次:2024年11月第1版	印次:2024年11月第1次印刷	
印刷:武汉中远印务有限公司		
ISBN 978-7-5625-6094-4		定价:158.00元

如有印装质量问题请与印刷厂联系调换

《地质灾害综合防治体系建设宜昌实践》

编委会

指导委员会

马霄汉　　胡胜华　　唐作友　　肖春锦
易庆林　　易　武　　刘　辉　　杜　琦
江鸿彬　　张国栋　　叶义成

执行委员会

黄照先　　黄海峰　　胡胜华　　易　武
易庆林　　许汇源　　张端淼　　徐子一
袁晶晶　　周　鑫　　刘艺梁　　黄晓虎
卢书强　　邓永煌　　左清军　　郭　飞
柳　青　　董志鸿　　李　亮　　吴　昱
王博爽　　王振远　　侯时平　　宋　琨
邓茂林　　徐志华　　张静薇

序

宜昌，这颗镶嵌在长江之畔的璀璨明珠，以其雄奇壮丽的三峡风光、巍峨挺立的三峡大坝、深厚的历史文化底蕴和独特的民俗风情，驰名中外。这里，山与水交织出一幅幅动人的画卷，古与今和谐共生，共同谱写着华彩乐章。

北魏郦道元《水经注》中"江水历峡东，迳新崩滩。此山汉和帝永元十二年崩，晋太元二年又崩。当崩之日，水逆流百余里，涌起数十丈"是对公元100年、公元377年两次发生在现湖北省宜昌市秭归县内的新滩滑坡及其产生涌浪的详细记载。由此可见，宜昌地质环境十分脆弱，山高坡陡，易滑岩层发育，岩体破碎，加上集中的强降雨、密集的人类工程活动等众多因素影响，滑坡、崩塌灾害特别发育，为全国的地质灾害易发高发区。因此，宜昌也成为我国由政府主导、系统性开展地质灾害防治最早的地区之一。其中，地质灾害专业监测始于1977年的新滩滑坡。该滑坡监测历时8年，于1985年成功预报，是我国首个监测预警成功案例，被称为滑坡史上的奇迹。地质灾害群测群防发源于20世纪90年代的宜昌市长阳土家族自治县，现已成为最具中国特色的防灾体系之一。地质灾害专项治理工程同样始于20世纪90年代，由国务院负责实施了当时国内最大、国际罕见的长江三峡链子崖治理工程。同时，我国针对地质灾害的大规模防治也始于三峡库区，2002年以来相继完成了湖北省三峡库区二期、三期和后续地质灾害防治规划建设任务，其中宜昌市作为三峡工程所在地和三峡库区库首，在地质灾害防治中取得的成效显著。

2018年，湖北省地质灾害综合防治体系建设方案获得国家批准，宜昌地质灾害防治再次迎来重大机遇。近年来，宜昌市以建立精细化调查评价体系、夯实全地域的防治基础，建立专业化监测预警体系、实现全过程的风险管控，建立科学化综合治理体系、实现全方位的生命生活生态保障，建立信息化技术支撑体系、实现全手段的防灾减灾救灾能力提升（简称"四化四全"）为目标，全面推进地质灾害综合防治体系建设，地质灾害防治工作再上新台阶。

《地质灾害综合防治体系建设宜昌实践》一书，对宜昌在地质灾害综合防治体系建设工作中的做法、成效等进行了全面梳理和系统总结，包括：在调查评价中，全面阐述了如何通过点、线、面调查评价，摸清地质灾害隐患底数，查明地质灾害发育分布特征，揭示地质灾害成生机理，实现地质灾害风险区划，创新天-空-地隐患识别技术方法；在监测预警中，详细总结了地质灾害群测群防、专业监测、群专结合以及应急监测等在内的"人防＋技防"并重的地质灾害监测预警体系的发展、构成、技术以及成功监测预警处置案例;在综合治理中,重点介绍了治理工程取得的七大成效,总结了10种常用工程治理措施施工过程中的关键工序与重要部位质量控制等工作重点,以及因地制宜的搬迁避让措施;在能力建设中,系统论述了防灾责任体系、技术支撑体系、持续保障体系以及共同缔造机制等内容。

  本书凝结了宜昌市自然资源部门和相关技术单位地质灾害防治一线工作人员多年来的辛勤付出,提炼了解决复杂地质灾害的理论与实践方法。本书的出版是对新三峡库区防灾减灾及新时代我国地质灾害防治工作的新贡献,将为复杂山区地质灾害研究与防治提供很好的借鉴。

  诚挚祝贺该专著出版发行,衷心祝愿位于三峡工程库首区的宜昌市地质灾害防治工作再立新功!

中国工程院院士

自然资源部地质灾害技术指导中心首席科学家

2024 年 8 月

前 言

宜昌是长江上游和中游的分界点,地处三峡门户、川鄂咽喉,在湖北省域属鄂西地区,位于我国地势第二级阶梯向第三级阶梯的过渡地带。全域可分为西部山区、中部丘陵和东部平原3个地势区,其中西部武陵山和大巴山南北相连、群峦叠嶂,至东部则过渡为江汉平原,东西落差2000余米,整体呈现"七山二丘一平原"的地貌格局。长江、清江贯穿全域,香溪河、黄柏河、渔洋河、沮漳河四大水系向两江汇流。全市总面积 $2.1 \times 10^4 km^2$,辖五县三市五城区。截至2023年底,全市人口总数392.40万人,其中城区人口130余万人,GDP为5 756.35亿元。宜昌是我国中部地区区域性中心城市、长江中游城市群成员之一,是"世界水电之都"和"大国重器"三峡工程所在地,是"世界旅游名城",拥有A级旅游景区72处,是全国性重要的综合交通枢纽,拥有公铁水空立体交通网络。宜昌市正按照湖北省建设"全国构建新发展格局先行区"要求,实施流域综合治理和统筹发展,加快建设长江大保护典范城市。

宜昌市地质环境脆弱,雨量丰沛,气候复杂多变,连续性降雨、特大暴雨(俗称"坨子雨")等灾害性气候多发,地质灾害点多面广,易滑地层广泛分布,危害严重。暴雨和人类工程活动是诱发地质灾害的主要因素。截至2023年底,全市地质灾害隐患点共2870处,其中滑坡1899处、崩塌594处、不稳定斜坡300处、地面塌陷54处、泥石流23处。灾害体总体积约58亿 m^3,受威胁总人数7.6万人,威胁总资产197亿元。三峡库区被列为全国三大地质灾害重点防治区之一,其中宜昌范围在册地质灾害隐患点565处,受威胁总人数约3.6万人,预估经济损失达65亿元。全市地质灾害中,高风险区面积 $11868km^2$,占全市总面积的56.5%;低风险区面积 $9132km^2$,占全市总面积的43.5%。严重的地质灾害不仅影响了生态安全,而且制约了宜昌市高质量发展。

2018年,湖北省地质灾害综合防治体系建设方案获得国家批准,宜昌地质灾害防治迎来了重大机遇。在宜昌市委、市政府的坚强领导下,在湖北省自然资源厅的关心支持和悉心指导下,坚持以习近平新时代中国特色社会主义思想为指导,牢固树立以人民为中心的发展思想,全面贯彻落实"两个坚持、三个转变"防灾减灾救灾总要求,以提升地质灾害防治能力、减轻地质灾害风险为主线,以保障人民生命财产安全为根本目的,聚焦"隐患在哪里""结构是什么""什么时候发生"等关键问题,依靠科技创新、管理创新和信息化,围绕调查评价、监测预警、综合治理和防灾能力建设,全面推进地质灾害综合防治体系建设,宜昌市地质灾害防治工作取得了新的显著成效。

2018—2023年,宜昌市投入地质灾害防治资金7.30亿元(其中中央财政资金4.30亿元,省级财政资金1.95亿元,地方自筹资金1.05亿元)。治理地质灾害隐患111处,搬迁避让险区群众551人，建立群专结合专业监测点1492处。治理工程和搬迁避让共保护39 377人，保护财产25.62亿元。因监测预警及时，成功避险24起，避免可能人员伤亡71户344人，避免经济损失7200万元。宜昌市通过建章立制，建立了党委领导、政府负责、部门协作、社会参与、上下联动的防灾机制；通过开展覆盖全域、突出重点的调查评价体系建设，夯实了防灾基础；通过健全群专结合、人防技防并重的监测预警体系，实现了隐患点全过程风险管控；通过实施综合治理与搬迁避让相结合的方案，全方位保障了人民群众生命财产安全和生产生活环境安全。宜昌市地质灾害监测点(含三峡库区)连续20年保持"因灾零死亡"，防灾、减灾、抗灾、救灾能力和技术支撑水平得到全面提升。通过努力，宜昌市在打造湖北"四化四全"地质灾害综合防治体系中作出了"宜昌贡献"。

本书概论部分"实践综述"概要总结了湖北省地质灾害综合防治体系建设以来宜昌市地质灾害防治基本情况、项目实施情况以及取得的主要成效。全书共分为5章，第1章在介绍地质环境背景条件和地质灾害主要诱因的基础上，重点分析总结了崩塌与滑坡等主要地质灾害的发育特征、分布规律、成生机理以及典型案例。第2章围绕调查评价，系统阐述了地质灾害详细调查，隐患点核排查，公路沿线、重点流域及三峡库区劣化带地质灾害调查，地质灾害风险调查评价，重点集镇地质灾害调(勘)查以及地质灾害风险普查等点、线、面综合调查评价方法和成果，同时介绍了针对山区地质灾害隐患的天-空-地综合识别技术理论方法和实践。第3章针对监测预警，分别对地质灾害群测群防、专业监测、群专结合以及应急监测等进行了全面总结，并展示了成功预警处置案例。第4章突出综合治理，详细介绍了地质灾害工程治理成效、有针对性的工程措施以及因地制宜的搬迁避让情况。第5章聚焦能力建设，分别对防灾责任体系、技术支撑体系、持续保障体系以及共同缔造机制等进行了具体论述。

"实践综述"由徐子一、柳青撰写；第1章由许汇源、袁晶晶、周鑫、黄海峰、黄照先等撰写；第2章由胡胜华、袁晶晶、周鑫、黄照先、侯时平、黄海峰、柳青等撰写；第3章由易庆林、刘艺梁、左清军、郭飞、卢书强、邓永煌、董志鸿、宋琨、邓茂林、徐志华、王振远等撰写；第4章由易武、黄晓虎、吴昱、黄海峰、王博爽、柳青等撰写；第5章由黄照先、张端淼、李亮、徐子一、张静薇、黄海峰等撰写。全书由黄海峰、黄照先、徐子一统稿。

本书的出版得到了湖北省自然资源厅的悉心指导，得到了三峡大学、湖北省地质局第七地质大队、湖北省地质局水文地质工程地质大队、湖北省地质环境总站、中南冶金地质研究所与宜昌市各县(市、区)自然资源部门的大力支持，也得到了中国地质调查局地质环境监测院、中国地质调查局武汉地质调查中心、湖北省地质学会、中国地质大学(武汉)等相关专家的指导及帮助，在此一并表示感谢！

限于编著者水平，加之时间仓促，书中难免存在不足之处，敬请读者朋友批评指正。

编著者
2024年6月

目 录

0 实践综述 …………………………………………………………………… (1)

    0.1 地质灾害基本情况 ………………………………………………… (1)

    0.2 综合防治项目实施情况 …………………………………………… (1)

    0.3 主要成效 …………………………………………………………… (3)

1 地质环境脆弱 地质灾害频发 ……………………………………………… (5)

    1.1 地质环境背景条件 ………………………………………………… (5)

    1.2 地质灾害主要诱因 ………………………………………………… (23)

    1.3 地质灾害基本特征 ………………………………………………… (28)

2 调查评价 夯实基础 ………………………………………………………… (54)

    2.1 动态管理,摸清灾害隐患点底数 ………………………………… (54)

    2.2 突出重点,强化公路沿线及重点流域调查 ……………………… (61)

    2.3 风险评价,支撑地质灾害"点面双控" …………………………… (87)

    2.4 多元协同,创新"天-空-地"隐患识别 ………………………… (117)

3 监测预警 精准防控 ………………………………………………………… (133)

    3.1 群测群防是基础 …………………………………………………… (134)

    3.2 专业监测是方向 …………………………………………………… (147)

    3.3 群专结合强保障 …………………………………………………… (167)

    3.4 应急监测助抢险 …………………………………………………… (180)

    3.5 成功监测预警处置案例 …………………………………………… (182)

4 综合治理 保障安全 ………………………………………………………… (196)

    4.1 工程治理除隐患,融合理念显成效 ……………………………… (197)

    4.2 工程措施手段全,因灾施策抓关键 ……………………………… (220)

    4.3 搬迁避让模式活,因地制宜成效多 ……………………………… (262)

5 强基固本 提升能力 ……………………………………………………………（269）
5.1 高位推动,健全防灾责任体系 ………………………………………（269）
5.2 创新机制,健全技术支撑体系 ………………………………………（276）
5.3 整合资源,夯实持续保障体系 ………………………………………（288）
5.4 开拓创新,探索共同缔造机制 ………………………………………（297）

后　记 …………………………………………………………………………（313）

主要参考文献 …………………………………………………………………（314）

0 实践综述

0.1 地质灾害基本情况

按照1∶5万地质灾害详查成果,宜昌市地质灾害点数量为4256处,2017年纳入自然资源部门管理的在册地质灾害隐患点共3710处。2018—2023年,宜昌市共发生地质灾害灾情59起,险情数百起。59起灾情中,滑坡43起、崩塌13起、泥石流2起、地面塌陷1起,自然因素造成的为58起,人为因素造成的为1起。这些灾情未造成人员伤亡,造成直接经济损失1 927.7万元,因预警及时,成功避险24起,避免可能人员伤亡71户344人,避免经济损失7200万元。2018年以来,通过地质灾害综合防治体系建设,宜昌市对部分重大隐患点实施工程治理和避险搬迁,对已治理、无威胁对象及稳定的隐患点进行核销。截至2023年底,宜昌市在册隐患点减少至2870处,其中滑坡1899处、崩塌594处、不稳定斜坡300处、地面塌陷54处、泥石流23处。宜昌市地质灾害按空间分布划分,秭归县有787处,兴山县有494处,长阳土家族自治县(以下简称长阳县)有391处,五峰土家族自治县(以下简称五峰县)有352处,夷陵区有312处,远安县有252处,市城区有102处,宜都市有96处,当阳市有82处,枝江市有2处;按规模划分,小型有1426处,中型有1087处,大型有326处,特大型有29处,巨型有2处。灾害体总规模约58亿 m^3,受威胁总人数7.6万人,威胁总资产197亿元。

0.2 综合防治项目实施情况

2018年以来,在以往调查评价、监测预警、综合治理、应急防治四大体系的基础上,围绕地质灾害综合防治体系建设"四化四全"的总目标,即建立精细化调查评价体系、夯实全地域的防治基础,建立专业化监测预警体系、实现全过程的风险管控,建立科学化综合治理体系、实现全方位的生命生活生态保障,建立信息化技术支撑体系、实现全手段的防灾减灾救灾能力提升,根据《湖北省地质灾害综合防治体系建设方案(2018—2022年)》,结合宜昌市实际情况,宜昌市自然资源和规划局(现为宜昌市自然资源和城乡建设局)组织编制宜昌市地质灾害综合防治体系建设实施方案和年度实施方案,明确各年度目标任务。宜昌市自然资源部门和相关技术单位精诚协作、开拓创新、克难奋进,圆满完成了各项建设任务。

2018—2023年,宜昌市共计投入地质灾害综合防治体系建设防治补助资金72 964万元。

其中,中央财政资金42 936万元,占比58.8%;省级财政资金19 528万元,占比26.8%;市县自筹资金10 500万元,占比14.4%。

中央和省级财政资金补助各类地质灾害防治项目237个。其中按项目类型划分,调查评价项目20个,补助资金6180万元,占比9.9%;工程治理(排危除险)及搬迁避让项目98个,补助资金37 499万元,占比60.0%;监测预警项目17个,补助资金13 200万元,占比21.1%;能力建设及信息化项目102个,补助资金5585万元,占比9.0%。具体资金分配情况见表0.1~表0.3。市县自筹资金主要用于每年的地质灾害日常防范和突发小型地质灾害治理。

表0.1 2018—2023年宜昌市地质灾害防治项目中央及省级财政资金分配明细表

单位:万元

资金来源	补助年度						小计
	2018年	2019年	2020年	2021年	2022年	2023年	
中央	5404	6485	14 874	6523	4630	5020	42 936
省级	1671	3486	4335	2700	3430	3906	19 528
小计	7075	9971	19 209	9223	8060	8926	62 464

表0.2 2018—2023年宜昌市各县(市、区)地质灾害防治项目中央及省级财政资金分配情况表

单位:万元

序号	县(市、区)	补助年度						小计
		2018年	2019年	2020年	2021年	2022年	2023年	
1	市本级	2001	3474	4892	3943	2660	2194	19 164
2	五峰县	2685	693	2981	1140	550	683	8732
3	长阳县	769	1236	2485	930	410	1006	6836
4	秭归县	226	979	2611	190	990	905	5901
5	兴山县	276	766	1613	1130	980	1188	5953
6	夷陵区	20	1047	1464	750	1090	1494	5865
7	远安县	121	583	1568	700	570	771	4313
8	当阳市	511	248	454	60	50	329	1652
9	宜都市	466	605	1141	380	760	356	3708
10	枝江市	0	140	0	0	0	0	140
11	点军区	0	200	0	0	0	0	200
	小计	7075	9971	19 209	9223	8060	8926	62 464

表 0.3 2018—2023 年宜昌市地质灾害防治项目各补助类别中央及省级财政资金分类情况表

单位：万元

序号	年度	补助类别				小计
		调查评价	治理（排危除险）及搬迁	监测预警	能力建设及信息化	
1	2018 年	2170	3830	794	281	7075
2	2019 年	1100	5935	1857	1079	9971
3	2020 年	2520	11 854	3501	1334	19 209
4	2021 年	390	4950	2843	1040	9223
5	2022 年	—	4630	2470	960	8060
6	2023 年	—	6300	1735	891	8926
小计		6180	37 499	13 200	5585	62 464

0.3 主要成效

自 2018 年湖北省地质灾害综合防治体系建设以来，宜昌市通过建章立制，建立了党委领导、政府负责、部门协作、社会参与、上下联动的防灾机制；通过开展覆盖全域、突出重点的调查评价体系建设，夯实了防灾基础；通过健全群专结合、人防技防并重的监测预警体系，实现了隐患点全过程风险管控；通过实施综合治理与搬迁避让相结合，全方位保障了人民群众生命财产安全和生产生活环境。宜昌市（包括三峡库区）地质灾害监测点连续 20 年（2003—2023 年）保持"因灾零死亡"，防灾、减灾、抗灾、救灾能力和技术支撑水平得到全面提升。通过努力，在打造湖北"四化四全"地质灾害综合防治体系中作出了"宜昌贡献"，具体体现在：

一是责任落实体系化。依托宜昌市地质灾害防治工作领导小组，常态化研究部署地质灾害防治工作，组织召开全市地质灾害防治工作会议，印发年度防治方案和工作要点，明确地方政府和相关部门重点工作、重点防范期和重点防范区域。宜昌市安全生产委员会在宜昌市自然资源和城乡建设局组建了国土地质安全生产专业委员会，负责国土地质系统的安全生产监督管理工作，健全了自然资源与气象、应急、水利、交通、旅游、教育、住建等部门的协作联动机制，并定期开展联合会商，研究落实防范措施，增强防灾工作合力。所有地质灾害隐患点全部纳入"四位一体、网格化管理"，所有隐患点落实应急预案表和"两表一标牌"，落实"四位一体、网格化管理"人员和群测群防监测人员，定期开展汛前排查、汛中巡查、汛后核查等工作，按每点每年不少于 1500 元的标准落实补助经费，明确相关人员责任，确保"看牢、管住"隐患点。

二是调查评价精细化。完成了斜坡劣化带调（勘）查、1∶5 万地质灾害详细调查和风险调查，全面完成自然灾害综合风险普查地质灾害专项任务，对在册地质灾害隐患点数据进行了全面核查更新。针对重点地域和重点区段开展了1∶10 000和1∶2000的地质灾害调(勘)查,划分了风险区段。利用InSAR、高分光学卫星遥感、无人机摄影测量等天-空-地一体化地质灾害隐患识别技术,在宜昌三峡库区、武陵山区等开展了精细化调查试点工作。会同宜昌市交通运输局、住房和城乡建设局(现为住房和城市更新局)、农业农村局、水利和湖泊局、教育局、文化和旅游局等成员单位,开展了建房和修路切坡引发地质灾害隐患的全面核查。通过开展各类调查评价项目,进一步夯实了全域防灾基础。

三是巡查排查常态化。严格落实汛(雨)前排查、汛(雨)中巡查、汛(雨)后核查的地质灾害"三查"工作。2018年以来,自然资源系统出动2.4万余人次,对交通沿线、人口密集区、旅游景区、农村居民房前屋后、学校和水利设施周边等重点区域进行了巡查排查,排查隐患1.8万余点次;派出工作组696批1533人次,专家425批936人次,第一时间开展地质灾害应急调查及处置388次,紧急撤离安置386户1168人。

四是监测预警专业化。落实37名技术人员驻守一线,组织各地对需要高度关注的隐患点进行梳理,落实强降雨期间防御响应措施。建成群专结合监测点1209处,安装自动化监测设备4000余台套,实时在线"放哨"。建成了市级地质灾害应急会商平台和市级专业监测预警系统,在湖北省率先开展地质灾害气象精细化风险预警,将各成员单位100余名负责人全部纳入预警发布范围,为宜昌市"四位一体"人员和专业监测点监测人员配发小度智能终端2500台套。进一步压实防灾工作责任"最后一公里",推进全过程的风险管控。

五是能力建设系统化。2018年以来,宜昌市共开展乡镇级以上地质灾害防治专项培训400余场,参加人数2万余人。专业技术人员在排查隐患的同时,开展走村串户式的防灾知识宣传培训和演练1000余场,参加人数18.2万人次。宣传和培训内容贯穿地质灾害防治的每个环节、每个部位、每个人员,涉及范围实现"横向到边、纵向到底",切实提高了群众的防灾意识和能力。通过中央电视台《新闻直播间》《人民日报》客户端等主流媒体专题宣传报道20余次,群专结合监测预警项目受到中央电视台新闻宣传报道,农村建房切坡"一户一策"工作成效被自然资源部推介。对所有隐患点编制了单点风险管控图,开发了地质灾害隐患点风险防控平台,为政府及职能部门防灾减灾救灾提供决策支持。

六是综合防治精品化。利用中央及省级财政资金实施了91个工程治理项目,治理隐患点210处,保护人员35 662人,保护财产约20.92亿元;搬迁避让项目7个,涉及隐患点35处,搬迁人员551人。地方财政出资1.05亿元,对每年突发地质灾害进行治理,并开展了一系列能力提升项目。项目实施过程中,积极开展安全生产大检查和"铸盾行动",对防治项目实行决算审计和绩效考核全覆盖,确保工程质量与安全。

1 地质环境脆弱　地质灾害频发

宜昌地质环境条件先天不足，复杂的地形地貌、地质构造和不利岩性组合构成脆弱的地质环境，降雨丰沛，汛期短时强降雨、暴雨频繁，加之三峡库区水位循环升降，对涉水古滑坡复活和库岸边坡稳定造成严重影响。此外，近年来人类工程活动不断增加，使得宜昌地质灾害防治工作"雪上加霜"。

2018年湖北省地质灾害综合防治体系建设工程实施以来，宜昌市部署开展了重点流域、重点集镇和重点工程廊道地质灾害详细调查评价，完成了1∶5万地质灾害详细调查与1∶5万县域地质灾害风险调查评价；2017—2021年，完成了两轮地质灾害隐患点核查及数据更新，查明了宜昌市地质灾害孕灾背景，全面摸清摸准了隐患底数，并建立和完善了地质灾害隐患点数据库；在此基础上，2022年完成了宜昌市地质灾害风险普查，为宜昌市地质灾害防治工作奠定了良好基础。

1.1 地质环境背景条件

1.1.1 山高坡陡，高差巨大

宜昌境内西高东低，地形高差大，海拔从兴山县仙侣山2427m至枝江市杨林湖35m，垂直高差近2400m，呈现出自西向东海拔逐级下降的态势，平均坡降14.5‰，形成山地、丘陵和平原三大基本地貌类型，构成"七山两丘一平原"的地貌格局，主要包括秦巴山区、武陵山区以及江汉平原三大板块（图1.1）。其中西部大巴山、武陵山南北相连形成山地，占宜昌市总面积的69%；中部丘陵占宜昌市总面积的21%；东部平原占宜昌市总面积的10%。

西部山地是全域地貌主体，分为秦巴山区与武陵山区，海拔2000m以上的山峰有54座，1000m以上的有960座，主要分布在五峰县、长阳县、秭归县、兴山县、夷陵区、远安县等。秦巴山区构成独特的长江三峡山地地貌，层峦叠嶂，海拔大多在1000～2400m之间，主要分布在北部兴山县、秭归县及夷陵区西北部。这些山体多受河流深切，切割深度达500～1800m，河流两岸岩壁直立高耸，岩壁上方多为陡峭坡地，坡度40°～50°，其间构造作用造就了海拔较低的秭归盆地宽谷区。该盆地宽谷区是重要的居住耕作区域。武陵山区海拔多在1200～2300m之间，沟壑纵横，剖面形态多呈"V"字形，部分地段呈"U"字形，切割深度达500～1000m，局部大于1000m。西部山区整体山高坡陡、多面临空，为地质灾害孕育提供了内在

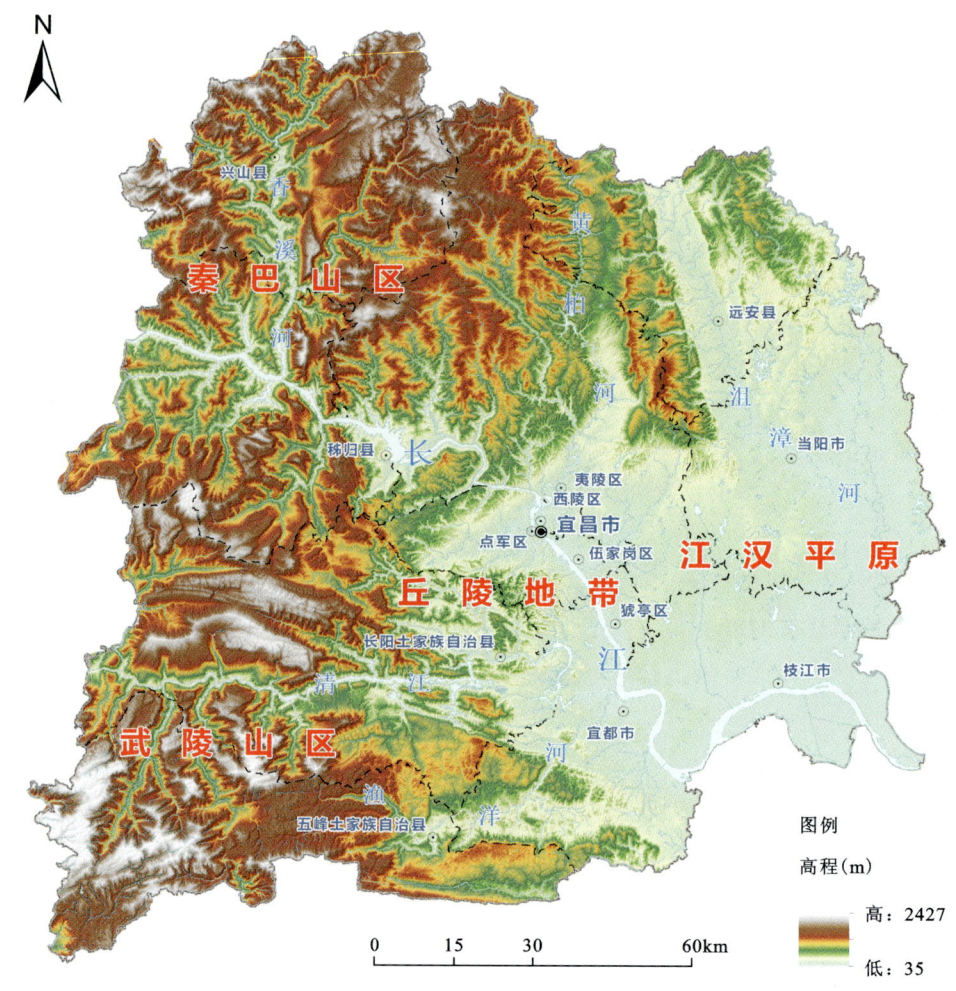

图 1.1 宜昌市地形地貌分布图

条件,宜昌市 90% 以上的地质灾害隐患点分布在西部山区内。

中部丘陵地貌主要分布于宜昌城区、长阳县东部、宜都市、当阳市,海拔 100~500m,地势低平开阔,斜坡坡度较缓,一般在 10°~25°之间,局部地段发育少量坡度超过 35°的陡峻斜坡。虽然丘陵地区不像山地区域那样山峰巍峨、陡崖直立,但坡体覆盖层较厚,人类工程活动强烈,也孕育了较多小型地质灾害。

东部平原区是江汉平原的西缘,分布在枝江市、当阳市东南部、宜昌城区东南部、远安县中部等沿长江、清江下游以及沮漳河流域两侧,主要为河流冲积平原。区域内地势平坦,土地资源丰富,是全市重要的城市和工农业发展区,地质灾害不发育。

1.1.2 河流发育,冲刷强烈

宜昌市是长江流域重要的三峡生态屏障区和生态涵养区。河流以长江干流为主脉,数量多、密度大、水量丰富。长江、清江两江横贯全域，沮漳河、香溪河、黄柏河、渔洋河四大水系向两江汇流（图1.1）。长江葛洲坝水电工程、三峡工程、清江高坝洲水电工程和隔河岩水电工程建成，造就了高峡出平湖的景象，形成了长江三峡库区（含葛洲坝库区）和清江库区。

长江干流自西向东经过恩施土家族苗族自治州（以下简称恩施州）巴东县，穿越宜昌市秭归县，一路东流跨越夷陵区、宜昌市城区、宜都市，从枝江市七星台马羊洲村流出宜昌市，全长232km。

清江为长江一级支流，古称夷水，发源于湖北省恩施州利川市齐岳山，自长阳县流入宜昌市，流经长阳县，在宜都市陆城汇入长江，境内总长110km。

沮漳河为长江中游北岸支流，上游分东、西两支，其中东支为漳河，西支为沮河。漳河源于保康县龙坪乡黄龙洞沟，流经远安县、当阳市，境内总长74.8km。沮河河流较长，为干流，源于湖北省保康县欧家店大湾，流经远安县、当阳市、枝江市等县市，境内总长约127km。沮河和漳河在当阳两河口汇合为沮漳河，境内总长201.8km。

香溪河自兴山县昭君镇昭君村进入宜昌，流经兴山县、秭归县，于秭归县归州镇注入长江，境内总长约33km。

黄柏河分东、西两支。东支发源于夷陵区樟村坪镇黑良山，全长126km；西支发源于夷陵区武郎寨，全长70km。东、西两条支流在夷陵区黄花场附近汇合成干流，全长约32km，经夷陵区小溪塔街道注入长江。

渔洋河为清江最下游的一级支流，发源于长阳县西部的雪山尖，流经长阳县、五峰县、宜都市，在宜都市莲花堰北刘家嘴注入清江，境内河流主河道全长96km。

三峡库区包括葛洲坝水利枢纽工程库区和三峡工程库区。葛洲坝水利枢纽库区位于宜昌城区西陵峡出口至上游的三峡水电站，全长38km，包括西陵峡下段。宜昌市内的三峡工程库区，涉及夷陵区、秭归县、兴山县3个区县，长江干流长约62.5km。

宜昌三峡库区涵盖三峡中最长的西陵峡，行政区划属夷陵区和秭归县。库区具独特的中山狭谷与低山宽谷相间的地貌景观，自古就以滩多水急闻名。库区自西而东依次分布有兵书宝剑峡、牛肝马肺峡、崆岭峡、灯影峡4个峡区，以及青滩、泄滩、崆岭滩、腰叉河等险滩；自下而上发育九畹溪、香溪河、童庄河、咤溪河、青干河（锣鼓洞河）5条支流，形成树枝状水系。自三峡工程水库蓄水以来，水位上升超过100m，最高库水位为175m，回水长度达到78.2km。

隔河岩库区位于清江中下游地带，处于中山与低山过渡区。水库正常蓄水位200m，干流长91km，库容31.2亿m³，水域面积67.94km²，干支流库边线总长560km。水库主要建在东西向构造带内，除坝址河段外，河流流向近东西，属峡谷型水库。

秦巴山区、武陵山区以及江汉平原构成了宜昌的地形骨架，而六大水系侵蚀切割地形主体，导致河床加深、加宽，两侧山体形成高山峡谷地貌，河流两岸多呈直立陡坡，造就了河流深切、岸坡陡峻的地形特点（图1.2），为地质灾害的发生提供了临空和动力条件。据统计，宜昌市主要河流两侧仅第一斜坡带范围内就发育800余处地质灾害隐患点。

图1.2 三峡库区典型高陡岸坡（秭归县九畹溪入江处）

1.1.3 岩性多样，易崩易滑

1.1.3.1 地层岩性

宜昌市内沉积岩、岩浆岩、变质岩三大岩类均有分布，元古宇至新生界发育完整。南华系、震旦系、寒武系、奥陶系等是我国南方甚至全球的标准地层，其中宜昌黄花场中奥陶统底界和宜昌王家湾上奥陶统赫南特阶底界为全球界线层型剖面"金钉子"。因此，三峡地区堪称"世界地质博物馆"，享誉全球。

沉积岩出露最广，尤以寒武系、奥陶系、二叠系、三叠系的碳酸盐岩最为发育，主要分布在西部兴山县、秭归县、长阳县、五峰县、夷陵区等山区。碳酸盐岩岩溶发育，形成了险峻高山、深切沟谷等地形地貌，广泛发育以崩塌为主的地质灾害。三叠系巴东组和侏罗系以红色碎屑岩为主，砂岩和泥页岩软硬相间组合，广泛分布在三峡库区秭归县和兴山县，是宜昌市两套主要易滑地层。

岩浆岩出露范围小，主要集中分布在兴山县、秭归县、夷陵区交界处的黄陵背斜核部，以侵入岩为主，分属于古元古代大别期和中新元古代扬子期。其中扬子期中酸性侵入岩体主要为三斗坪石英闪长岩体和黄陵斜长花岗岩体，分布于雾渡河断裂以南，占据了黄陵背斜核部的南半部。黄陵花岗岩新鲜基岩坚硬、完整，力学强度大，举世闻名的三峡大坝就坐落在黄陵花岗岩体上（图1.3）。

变质岩主要分布在黄陵背斜核部及外围雾渡河断裂以北，是经中、深区域变质作用改造后形成的以斜长角闪岩、片麻岩、变粒岩等为主的岩石组合。

1 地质环境脆弱　地质灾害频发

图 1.3　坐落在黄陵花岗岩体上的三峡大坝(夏文瀚等,2023)

此外,在宜昌市区、夷陵区、当阳市、枝江市等地势平缓位置,基岩隐伏,主要出露第四系河流冲积、洪积成因的松散堆积物。

宜昌市出露地层主要岩性特征见表1.1。

表 1.1　宜昌市出露地层主要岩性特征表

界	系	统	群组	代号	厚度(m)	岩性
新生界	第四系	全新统	全新统	Qh	0～40	卵石、砂、亚砂土、亚黏土、黏土
		更新统	更新统	Qp	15～102	砾石、冲积半成岩状薄层粉砂、黏土等
	新近系	上新统	掇刀石组	Nd	59	灰白色、肉红色中厚层泥灰岩夹灰绿色黏土层,底部灰白色砾岩
		中新统				
	古近系	始新统	牌楼口组	E_2p	615	灰黄—浅紫红色厚层松散状砂岩,夹泥质细砂岩、泥岩、钙质细砂岩
			洋溪组	E_2y		灰白色中—厚层状灰岩,夹泥岩和粉砂岩
		古新统	龚家冲组	E_1g	337.7	中层状细砂岩夹粉砂岩、泥岩、透镜状泥灰岩,底部块状砾岩
中生界	白垩系	上统	公安寨组	$K_2—E_1g^1$	>200	由棕色砾岩、砂岩、粉砂岩、粉砂质泥岩组成多个旋回

续表1.1

界	系	统	群组	代号	厚度(m)	岩性
中生界	白垩系	上统	跑马岗组	K_2p	677.96	中层状细砂岩、粉砂岩、泥质粉砂岩与泥岩互层
			红花套组	K_2h	1 427.79	中厚层状长石石英砂岩、粉砂岩夹泥灰岩、细砾岩
			罗镜滩组	K_2l	100~1000	块状砾岩,下部夹砂岩、粉砂岩
		下统	五龙组	K_1w	700~1000	中厚层状—块状粉砂岩夹砾岩,底部砾岩
			石门组	K_1s	15~185	上、下部为砾岩夹细砂岩,中部夹薄层状粉砂岩
	侏罗系	上统	蓬莱镇组	J_3p	730~1040	砂岩与粉砂岩、泥岩互层
			遂宁组	J_3s	2 861.3	下段为砂质泥岩、泥岩夹少量细砂岩、粉砂岩,厚2724m;上段为厚层状至块状细粒长石石英砂岩与泥岩互层,厚137.3m
		中统	沙溪庙组	J_2s	>427.6	中厚层状泥岩、粉砂质泥岩与细粒长石石英砂岩互层
			千佛崖组	J_2q	216.4	厚层状石英砂岩、粉砂岩,泥岩,底部含砾石英砂岩
			聂家山组	J_2n	180~450	上部紫红色泥质粉砂岩,下部灰绿色长石石英砂岩、黏土质粉砂岩,紫红色泥岩偶夹灰泥岩
		下统	桐竹园组	J_1t	409.68	中厚层状长石石英砂岩、粉砂岩、泥岩,下部夹煤层或碳质页岩
			香溪群	J_1x	1280~1450	上部灰色、灰黄色、灰黑色细砂岩、粉砂岩、泥岩及碳质泥岩夹煤层,含菱铁矿结核;中部黄灰色、青灰色、灰黑色中厚层状长石石英砂岩、长石砂岩、粉砂岩夹泥岩、页岩、黏土岩、煤层及煤线;下部黄色、黄绿色粉砂岩、砂质泥岩、泥岩夹长石石英细砂岩及灰黑色、黑色碳质泥岩,含煤层及煤线
			王龙滩组	$T_3—J_1w$	>1378	厚层状长石石英砂岩、岩屑砂岩夹粉砂岩、泥岩、煤层和碳质页岩
	三叠系	上统	九里岗组	T_3j	78.03	中层状粉砂岩、粉砂质黏土岩夹岩屑石英砂岩、碳质页岩及煤层
		中统	巴东组	T_2b	1 334.3	由中厚层状粉砂质黏土岩、钙质粉砂岩与薄—中厚层状灰泥灰岩、泥粒灰岩、颗粒灰岩、泥质灰岩组成
			嘉陵江组	T_2j	240	中厚层状砂屑白云岩、膏盐白云岩、灰质白云岩、纹层状白云岩、细晶白云岩、岩溶角砾岩夹薄层状灰泥灰岩、白云质泥粒灰岩
		下统	大冶组	T_1d	755~854	上部厚层状砂屑灰岩,中部厚层状灰岩,下部薄层状灰岩夹页岩

续表1.1

界	系	统	群组	代号	厚度(m)	岩性
古生界	二叠系	上统	龙潭组	P_2l	1～35	上部灰色薄层状泥岩、黑色条纹层状碳质泥岩夹黑色煤层,底部灰色、灰黄色中厚层状岩屑杂砂岩
			大隆组	P_2d	2～30	黑色薄层状碳质泥岩夹黑色薄层状硅质岩
			吴家坪组	P_2w	30～2819	上部含燧石条带灰岩,下部钙质黏土岩夹煤层
		下统	茅口组	P_1m	77～200	顶部泥灰岩,中部薄层状含锰质硅质灰岩,下部厚层状灰岩
			孤峰组	P_1g	13～60	黑色薄层状碳质泥岩、硅质泥岩夹薄层状硅质岩
			栖霞组	P_1q	200～250	上部含碳质瘤状灰岩,下部含燧石结核、燧石条带灰岩
			梁山组	P_1l	10～40	中厚层状石英砂岩夹粉砂岩、黑色页岩及煤层
	石炭系	上统	船山组	C_3ch	0～5	细粒石英砂岩、石英粉砂岩、碳质页岩或煤层
		中统	黄龙组	C_2h	0～617	上部厚层状灰岩、白云质灰岩,下部白云岩、有时底部有砾岩及黏土岩
			大埔组	C_2d	10.6	中厚层状砂屑白云岩、细晶白云岩夹白云质角砾岩
		下统	和州组	C_1h	4.6	细粒石英砂岩、粉砂岩、黏土岩夹生物灰岩
			高骊山组	C_1g	28.61	粉砂岩夹粉砂质黏土岩或碳质页岩及煤线
			金陵组	C_1j	16.41	厚层状砂屑白云岩、细晶白云岩夹生物屑灰岩
	泥盆系		写经寺组	$D_3—C_1x$	40.4	上部砂岩与页岩互层,中部厚层状泥灰岩,下部砂质页岩夹鲕状赤铁矿
		上统	黄家磴组	D_3h	19～35	薄—中厚层状粉砂质页岩、细粒石英砂岩,底部页岩
		中统	云台观组	D_2y	18～60	厚层状石英岩、石英砂岩夹少量碳质页岩,下部夹泥页岩
	志留系	中统	纱帽组	S_2sh	600～670	厚—薄层状石英砂岩、粉砂岩及粉砂质页岩,下部夹泥页岩
		下统	罗惹坪组	S_1lr^2	488～565	页岩夹粉砂岩、薄层状泥灰岩
				S_1lr^1	167～223	粉砂质页岩、页岩,顶部薄层状灰岩
			龙马溪组	S_1l	600～721	泥质页岩、砂质页岩夹粉砂岩、粉砂质页岩、碳质页岩

续表1.1

界	系	统	群组	代号	厚度(m)	岩性
古生界	奥陶系	上统	五峰组	O_3w	0～13	薄层状灰黑色页岩及硅质岩
			临湘组	O_3l	5～15	瘤状灰岩夹薄层状页岩
			宝塔组	O_3b	12～18	中厚层状含生物屑龟裂灰岩
		中统	庙坡组	O_2m	0～6	页岩与薄层状含碳质灰岩互层
			牯牛潭组	O_2g	20～352	中厚层状瘤状微晶灰岩
			大湾组	O_2d	32～70	厚—薄层状瘤状灰岩夹页岩
		下统	红花园组	O_1h	41～82	厚层状、块状粗晶生物碎屑灰岩与灰岩
			分乡组	O_1f	40～68	薄—厚层状灰岩夹页岩
			南津关组	O_1n	94～2332	中—厚层状灰岩、白云岩,底部页岩夹灰岩
	寒武系	上统	娄山关组	$\in_2O_1l$	190～345	块状、厚层状白云岩夹白云质灰岩
					250～440	中厚层状白云岩夹灰岩
			三游洞组	$\in_3sy$	100～290	厚层块状石灰岩
		中统	覃家庙组	$\in_2q$	200～531.3	上部中厚层状白云岩、白云质灰岩、灰岩,下部页岩夹白云岩、长石石英砂岩
		下统	双尖山组	$\in_1sj$	56～197	纹带状灰岩、碳质灰岩或碳质泥质灰岩
			石龙洞组	$\in_1sl$	64～188.9	厚层状白云岩夹灰岩,底部夹页岩、泥灰岩
			杨家堡组、庄子沟组	$\in_1y+z$	20～900	中—厚层状硅质岩、粉砂质板岩、含碳硅质板岩、黏土质板岩
			天河板组	$\in_1t$	100～455	薄层状泥质条带灰岩夹页岩
			石牌组	$\in_1sp$	127～465	薄层状粉砂岩、粉砂质页岩夹细砂岩,顶部鲕状灰岩、碳质微晶灰岩,下部夹碳质页岩
			水井沱组	$\in_1s$	114	上部浅灰色巨厚层状灰岩,中部灰岩、泥页岩互层,下部黑色碳质泥岩夹锅底状灰岩
			牛蹄塘组	$\in_1n$	150	薄—中层状含碳质灰泥灰岩、灰泥灰岩,层间夹碳质页岩
元古宇	震旦系	上统	灯影组	Z_2dn	114～500	薄—厚层状微晶白云岩,中下部夹鲕状灰岩
		下统	陡山沱组	Z_1d	197～427	含碳泥质白云岩、白云质硅质岩
	南华系	上统	南沱组	Nh_2n	94～103.4	灰绿色夹紫红色块状冰碛砾岩含砂泥砾岩
		下统	莲沱组	Nh_1l	>94	紫红色薄—中层状长石石英砂岩夹砂质泥岩、粉砂岩

1 地质环境脆弱 地质灾害频发

(a)强风化花岗岩区坡面泥石流

(b)变质岩类中的浅层坍滑

图1.8 宜昌市强风化侵入岩类和变质岩类中的典型地质灾害

1.1.4 构造强烈,岩体破碎

宜昌大地构造属扬子准地台上扬子台坪-江陵凹陷。上扬子台坪又可细分为鄂中褶断区和八面山台褶带。宜昌横跨鄂中褶断区的神农架断穹、秭归台褶束(主体为由三叠系和侏罗系组成的秭归向斜)、黄陵断穹(即黄陵背斜)、远安台褶束(包括荆当盆地与聚龙山褶皱束)和八面山台褶带的长阳-永顺台褶束及恩施台褶束的东北端(姚敬劬和刘明忠,2012)。东南部枝江一带属江陵凹陷。区内经历多期次构造运动,产生了一系列区域性深大断裂构造(图1.9)。

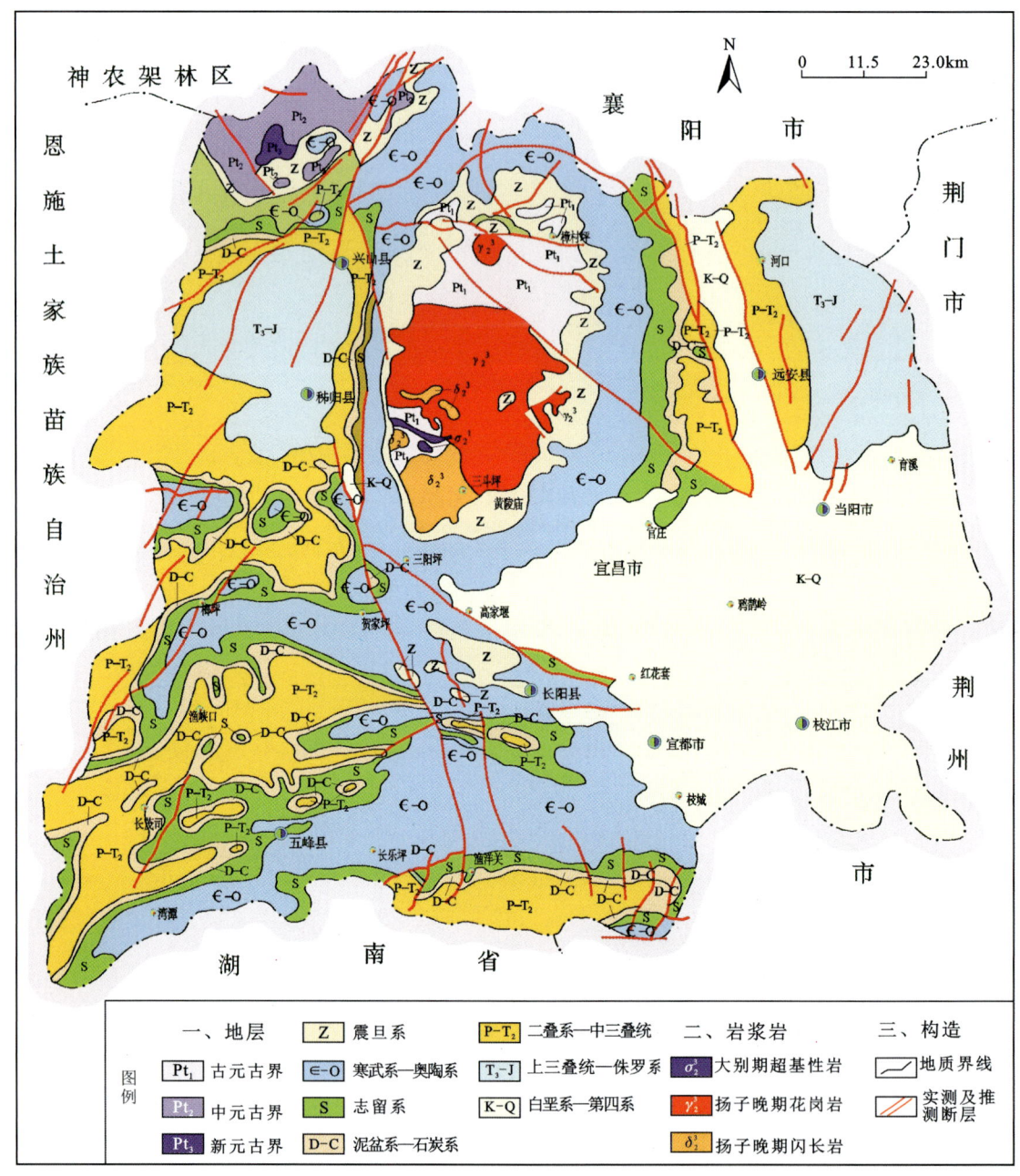

图1.9　宜昌市区域构造纲要图(姚敬劬和刘明忠,2012)

1.1.4.1 褶皱

(1)黄陵背斜。位于秭归县、兴山县、夷陵区交界区域,为近南北向穹状短轴背斜(图1.10),南北长73km,东西宽36km,核部主要出露新太古代—古元古代的片麻岩系崆岭群及新元古代侵入的花岗岩,南华系莲沱组石英砂岩作为沉积盖层不整合覆于花岗岩基底之上。翼部由南华系—三叠系海相碳酸盐岩和碎屑岩组成,并围绕核部向四周倾斜,东翼平缓,地层倾角小于15°,西翼较陡,倾角一般为30°~40°,南北更为平缓,地层倾角小于12°,背斜两翼地层呈现顺层滑脱特征(邓铭哲,2018)。黄陵背斜西边为秭归向斜,东边为当阳向斜,三者轴向近南北向互相平行,黄陵背斜西南部发育仙女山断裂。

图1.10 黄陵背斜核部区域遥感影像图

(2)秭归向斜。位于秭归县、兴山县以及恩施州巴东县交界区域。向斜轴呈近南北向展布,南北长约40km,东西宽约30km。核部地层主要为上侏罗统红色碎屑岩,两翼地层以中下三叠统红色黏土岩、碎屑岩等为主。向斜东西向上不对称,东翼地层倾角20°~35°,西翼地层倾角10°~20°。向斜北缘构造变形强度明显大于南缘。向斜核部发育近南北向断裂,断裂规模总体较小。向斜核部为应力集中地带,岩层节理裂隙发育,受长江及其支流长期侵蚀、切割,为滑坡、崩塌的形成创造了有利条件(图1.11)。据统计,仅秭归向斜盆地区域内就发育了超过560处地质灾害,并且呈群簇性密集分布。

(3)远安台褶束。位于远安县,为江汉盆地西北缘次级地堑构造。西以通城河断裂为界与黄陵背斜相邻,东以远安断裂为界,南接广阔的江汉盆地。其形成和发展受通城河断裂及远安断裂的控制,总体呈北北西—南东东向展布,长约为36km,宽为5~10km,向北西逐渐

图 1.11　长江横穿秭归向斜盆地区域

尖灭(湖北省地质矿产勘查开发局,1990)。远安地堑以震旦系—中三叠统的浅海相碳酸盐岩台地为基底,断陷发育于中、新生代,目前普遍认为晚白垩世至早始新世为裂谷拉张阶段,中始新世至第四纪转后裂谷阶段。地堑内地层小型揉皱强烈(图 1.12),崩塌发育。

图 1.12　远安地堑内三叠系小型揉皱

(4)长阳-永顺台褶束。西以新华-鹤峰断裂为界,东与江陵凹陷相接。出露震旦系—中三叠统。构造以褶皱为主,可进一步划分为长阳背斜(图 1.13)、五峰向斜、长乐坪背斜、仁和坪向斜 4 个构造单元,褶皱轴迹由北东向逐渐转变为近东西向。断裂以北北西向、北东向为主,不甚发育(邓铭哲,2018)。

1 地质环境脆弱 地质灾害频发

图 1.13 长阳背斜

1.1.4.2 断裂

除褶皱构造外，在地史长期发展过程中，区内还产生了不同时期、不同规模、不同方向的断裂，这些断裂彼此相互交切、相接，构成有规律的网络状断裂分布格局。区内主要深大断裂包括北北东向的新华断裂、北西向的雾渡河断裂、仙女山断裂、通城河断裂、远安断裂、天阳坪-监利断裂等（图 1.9）。

（1）雾渡河断裂。呈北西向分布于黄陵背斜中部，由观音堂经雾渡河至当阳市，入江汉断陷盆地，全长约 80km，是扬子地台内规模宏大的基底断裂，以倾向南西为主，倾角 62°~87°。破碎带由断层角砾岩、碎裂岩及糜棱岩等组成，常见一系列大致平行的断面，可见多期活动特征。早期为韧脆性活动，以逆冲兼平移为主；晚期表现为正断层。断裂对南华纪和震旦纪沉积地层有明显的控制作用。北侧缺失莲沱组，南沱组沉积厚度也较小，南侧二者出露齐全。陡山沱组含磷成矿带主要分布在北侧。断裂对灯影组沉积也具有明显的控制作用（湖北省地质矿产勘查开发局，1990）。

（2）仙女山断裂。呈北北西向延伸，长约 75km，是一条历经多期次活动的区域性大断裂，由一条主干断层和分支断层组成。早期，在近南北向挤压作用下，该断裂发育了挤压剪切破碎带，由断层泥、角砾岩组成，断面西倾，近直立，呈舒缓波状，发育水平擦痕，其擦痕方向指示东盘向南位移。中期，该断裂表现为压性活动，发育大量的挤压透镜体，做逆时针运动。晚期，该断裂显张性，构造带中发育了角砾岩，角砾大小悬殊，胶结松散，表现为西盘下落的正断层。

仙女山断裂带沿线地形陡峭，节理裂隙发育，岩体破碎，极易形成崩塌、滑坡等地质灾害，三峡库区内著名的链子崖危岩体和新滩滑坡即发育于该断裂北侧的分支（图 1.14）。

(a) 链子崖危岩体　　　　　　　　　　　　(b) 新滩滑坡

图1.14　仙女山断裂附近的典型崩塌与滑坡灾害(黄海峰等，2020)

(3)天阳坪断裂。位于长阳复式背斜北翼，呈舒缓波状，倾向南南西。早期，该断裂沿断裂带南侧古生代地层向北逆冲推覆在白垩系之上，北侧的白垩系向北拱翻，沿断裂发育宽窄不等的挤压破碎带，破碎带常由断层泥、构造角砾岩及挤压透镜体组成，岩石经强烈挤压，多见挤压劈理，并有糜棱岩化，劈理、片理往往呈波状弯曲，倾向南南西，多呈挤压透镜体分布。中期，为断层主要活动期，断裂表现为逆冲推覆，发育断层泥、糜棱岩化带以及一组与主干断面平行的劈理，并强烈定向。晚期，该断裂表现为舒张下落，断裂南侧地层中见回落时的牵引变形，即反弹变形(湖北省地质矿产勘查开发局，1990)。

断裂构造强烈影响斜坡的形成与发展，控制着斜坡延展方向和规模，同时导致岩体结构破碎、裂隙发育，对岩土体物理力学性质弱化也有重要影响，最终孕育大量的地质灾害。据统计，宜昌市内断裂带附近发育的各类地质灾害及隐患点多达841处，其中尤以仙女山断裂、新华断裂、雾渡河断裂等附近最为发育。

1.1.4.3　新构造运动

新构造运动主要继承较古老的构造，运动性质以断块差异性垂直升降为主，表现为西部山区的间歇性抬升和东南部江汉平原的间歇性下降，形成多级阶地、夷平面和层状岩溶。

第四纪以来，地壳上升运动加剧，隆起速度每年达2.9~9.5mm，这种隆起和差异性活动造就了西部山区河谷深切及多级剥夷面和河流阶地等挽近期地貌形态(夏金梧和李长安，2005)。仙女山、天阳坪等主要活动断裂两侧是地表局部隆起与沉降的转折点。这些断裂皆属新华夏构造体系，是区内主要活动性孕震断层。地震地质研究成果表明，鄂西南地区处于较弱的活动性构造应力场中，区域地震具有强度弱、频度低、震源浅的特点。据国家地震局的全国烈度区划，宜昌市地震烈度为Ⅵ度，处于弱震区。据记载，全市少有发生5级以上地震，有感地震稀少。现今地震活动主要分布在仙女山断裂带，近10年内多次发生4.0~4.5级地震。

1.2 地质灾害主要诱因

1.2.1 降雨丰沛，暴雨频发

宜昌市属亚热带季风湿润气候区，气候温和，四季分明，日照充足，雨量丰沛，年平均降水量在967～1340mm之间，年降水日数在119～157d之间。

空间上，宜昌市由于具有独特的高山地带向平原过渡的地貌特征，降水呈现南多北少、山区多、平原河谷少的特点，雨量分布不均。南部五峰县、长阳县年均降水量最多，为全市多雨中心；当阳市、兴山县等相对少雨（图1.15）。

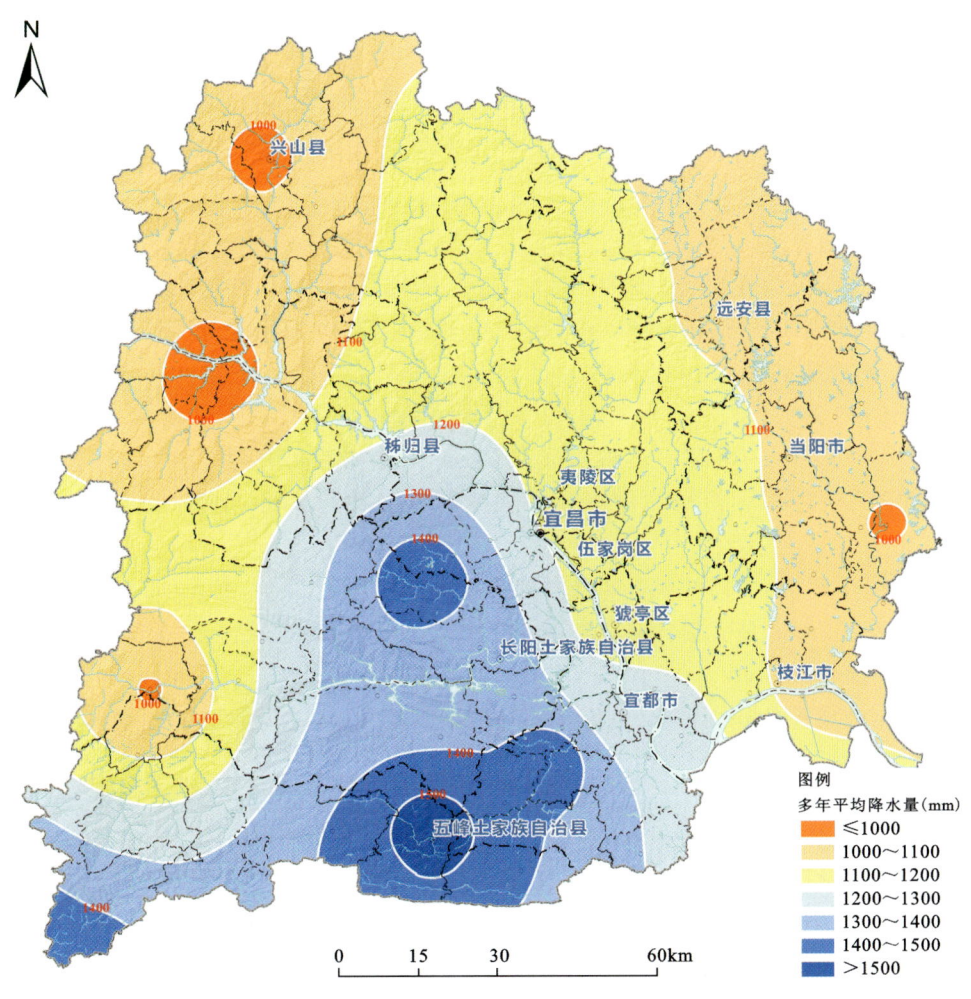

图1.15 宜昌市年平均降水量分布图

时间上,宜昌市季节性降雨特征明显。夏季最多,春秋次之,冬季较少,主要降水时段集中在5—9月,梅雨期降水占比较大,较长的降水过程一般发生在6—7月,7月中旬以后雨带逐渐北移。受地形控制,夏季"坨子雨"(即气象学的"短时局部强降水")、雷雨、大风及冰雹等强对流天气频发。每年汛期的丰沛降雨成为宜昌市地质灾害的主要诱发因素,正所谓"十滑九水"(图1.16)。据地质灾害风险普查成果,2018—2022年期间宜昌市发生在6—8月汛期的地质灾害灾(险)情多达1781处。

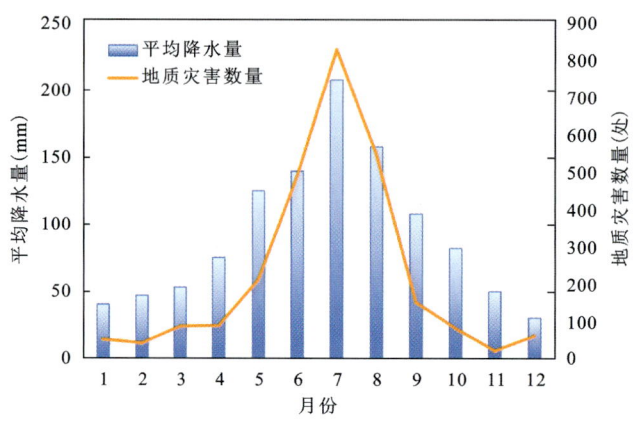

图 1.16　宜昌市 2018—2022 年月平均降水量与地质灾害数量统计

近年来极端异常降雨事件呈现逐年增多趋势,地质灾害集中连片高发群发。

2016年,受超强厄尔尼诺影响,宜昌市遭受多轮强降雨(降雨量超过1998年的降雨量)侵袭,全年突发地质灾害303处,其中小型289处、中型14处,虽未造成人员死亡,但造成直接经济损失6900万元。

2017年9—10月,三峡库区出现10年来最强秋汛,持续阴雨天气超过1个月,降雨量达到常年同期的2~3倍,大量滑坡体出现明显变形甚至失稳下滑,如秭归盐关滑坡、柏堡滑坡等。

2020年6月27日,宜昌城区普降暴雨到大暴雨,局部特大暴雨,最大小时雨量98.8mm,累计日降雨量达270mm,最大累计日降雨量293.2mm。诱发地质灾害50余处。同时,宜昌市范围发生灾情险情310起。

根据近年来典型的暴雨灾害案例,宜昌市2016年和2020年的降雨量分别达到历史记录极值,对应地也是地质灾害灾情险情较重的年份。

综上所述,宜昌市80%以上的地质灾害与丰沛降雨有着密切关系,尤其是梅雨期、汛期等时段频发的暴雨是地质灾害集中暴发的主要诱因。

1.2.2　库水升降,岸坡劣化

宜昌拥有长江三峡库区、清江隔河岩库区两大库区。水库水位的周期性循环涨落极大地影响了库岸边坡的稳定性,导致库区范围内地质灾害易发、高发,尤以三峡库区最为甚。

1.3.2 地质灾害发育特征

1.3.2.1 滑坡

宜昌市滑坡地质灾害隐患共1899处,从规模看,以中小型为主,大型较少;从物质组成看,以土质为主,岩质次之;从运动形式看,以牵引式为主,推移式次之,复合式也常见。

(1)按规模分类。根据《地质灾害分类分级标准(试行)》(T/CAGHP 001—2018),宜昌市有巨型滑坡2处、特大型滑坡20处、大型滑坡237处、中型滑坡743处、小型滑坡897处(表1.2和图1.24)。

表1.2 宜昌市滑坡规模统计表

规模等级	巨型	特大型	大型	中型	小型	合计
滑坡体积V(万m^3)	$V \geqslant 10\,000$	$1000 \leqslant V < 10\,000$	$100 \leqslant V < 1000$	$10 \leqslant V < 100$	$V < 10$	
数量(处)	2	20	237	743	897	1899
占比(%)	0.10	1.05	12.48	39.13	47.24	100.00

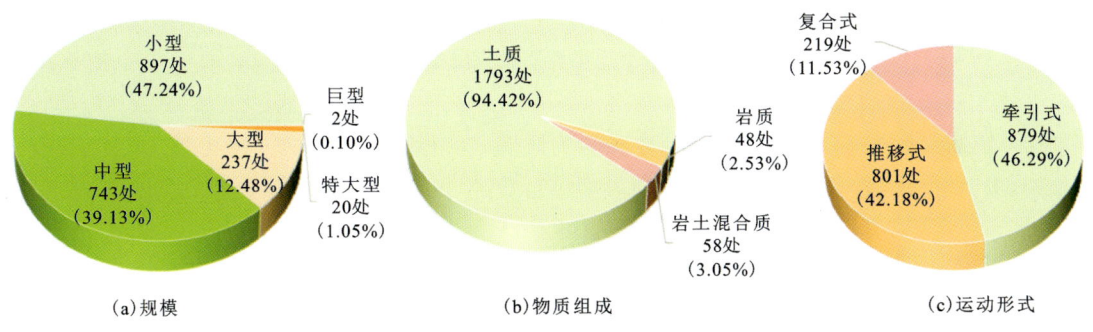

图1.24 宜昌滑坡地质灾害隐患分类统计图

(2)按物质组成分类。宜昌市滑坡可分为土质、岩质、岩土混合质3种类型。其中,土质滑坡1793处、岩质滑坡48处、岩土混合质滑坡58处,分别占滑坡总数的94.42%、2.53%、3.05%[图1.24(b)]。

(3)按运动形式分类。宜昌市滑坡可分为牵引式、推移式、复合式3种类型。其中,牵引式滑坡879处、推移式滑坡801处、复合式滑坡219处,分别占滑坡总数的46.29%、42.18%、11.53%[图1.24(c)]。

1.3.2.3 崩塌

宜昌市崩塌(含危岩)地质灾害隐患共594处。从规模看,以中小型为主,大型少量;从运动形式看,以倾倒式、滑移式和拉裂式为主。

(1)按规模分类。根据《地质灾害分类分级标准(试行)》(T/CAGHP 001—2018),宜昌市有特大型崩塌 7 处、大型崩塌 63 处、中型崩塌 214 处、小型崩塌 310 处(表 1.3 和图 1.25)。

表 1.3　宜昌市崩塌规模统计表

规模等级	特大型	大型	中型	小型	合计
崩塌体积 V(万 m^3)	$V \geqslant 100$	$10 \leqslant V < 100$	$1 \leqslant V < 10$	$V < 1$	
数量(处)	7	63	214	310	594
占比(%)	1.18	10.61	36.03	52.19	100.00

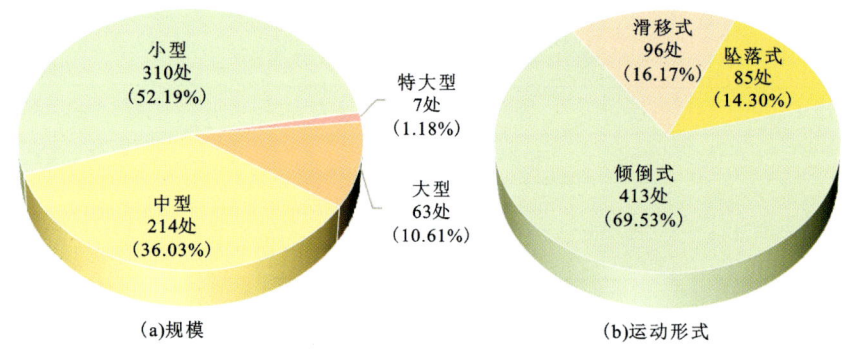

图 1.25　宜昌市崩塌地质灾害隐患分类统计图

(2)按运动形式分类。宜昌市崩塌主要分为倾倒式、滑移式、坠落式 3 种类型。其中,倾倒式 413 处、滑移式 96 处、坠落式 85 处,分别占崩塌总数的 69.53%、15.99%、14.3%[图 1.25(b)]。

1.3.2.3　不稳定斜坡

宜昌市不稳定斜坡地质灾害隐患共 300 处。根据不稳定斜坡演化趋势以及《地质灾害分类分级标准(试行)》(T/CAGHP 001—2018),宜昌市不稳定斜坡可划分为 250 处滑坡和 50 处崩塌。从规模看,300 处斜坡中有特大型 1 处(滑坡 1 处)、大型 23 处(滑坡 20 处、崩塌 3 处)、中型 113 处(滑坡 100 处、崩塌 13 处)、小型 163 处(滑坡 129 处、崩塌 34 处),具体见图 1.26。由以上数据可见,宜昌市不稳定斜坡地质灾害隐患以中小型为主。

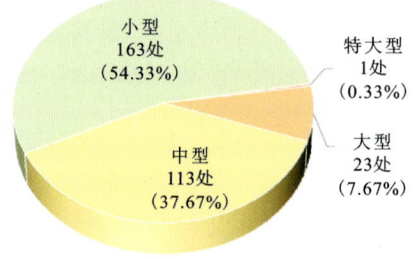

图 1.26　宜昌市不稳定斜坡地质灾害隐患规模统计图

1.3.3 地质灾害危害统计

（1）按稳定性分类，地质灾害一般分为稳定、基本稳定和不稳定 3 种。1899 处滑坡中，处于稳定状态有 128 处，处于基本稳定状态有 1638 处，处于不稳定状态有 133 处，分别占滑坡总数的 6.74％、86.26％和 7.00％[图 1.27(a)]。594 处崩塌中，处于稳定状态有 28 处，处于基本稳定状态有 145 处，处于不稳定状态有 421 处，分别占崩塌总数的 4.71％、24.41％和 70.88％[图 1.27(b)]。300 处不稳定斜坡中，处于稳定状态有 20 处，处于基本稳定状态有 256 处，处于不稳定状态有 24 处，分别占不稳定斜坡总数的 6.67％、85.33％和 8.00％[图 1.27(c)]。

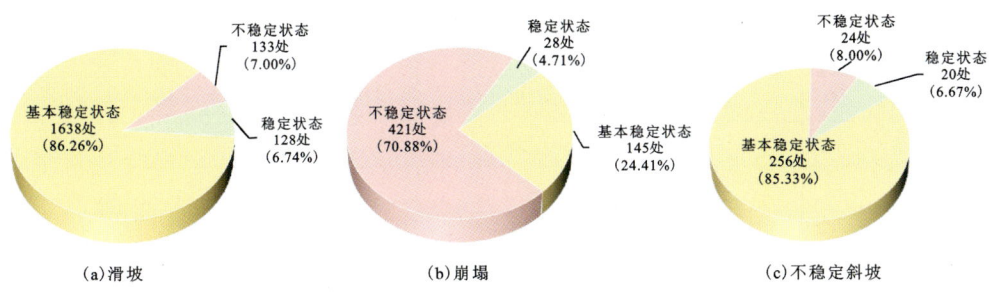

图 1.27 宜昌市滑坡、崩塌、不稳定斜坡稳定性现状分类统计图

（2）从威胁人数看，威胁人数超（含）30 人的隐患点共 584 处（占比 20.35％），其中以三峡库区秭归县、兴山县最为密集，分别为 292 处、100 处；威胁人数超（含）10 人、低于 30 人的隐患点共 854 处（占比 29.76％），以秭归县、兴山县、长阳县、夷陵区和五峰县为主，分别为 233 处、161 处、137 处、101 处和 96 处；威胁人数低于 10 人的隐患点共 1432 处（占比 49.89％）。具体见图 1.28 和表 1.4。

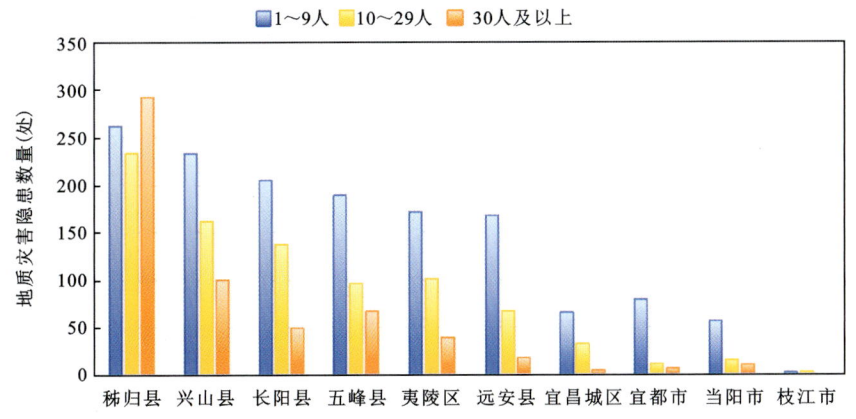

图 1.28 宜昌各县（市、区）地质灾害隐患威胁人数统计图
（数据统计时间截至 2023 年 10 月）

此外，威胁公路的地质灾害隐患点共 1868 处，占宜昌市地质灾害隐患点总数的 65.09％，其中以秭归县、长阳县、夷陵区等最为突出，分别为 767 处、357 处和 168 处（表 1.4）。

表 1.4　宜昌各县(市、区)地质灾害隐患威胁人数及公路数统计一览表

（数据统计时间截至 2023 年 10 月）

县市区	威胁人数（人）			威胁公路（处）
	1～9	10～29	30 人及以上	
秭归县	262	233	292	767
兴山县	233	161	100	153
长阳县	205	137	49	357
五峰县	189	96	67	113
夷陵区	172	101	39	168
远安县	168	67	17	139
宜昌城区	66	32	4	75
宜都市	79	11	6	75
当阳市	57	15	10	21
枝江市	1	1	0	0
合计	1432	854	584	1868

1.3.4　地质灾害分布规律

1.3.4.1　地理分布

三峡库首的秭归县地质灾害隐患点最多，达 787 处，接近宜昌市地质灾害隐患点的 1/3，其次为兴山县（494 处，17.21%）、长阳县（391 处，13.62%）、五峰县（352 处，12.26%）、夷陵区（312 处，10.87%）、远安县（252 处，8.78%），宜昌城区、宜都市、当阳市、枝江市的地质灾害隐患点则相对较少，详见图 1.29 和表 1.5。

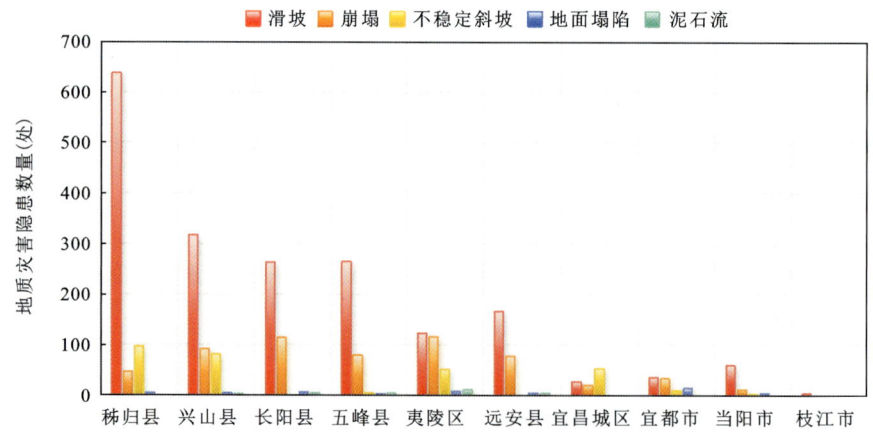

图 1.29　宜昌各县(市、区)地质灾害隐患类型及数量统计图

（数据统计时间截至 2023 年 10 月）

质灾害的主要因素。鉴于宜昌主要地质灾害类型为滑坡和崩塌两类，故本次主要对滑坡和崩塌的成生机理进行分析探讨。

1.3.5.1 滑坡

滑坡是指斜坡上的岩体由于某些原因在重力的作用下沿着一定的软弱面或软弱带整体向下滑动的现象，按滑坡体的物质组成可分为土质滑坡、岩质滑坡以及岩土混合质滑坡，宜昌市土质滑坡约占滑坡总数的94%。

1. 土质滑坡

土质滑坡为区内主要地质灾害，分布广泛，危害大。依据滑动面处岩土体类型，滑坡区内土质滑坡可划分为均质土体内部剪切破坏型滑坡和岩土分界面剪切破坏型滑坡。

(1) 均质土体内部剪切破坏型滑坡。该类滑坡沿最危险潜在剪切面产生滑动变形，主要特点如下：①斜坡上发育较厚的第四系残坡积、崩坡积的碎块石土、粉质黏土夹碎石等松散堆积物，力学强度低，易风化崩解，遇水易软化；②该类滑坡多发生于极端降雨作用下，当强降雨或连续降雨集中入渗，土体饱和，自重增加，黏聚力及内摩擦角减小，土体抗剪强度大幅降低；③该类滑坡多发生在局部陡坎地形部位（多为河流侧向侵蚀陡坎或人工切坡），沿着最危险潜在剪切面（多为弧形）产生滑移变形。如远安县鸣凤镇双泉村安置小区滑坡（图1.32）。

(2) 岩土分界面剪切破坏型滑坡。该类滑坡滑动面为第四系土体与下伏基岩的分界面，在顺向或逆向斜坡中均可发育。

顺向斜坡为易致灾斜坡结构类型，顺向斜坡中发育的岩土分界面剪切破坏滑坡沿岩土分界面发生剪切破坏，如秭归-兴山南北向褶皱、东西向张性断层、北西向扭性断层及北东向和北西西向两组共轭断裂破碎带发育，特别是香溪河两岸，宽广的秭归向斜地区两翼岩层倾角变化较大，位于褶皱东翼多数斜坡为顺向斜坡。该类滑坡特点：①由残坡积、崩坡积层碎块石土构成的滑坡体整体性较好，透水性强，厚度多为5~20m；②该类滑坡滑动面倾角多与地形坡度相当，滑坡类型多为牵引式，滑坡前缘具有较好的临空面，土体易沿着层面顺层滑动；③地下水对该类滑坡的稳定性具有较大影响，主要表现为地表降雨沿透水性强的土体入渗，至下伏不透水砂岩夹泥岩分界面受阻，使分界面长期处于浸泡状态，导致分界面土体黏聚力及内摩擦角减小，孔隙水压力升高，抗剪强度大幅降低，如果还受库水位升降影响，容易叠加动水压力效应，从而最终导致滑坡剪切破坏。典型的如长阳县椰坪镇巴尔湾滑坡（图1.33）。

逆向斜坡沿岩土分界面剪切破坏形成的滑坡成生特点与上述沿层面顺向滑移的土质滑坡较为相似。主要区别表现在顺层土质滑坡的滑动面多平直光滑，而逆向斜坡的滑动面多起伏不平、呈较为粗糙的曲面，其形态多由覆盖层厚度控制。滑动面凹凸不平，使得局部硬质岩层在滑动面上具有一定抗滑作用。逆向斜坡中发育的土质滑坡稳定性要好于顺向斜坡中发育的土质滑坡。典型的如秭归县归州镇八字门滑坡（图1.34）。

(a)远安县鸣凤镇双泉村安置小区滑坡全貌图

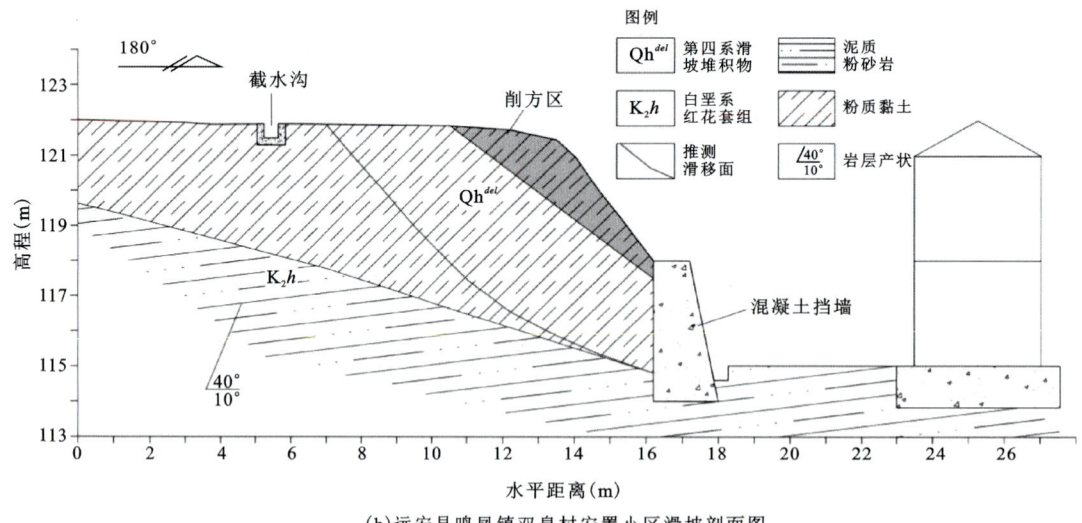

(b)远安县鸣凤镇双泉村安置小区滑坡剖面图

图1.32 宜昌市均质土体内部剪切破坏的典型土质滑坡灾害实例

1 地质环境脆弱 地质灾害频发

(a)长阳县榔坪镇巴尔湾滑坡全貌图

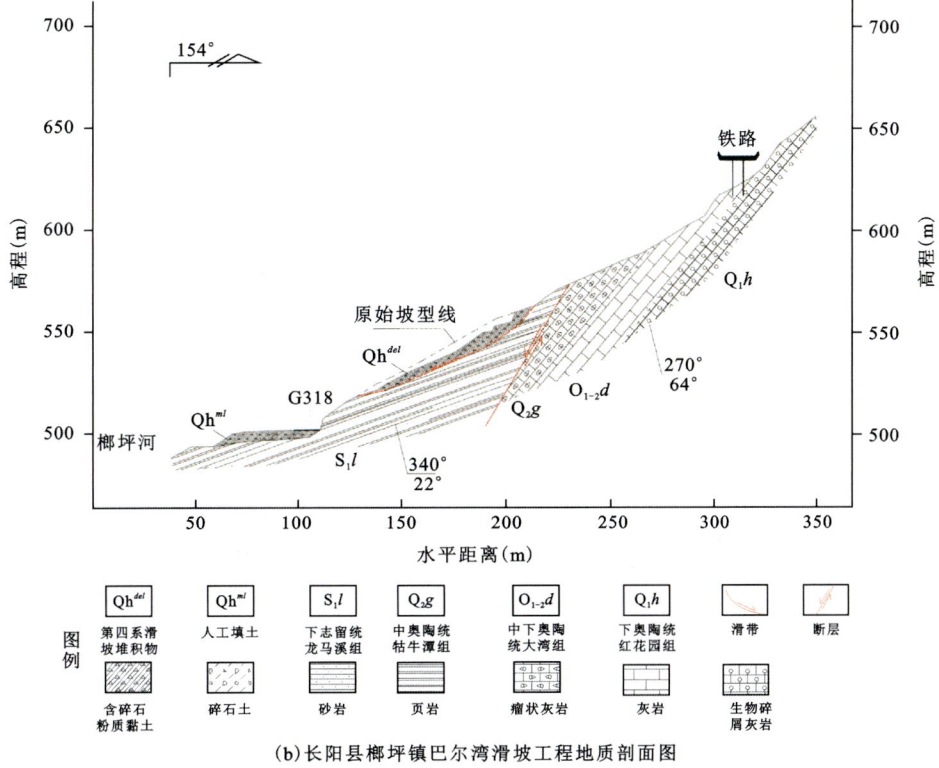

(b)长阳县榔坪镇巴尔湾滑坡工程地质剖面图

图 1.33 宜昌市沿顺向斜坡岩土分界面滑移破坏的典型土质滑坡灾害实例

(a) 秭归县归州镇八字门滑坡全貌图

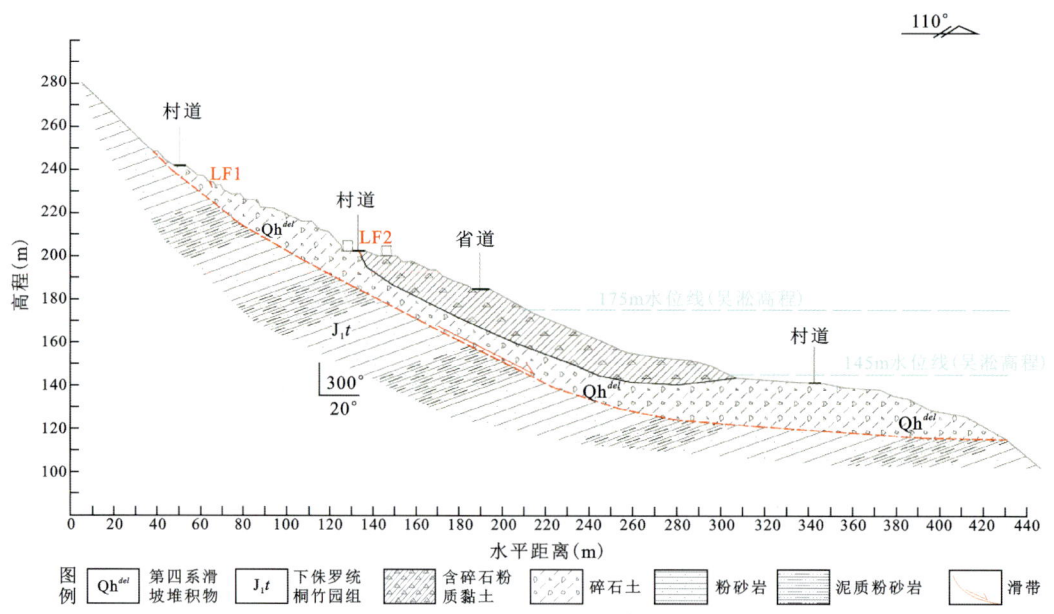

(b) 秭归县归州镇八字门滑坡工程地质剖面图

图 1.34 宜昌市沿逆向斜坡岩土分界面滑移破坏的典型土质滑坡灾害实例

2. 岩质滑坡

相对于土质滑坡,岩质滑坡具有突发性强、危害性大的特征,典型的如秭归千将坪滑坡、杉树槽滑坡等。宜昌市岩质滑坡常见于侏罗系、奥陶系,这些地层普遍具有含泥页岩软弱夹层的特点,如侏罗系多为砂岩夹泥页岩,而奥陶系则多为灰岩夹泥页岩。一般岩体中都发育有两组以上裂隙,将岩体切割成块体,滑坡周缘则沿裂隙发展,后缘往往为平行临空面的卸荷裂隙,侧缘为构造裂隙。人类工程活动如切坡、爆破等,使坡体前缘临空,改变原始应力条件和岩体完整性,从而破坏坡体稳定性。在降雨或水库水位升降作用下,地表水沿裂隙灌入,遇到岩层中的相对隔水层泥岩和页岩,一方面会软化、泥化泥岩和页岩,另一方面地下水易聚积,产生动水压力或浮托减重效应,进而导致坡体产生变形破坏,形成岩质滑坡。按破坏模式,岩质滑坡可分为滑移-拉裂型、滑移-弯曲型、弯曲-拉裂型3类。

(1) 滑移-拉裂型滑坡。该类滑坡多分布于河谷顺向斜坡地带,斜坡坡度与地层倾角基本一致,为20°左右的缓倾角斜坡,因河流深切或人类工程活动切坡,坡体前缘临空。地层岩性多为硬质岩层(砂岩、灰岩)夹软弱夹层(泥岩、页岩),硬质岩层由于发育构造裂隙,为相对透水含水层,泥页岩软弱夹层为隔水层。通常情况下,泥页岩顶板附近为富水带,导致泥页岩软化,黏聚力及内摩擦角减小,抗剪能力下降。斜坡的主要变形迹象为沿软弱夹层蠕滑,从而牵引上部岩土体产生滑移拉裂变形,并逐渐形成拉裂缝,从而使上覆岩体透水性、含水性增强,软弱夹层的抗滑能力进一步减弱。在强降雨等诱发因素作用下,当上覆岩体产生的下滑力大于下伏软弱夹层的抗滑力时,岩体沿软弱夹层向临空方向发生滑动。远安县嫘祖镇鹰子垭滑坡(图1.35)属于此类,其滑带为页岩、泥质灰岩软弱夹层。

(2) 滑移-弯曲型滑坡。该类滑坡所处的地质环境条件与滑移-拉裂型滑坡总体类似,不同点在于:地形平均坡度与岩层倾角总体较陡,一般在30°~35°间;前缘临空条件差。斜坡岩体沿泥岩顶板泥化夹层或风化泥岩塑性流动,受制于有限的前缘临空条件,后缘陡倾岩层推动或挤压前缘岩体。当前缘岩体地应力集中到一定程度后会沿薄弱地带岩层发生隆起弯曲变形,弯曲变形又导致该部位岩体破碎,被剪切错断,后在强降雨或库水位升降等诱发因素作用下,前缘隆起岩体发生剪切破坏,最终产生滑坡。因此该类斜坡最易发展为滑移-弯曲切层滑坡。秭归木鱼包滑坡(图1.36)应属此类。

(3) 弯曲-拉裂型滑坡。该类滑坡多位于逆向沟槽或河谷斜坡,地形坡段较陡,平均坡度多在30°~40°之间。地下水多以表层风化卸荷带内的潜水赋存于坡体之中。地层倾向坡内,中上部多为薄层砂岩夹泥页岩,下部以泥页岩为主,上硬下软。在重力的长期作用下,斜坡表层岩体发生向下弯曲现象("点头哈腰"),导致岩体在弯曲部位裂隙发育。当裂隙结构面连通,在强降雨或前缘切坡等外力作用下发生失稳破坏。斜坡变形方式为弯曲-拉裂,如秭归接江坡滑坡(图1.37)。

(a) 远安县嫘祖镇鹰子垭滑坡全貌图

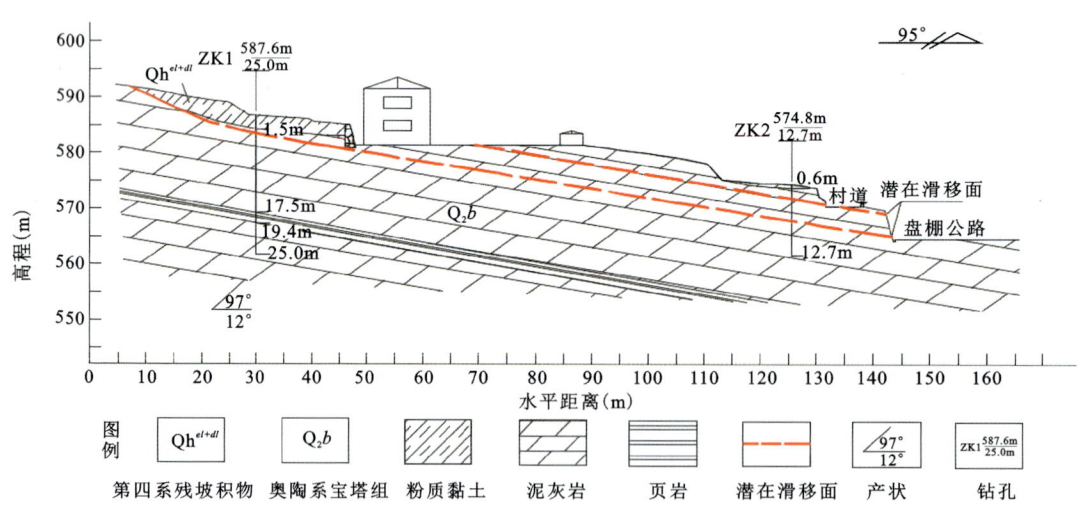

(b) 远安县嫘祖镇鹰子垭滑坡工程地质剖面图

图1.35 宜昌市典型滑移-拉裂型岩质滑坡灾害实例

1 地质环境脆弱 地质灾害频发

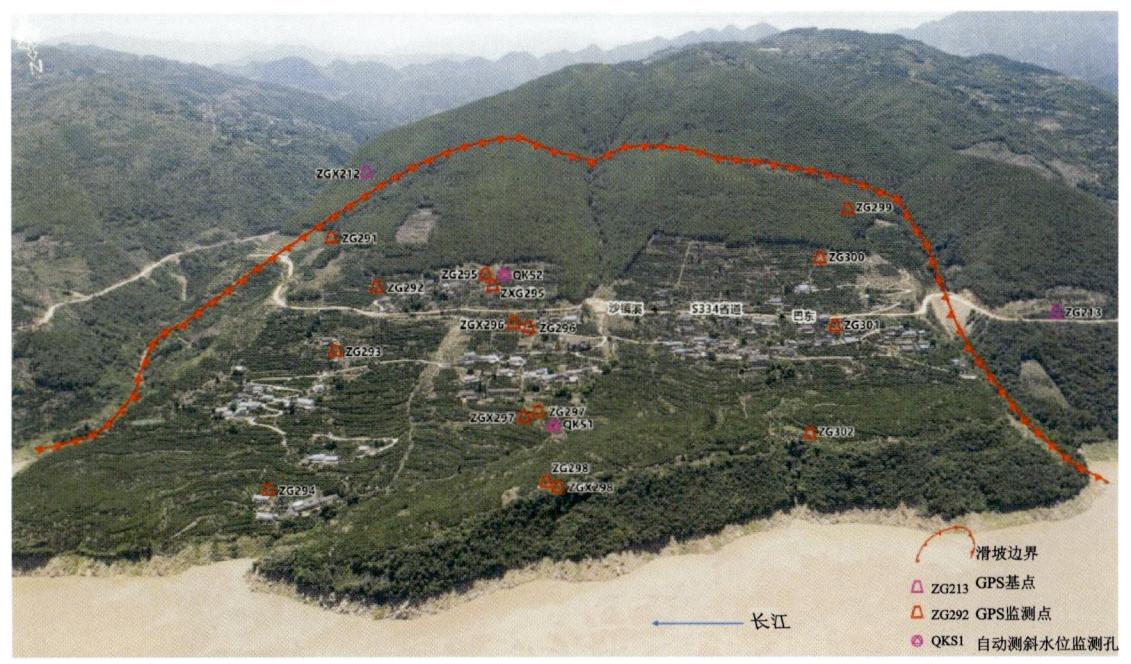

(a)秭归木鱼包滑坡全貌

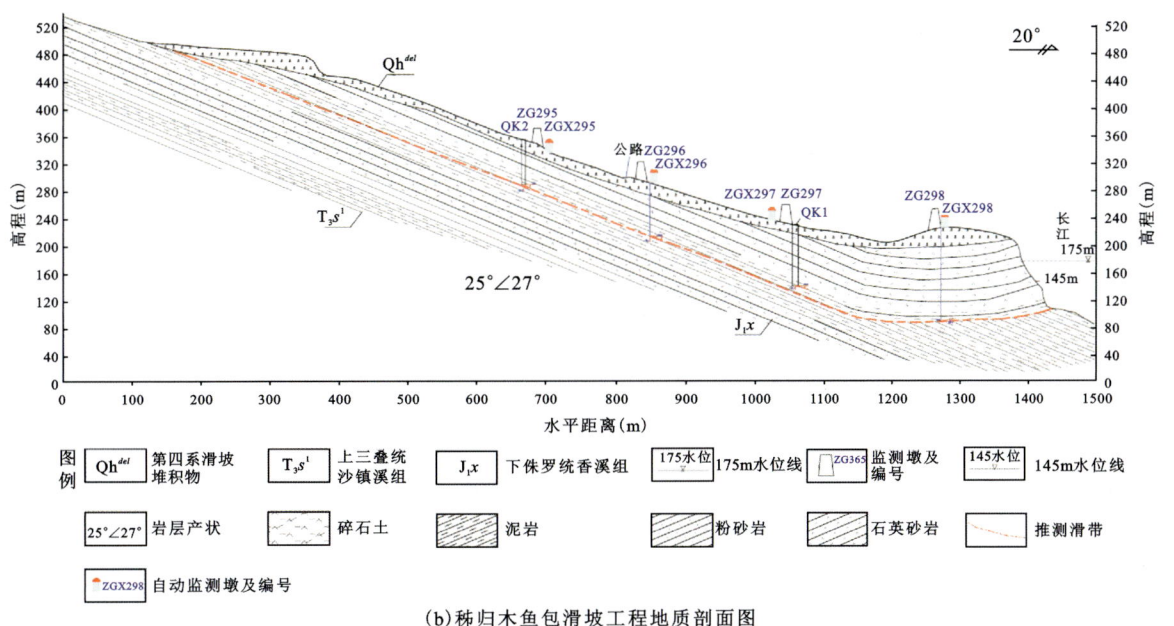

(b)秭归木鱼包滑坡工程地质剖面图

图 1.36 宜昌市典型滑移-弯曲型岩质滑坡灾害实例

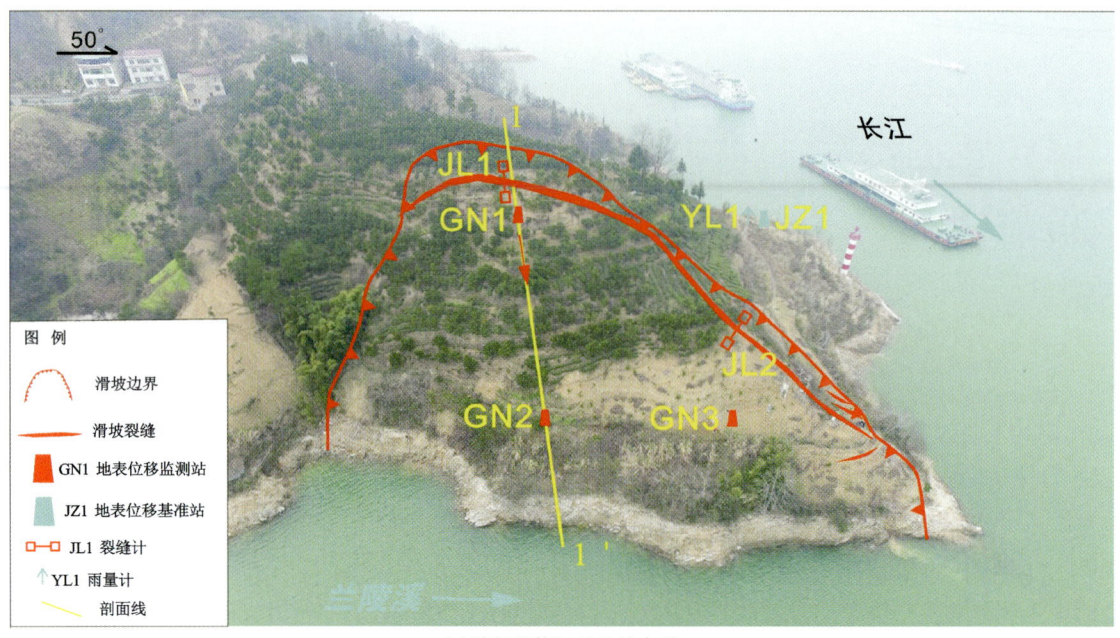

(a)秭归县接江坡滑坡全貌

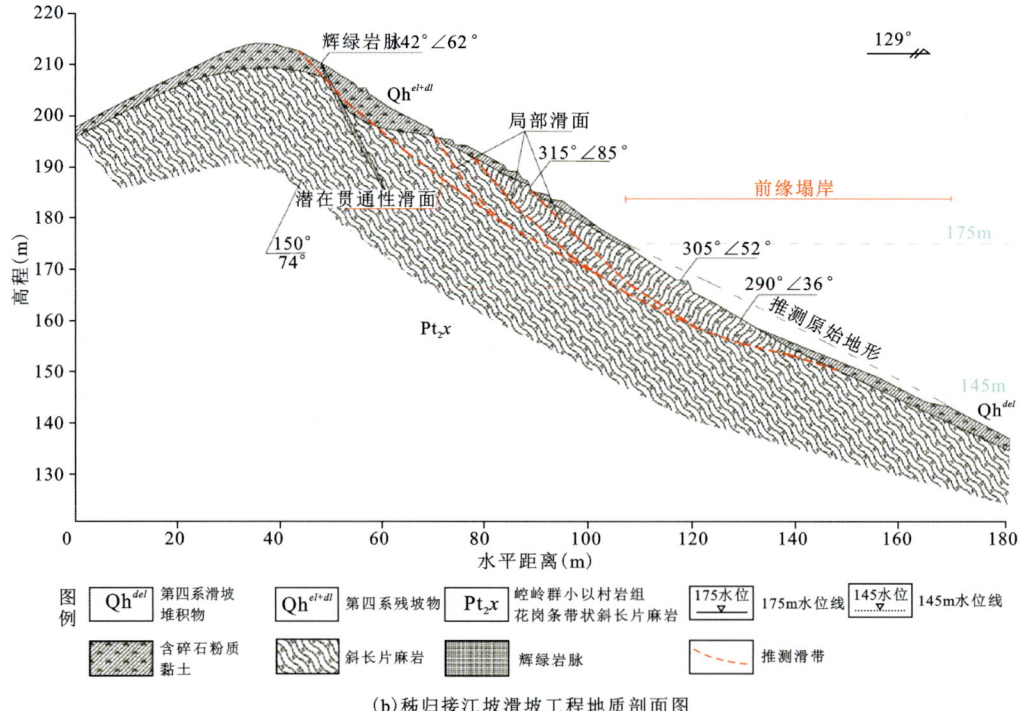

(b)秭归接江坡滑坡工程地质剖面图

图1.37 典型弯曲-拉裂型岩质滑坡灾害实例

1.3.5.2 崩塌

崩塌是较陡斜坡上的岩土体在重力作用下突然脱离母体崩落、滚动、堆积在坡脚（或沟谷）的地质现象，是区内常见的地质灾害。崩塌的形成通常与地形地貌、地层岩性、地层构造及其组合关系紧密相关，特点如下：在地形上，具高陡临空面，这些高陡边坡多形成于自然动力或人类工程活动；构成边坡的地层一般为硬质岩体或软硬相间的岩体，如灰岩、白云岩、砂岩、砾岩等；岩性组合上一般有单一型和软硬互层型；岩体中构造裂隙发育两组以上，将岩体切割成大小不等的块体。在具备上述条件的情况下，受自然地质作用和强降雨、爆破等外力驱动，坡体易发生崩塌。按破坏模式，宜昌市崩塌可分为滑移式、倾倒式和坠落式3类。

1. 滑移式崩塌

滑移式崩塌多发育在顺层或切层岩质边坡中，距坡脚一定高度的岩土体被结构面切割成相对独立的块体，以层面、节理面、劈理、小型断层及岩土界面为界线，上部块体在重力、水压力、地震力等作用下沿下伏外倾结构面滑出而堆积于坡脚。一般来说，崩塌体的下伏控制性外倾结构面倾角多为$10°\sim35°$，后缘张拉结构面倾角往往较大，甚至出现反倾。滑移式崩塌在层状或似层状、块体状、楔形坡体结构和二元坡体结构中均有发生，但以层状或似层状坡体结构中最为常见，原因为结构面的抗剪力无法平衡上部岩土体形成的下滑力，块体沿结构面滑移。

滑移式崩塌的发展演化过程如下：①具有软弱面（带）的岩体，当自身重力产生的下滑力达到其抗拉强度时，岩体后缘产生拉张裂缝，形成危岩体；②在降雨条件下，雨水渗入到岩体的软弱带和裂缝中，产生向临空方向挤压的静水压力和动水压力；③在重力、地震力、静水压力和动水压力以及雨水软化软弱面等因素影响下，危岩体向临空方向发生滑移；④危岩体失稳，崩塌发生，在滚落过程中，岩体发生解体，散落的崩塌物质堆积于坡脚。典型的如远安县嫘祖镇阳岩河段崩塌（图1.38）。

2. 倾倒式崩塌

倾倒式崩塌一般发生在上硬下软型陡坡—极陡坡或者岩层近水平—中等倾角的倾向坡内，上覆硬岩中发育2～3组陡倾结构面，其中一组与坡面近于平行。坡表附近软弱岩层因卸荷回弹而软化，在降雨（软化和水压力效应）、风化等的联合作用下，软弱岩层进一步弱化，在上覆岩体压力下，发生蠕滑和一定的压缩变形。上覆硬岩则进一步发生拉裂、缓倾，碳酸盐岩中还会形成溶蚀裂隙或裂隙型溶洞，构成危岩体后缘切割面，后缘切割面甚至可直达下伏软岩层。在降雨等条件下，当危岩体下伏软弱岩层支撑力不足，或危岩体下部残留硬岩时易发生累进性破坏而倾倒失稳。

鄂西地区煤系地层和磷矿层发育。煤系地层和磷矿层一般分布于灰岩或白云岩形成的高陡边坡底部，属相对软弱地层。历史上不规范采矿在陡坡附近形成了大量采空区，使上覆岩体失去支撑产生倾倒变形，诱发了大量倾倒式崩塌。典型的如远安盐池河崩塌、五峰赵家

(a)远安县嫘祖镇阳岩河段崩塌全貌图

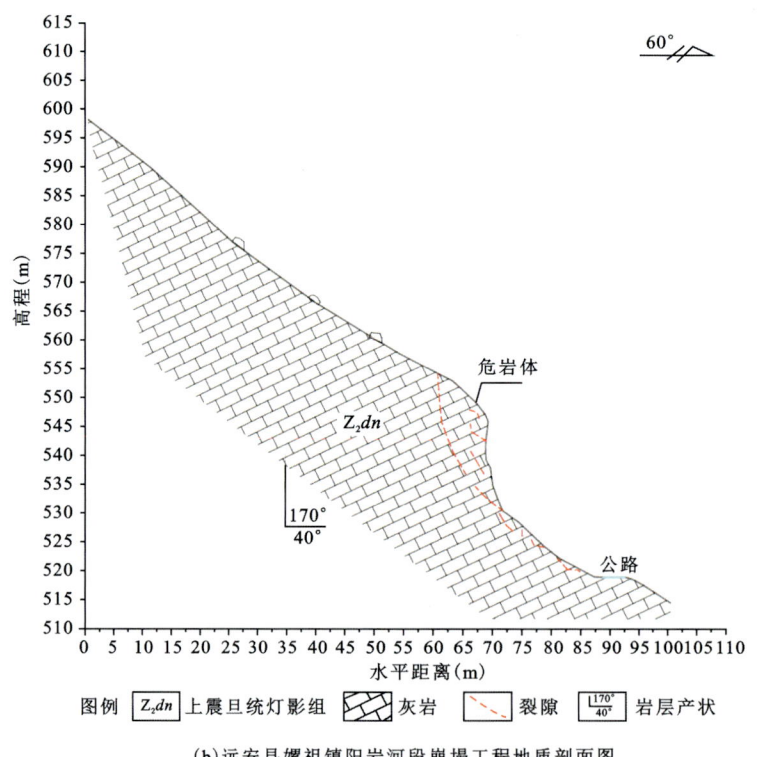

(b)远安县嫘祖镇阳岩河段崩塌工程地质剖面图

图1.38 宜昌市滑移式崩塌地质灾害实例

岩崩塌(图1.39)。总之,高陡临空的地形地貌、上硬下软的岩性组合、裂隙发育的岩体是形成倾倒式崩塌的基础条件,不规范地下采矿、强降雨等是其重要诱发因素。

1 地质环境脆弱 地质灾害频发

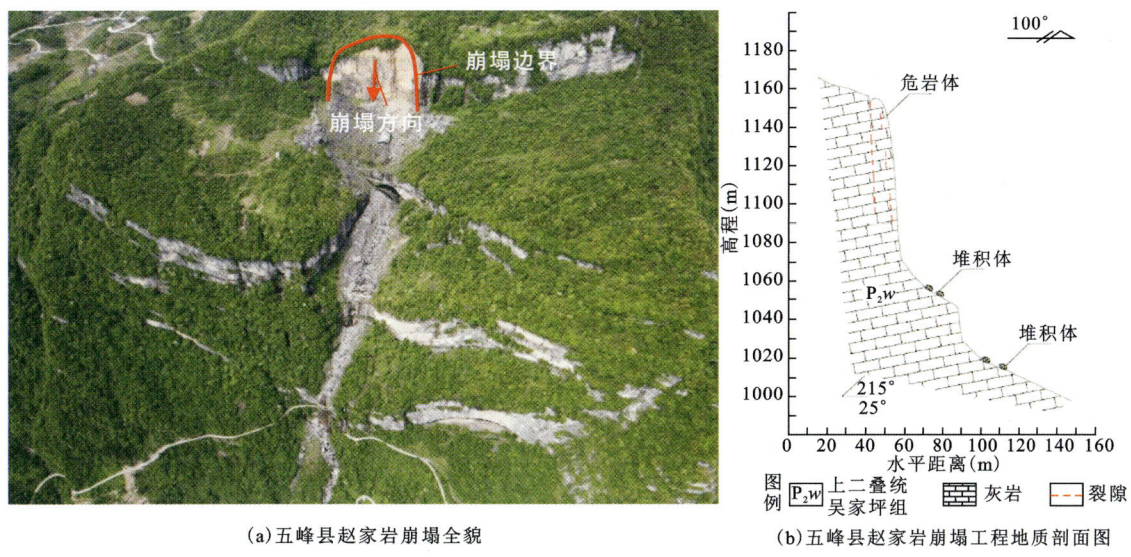

(a)五峰县赵家岩崩塌全貌　　(b)五峰县赵家岩崩塌工程地质剖面图

图1.39　典型倾倒式崩塌地质灾害实例

3. 坠落式崩塌

坠落式崩塌指距坡脚一定高度的岩土体下部存在凹腔,造成上部岩土体悬空,脱离母岩发生坠落的地质现象,一般发生于反坡向或局部存在凹腔的边坡。此类边坡岩体节理裂隙发育,被切割成相对独立的块体,由于长期风化、卸荷回弹和降雨作用,边坡岩体局部支撑和联结能力减弱,导致悬空或悬挑岩土体被拉断、切断而发生坠落崩塌。坠落式崩塌在产状近于水平或较为平缓的层状或似层状坡体结构中最为常见,尤其是在产状近水平、差异风化强烈的砂泥岩等地层中较为常见。坠落式崩塌一般规模较小,典型的如远安县旧县镇黄岩屋崩塌(图1.40)。

1.3.6　典型地质灾害案例

1. 盐池河崩塌,造成284人死亡的特大灾难事件

1980年6月3日凌晨5时35分,远安县盐池河磷矿发生大规模山崩(图1.41)。崩塌岩体体积约$100\times10^4 m^3$,向下运动到相对高差400m的盐池河谷,崩塌堆积体最大厚度约40m,一般厚20m,体积约$130\times10^4 m^3$。南北长560m,东西宽400m,崩塌块石最大单体体积约1000m^3,重约2700t(贾雪浪,1983;孙玉科和姚宝魁,1983;姚宝魁和孙玉科,1988)。崩塌碎石流摧毁了矿务局和采矿坑口的全部建筑,造成284人死亡(刘传正和肖锐铧,2021)。矿区周围9个地震台站记录了这次由山体崩塌引起的强烈地表震动,震级为$M_S 1.6$级(荣建东,1981)。

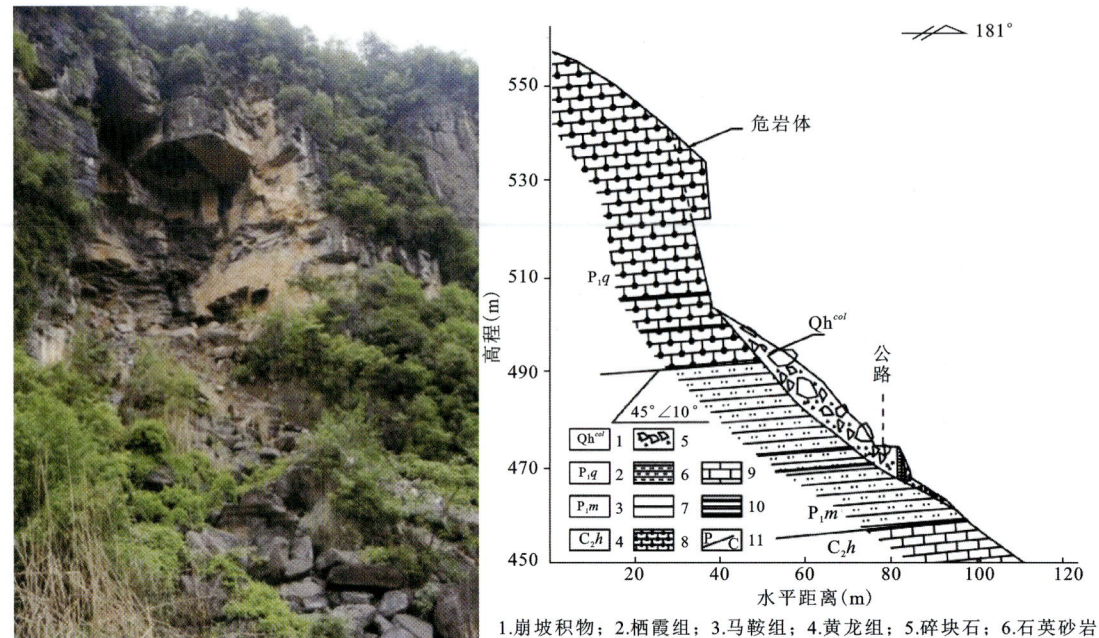

(a) 远安县旧县镇黄岩屋崩塌　　　　　(b) 远安县旧县镇黄岩屋崩塌工程地质剖面图

1.崩坡积物；2.栖霞组；3.马鞍组；4.黄龙组；5.碎块石；6.石英砂岩；7.煤层；8.硅质团块灰岩；9.结晶灰岩；10.页岩；11.岩层界线。

图1.40　典型坠落式崩塌地质灾害实例

图1.41　盐池河崩塌全貌（中国地质矿产部等，1991）

盐池河崩塌发生前半月就已开始出现滚石。随后，正逢雨季，崩塌前3天连降暴雨，降雨量达74mm。雨水沿裂缝下渗，裂缝的孔隙水压力增加，裂缝两壁的摩擦力和岩石的抗剪强度降低，使崩塌体与后缘和底座彻底剥离，加以裂缝中泥质成分被雨水浸透后的润滑作用，崩塌体在重力作用下开始沿底座裂面滑移。随着滑距的增加，滚石频率也增大。崩塌发生当晚，由于山裂石滚响声隆隆，四周群众通宵不能入睡。滚石频率达到最高峰时，接踵而木鱼包滑坡为二元结构，表部由冲洪积、残坡积和崩坡积松散堆积层组成，岩性为亚黏土、碎块石土、含泥砾石层等，厚2～17m；下部是扰动破坏的下侏罗统香溪组一段石英砂岩含砾石英砂岩、长石石英砂岩、粉砂岩等，为滑坡主体，厚38～135m。它的特点是：中部、后部岩体较完整，岩层倾向坡外；前缘破坏相对强烈，岩层倾向坡内。西部岩体较完整，东部相对破碎，呈碎裂结构，有岩块架空现象，并见有受后期地下水潜蚀作用形成的塌陷坑，当地人称为海窝子。滑体主要沿上三叠统须家河组顶部的煤层滑动，下部切层滑出。前缘探槽揭露，滑体已超覆于第四系松散堆积体上。滑带特征因所处部位而异。钻孔揭露，滑坡中、后部顺层滑动段滑带由软弱的黑色煤泥及破碎的碳质页岩组成，粒径小于0.05mm的颗粒含量占59.5%，其黏土矿物成分以伊利石为主，蒙脱石次之，含少量绿泥石，局部地段已风化成亚黏土和黏土。滑体前部，滑带切层发育，因受力强度和性质不同，滑带特征也有差别：东部以滑带土为主，厚0.3～0.5m；西部以碎裂岩为主夹少量亚黏土，厚0.4～4.2m。

综合分析认为，范家坪滑坡是在特定的地层岩性、地质构造、地形地貌和水文地质环境中形成的。其中，软硬不均的层状岩体是滑坡形成的首要条件，断层、裂隙为滑坡提供了切割面，高陡斜坡为滑坡的产生提供了滑动空间，库水升降、大气降水以及地下水是滑坡的主要诱发因素。

目前，木鱼包滑坡与谭家河滑坡是三峡库区重点专业监测预警灾害体。从2006年9月持续监测至今，截至2023年12月，两个滑坡的累积水平位移已达1.7～2.9m（三峡大学，2023），后期仍将是监测重点。

2 调查评价 夯实基础

近年来,宜昌全面开展了基础调查,灾害隐患点核查,重点线性工程(交通)廊道、重点流域及重点集镇地质灾害调查等工作。空间上点线面三维发力,精度上从1∶5万全覆盖到1∶1万重点区,局部达到1∶2000。调查评价内容不断丰富,技术方法不断创新,建立了精细化调查评价体系,夯实了全地域地质灾害防治基础,有力促进了防灾理念从减少灾害损失向降低灾害风险转变,全面提升了地质灾害综合防范能力。

2.1 动态管理,摸清灾害隐患点底数

通过以县级行政区为单元的1∶5万地质灾害详细调查、地质灾害隐患点核排查等,系统查明了宜昌市地质灾害隐患点性质、动态变化特征和分布发育规律,建立了地质灾害数据库,精确确定了"四位一体、网格化管理"在册隐患点,实现了动态管理。同时,针对建房切坡、修路切坡引发地质灾害形成的"小灾大害"开展了专项排查,就地质灾害防治明确责任、分类施策。

2.1.1 1∶5万地质灾害详细调查

宜昌市1∶5万县市地质灾害详细调查起步较早,"十二五"期间就完成了五峰县、宜都市、长阳县、远安县、夷陵区以及宜昌城区的1∶5万地质灾害详查。"十三五"期间持续推进,又相继完成了当阳市、兴山县、秭归县的地质灾害详查。截至2020年,已实现除枝江市以外的1∶5万地质灾害详细调查全覆盖。

1. 主要任务

查明宜昌市地质环境条件和地质灾害点基本属性,编制地质灾害地质条件图,分析滑坡、崩塌、泥石流等地质灾害形成条件,阐明其发育分布规律及形成机理,评价和预测其发展趋势。对已发生的滑坡、崩塌、泥石流等灾害点,了解其分布范围、规模、结构特征、影响因素和诱发因素等,并对其复活性和危险性进行评估,开展地质灾害易发性、危险性评价与区划,建立健全地质灾害空间数据库。

2. 主要成果

(1)详细查明了宜昌市地质灾害分布发育特征、孕灾背景,分析研究了形成因素,对地质灾害破坏模式、形成机理等进行了研究。

(2)详细查明了宜昌市地质灾害类型、数量及分布发育特征,对其稳定性进行了分析评价,建立了地质灾害数据库,对隐患点落实了"四位一体、网格化管理"。通过1∶5万县市地质灾害详细调查,获得了宜昌市地质灾害基础数据。宜昌市共查出各类地质灾害点4256处,其中滑坡2167处、崩塌945处、不稳定斜坡946处、地面塌陷160处、泥石流38处。秭归县地质灾害最为突出,达到1137处之多,其次为夷陵区(824处)、兴山县(697处)、长阳县(459处)、五峰县(308处)、远安县(285处)、宜昌城区(224处)、宜都市(194处)、当阳市(128处)。

(3)宜昌市地质灾害隐患点全部纳入群测群防管理,构建了"信息全、数据新、网络通、方便用"的地质灾害防治信息化系统,建立了市县地质灾害基础数据库、信息管理系统并实时更新,整合了专网＋互联网＋网格化数据,形成了双网融合,为市级会商指挥平台奠定了基础。

2.1.2 地质灾害隐患点核排查

"十二五"期间,通过争取中央、省级财政专项资金1.03亿元对37处重大地质灾害隐患进行了工程治理或搬迁避让,地方财政投入近3000万元对80多处地质灾害隐患进行了应急处置,从根本上消除了一部分隐患点。但受2016年多轮强降雨侵袭,宜昌市又发生地质灾害灾(险)情1000余起,使地质灾害隐患底数发生巨大变化。为进一步查明隐患点动态变化情况,建立健全地质灾害防治"四位一体、网格化管理"体系。2017年和2022年宜昌市分别开展了两轮县级行政单元地质灾害点核查及重点区段的地质灾害隐患排查。

1. 主要任务

根据《湖北省"四位一体"网格化地质灾害隐患点核查及数据更新技术要求(试行稿)》,以调查成果为基础,通过现场核查和调查,进一步厘清宜昌市地质灾害隐患点底数,客观分析地质灾害现状、危害性,分类采取监测预警、综合治理等管控措施,为宜昌市"四位一体、网格化管理"提供详实依据。

2. 核查内容

在全面收集、分析、整理各县市地质灾害隐患点底数和新增地质灾害资料的基础上,核查地质灾害隐患是否发生变化及其变化程度,包括地质灾害体地表裂缝、滑坡位移、建筑变形等宏观变形破坏迹象;核查并确定地质灾害隐患的规模、危险区范围、威胁对象、稳定性及危害性,分析人类工程活动对地质灾害隐患的影响;分析发生变化的原因,重新确定其影响范围,判断地质灾害隐患的稳定性、发展趋势和潜在的险情。查看地质灾害监测点设施、监测责任人、群测群防人员、"两卡"发放、防灾预案及简易演练、出现险情征兆时的预警信号、受威胁群众的撤离路线和临时避难场所等落实情况及群测群防体系建设情况;对新增的地质灾害隐患点实地调查,查明其灾害类型、规模、成因、诱发因素、变性破坏特征,对其稳定性、危险性和危害性进行评价。对每处地质灾害隐患点提出监测预警、搬迁避让、工程治理等防治措施,对已实施地质灾害防治工程、长期监测未发生变形、地质灾害隐患已灭失等符合销号要求的地质灾害隐患点,提出销号建议;开展重点区域地质灾害隐患排查,确定地质灾害应急避险预警雨量阈值和应急避险区,提出防治措施建议。开展数据采集录入,及时更新并维护好驻守县市地质灾害数据库,统一汇总至地质灾害监测预警、远程会商及应急指挥平台。

3. 核查主要数据成果

2017年,宜昌市逐点对3710处地质灾害隐患点进行了全面核查。其中,滑坡2215处,崩塌灾害682处,不稳定斜坡634处,地面塌陷142处,泥石流37处。主要分布在三峡库区、清江流域及矿产开发活动较为强烈的地区。地质灾害隐患点按分布数量划分,依次为秭归县916处、兴山县576处、长阳县528处、五峰县365处、夷陵区358处、远安县313处、宜都市275处、宜昌城区237处、当阳市139处和枝江市3处。按照地质灾害隐患点销号认定标准,进行核查核销,共核销地质灾害隐患点728处,在册地质灾害隐患点减少至2982处,作为2018年管理基数。

地质灾害隐患点实行动态管理,根据年度新增和日常巡排查更新情况,2019年在册地质灾害隐患点为3004处,2020年为3008处,2021年为3212处,2022年为3298处。

2022年,为更好服务宜昌"城市大脑"建设,为自然灾害"城市小脑"提供地质灾害基础数据支撑,针对宜昌市内地质灾害隐患点现状情况进行全面核查和数据更新,进一步厘清各县(市、区)地质灾害现实底数,查清查准地质灾害隐患点基础信息。次轮核查以2022年汛前宜昌市在册地质灾害隐患点数据3298处为基数,核销593处,核增102处,核定纳入"四位一体、网格化管理"的地质灾害隐患点2807处。其中滑坡1738处、崩塌546处、不稳定斜坡446处、泥石流23处、地面塌陷54处。其中分布在秭归县774处、兴山县478处、长阳县424处、夷陵区310处、五峰县302处、远安县238处、宜都市96处、当阳市78处、城区105处、枝江市2处。

宜昌市在册地质灾害隐患点动态管理数据详见表2.1和表2.2,图2.1和图2.2。

表2.1 宜昌市在册地质灾害隐患点动态管理分类数据表 单位:处

地质灾害隐患点类型	1:5万详查底数	统计年份							
		2017年	2018年	2019年	2020年	2021年	2022年	2023年	2024年
滑坡	2167	2215	1818	1821	1825	1897	2059	1738	1899
崩塌	945	682	651	589	589	623	649	546	594
不稳定斜坡	946	634	419	503	503	597	483	446	300
泥石流	38	37	32	32	32	35	38	23	23
地面塌陷	160	142	62	59	59	60	69	54	54
合计	4256	3710	2982	3004	3008	3212	3298	2807	2870

2 调查评价 夯实基础

表2.2 宜昌市各县(市、区)在册地质灾害隐患点动态管理分类数据表　　　单位:处

县(市、区)	1:5万详查底数	统计年份							
		2017年	2018年	2019年	2020年	2021年	2022年	2023年	2024年
秭归县	1137	916	795	753	738	813	818	774	787
夷陵区	824	358	348	343	360	376	378	310	312
兴山县	697	576	509	478	478	518	524	478	494
长阳县	459	528	351	352	345	389	424	424	391
五峰县	308	365	327	365	388	391	407	302	352
远安县	285	313	228	302	285	241	245	238	252
宜昌市城区	224	237	219	175	166	234	244	105	102
宜都市	194	275	92	132	127	114	121	96	96
当阳市	128	139	110	101	118	133	134	78	82
枝江市	/	3	3	3	3	3	3	2	2
合计	4256	3710	2982	3004	3008	3212	3298	2807	2870

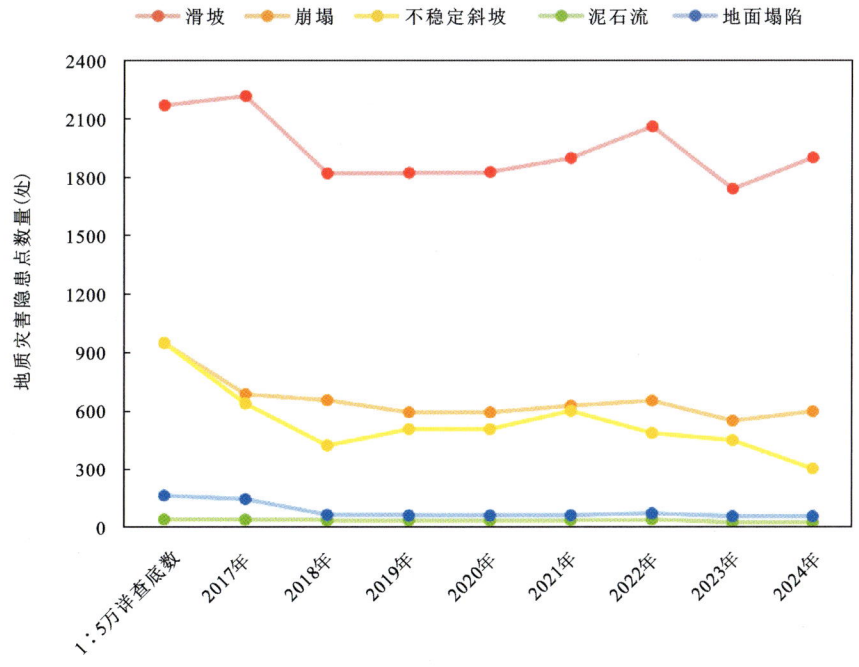

图2.1　宜昌市在册地质灾害隐患点动态管理分类图

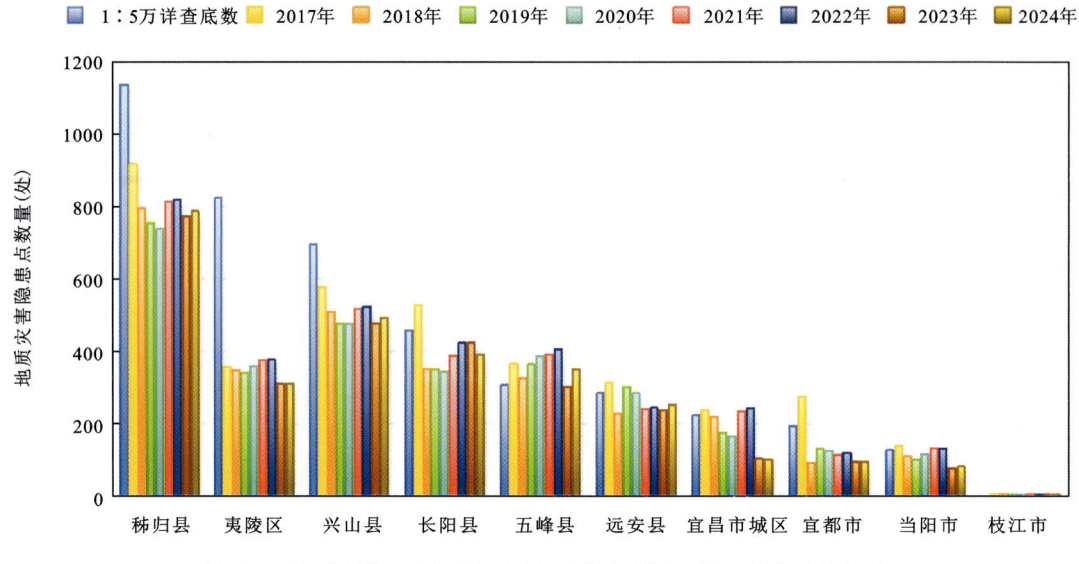

图 2.2　宜昌市各县（市、区）在册地质灾害隐患点动态管理分类图

4. 数据分析

宜昌市对地质灾害在册隐患点实行规范化动态管理，及时核销和增补。从"十二五"到"十四五"期间，管理的在册地质灾害隐患点从 4256 处降到 2870 处，总数降低了 32.6%，其中滑坡隐患点从 2167 处降到 1899 处，崩塌隐患点从 945 处降到 594 处，不稳定斜坡隐患点从 946 处降到 300 处，地面塌陷隐患点从 160 处降到 54 处，泥石流隐患点从 38 处降到 23 处。地质灾害隐患点数量的变化集中体现了 5 年综合防治取得的显著成效。

2.1.3　建房切坡隐患"一户一策"

宜昌市山区居民建房切坡数量多、分布广，当地居民对这种"小灾大害"普遍防范意识不强、重视程度不够。截至 2020 年底，为有效防范化解建房切坡引发地质灾害隐患风险，湖北省自然资源厅部署了全省建房切坡引发地质灾害排查整治专项行动。

1. 精细调查

为做好建房切坡隐患调查工作，宜昌市组织编制了排查核查技术要求，开发了"切坡核查"微信小程序及 PC 端数据信息系统，采取村组居民排查和专业技术人员核查相结合的方式开展工作。通过核排查，查明宜昌市因建房切坡诱发地质灾害隐患点 897 处，涉及受威胁群众 2700 余户 7500 余人。其中以五峰县、秭归县、夷陵区及兴山县等西部山区县（市、区）最为突出（图 2.3）。从危险性看，高危险隐患点 123 处，占总数的 13.71%；中危险隐患点 386 处，占比 43.03%；低危险隐患点 388 处，占比 43.26%（图 2.4）。

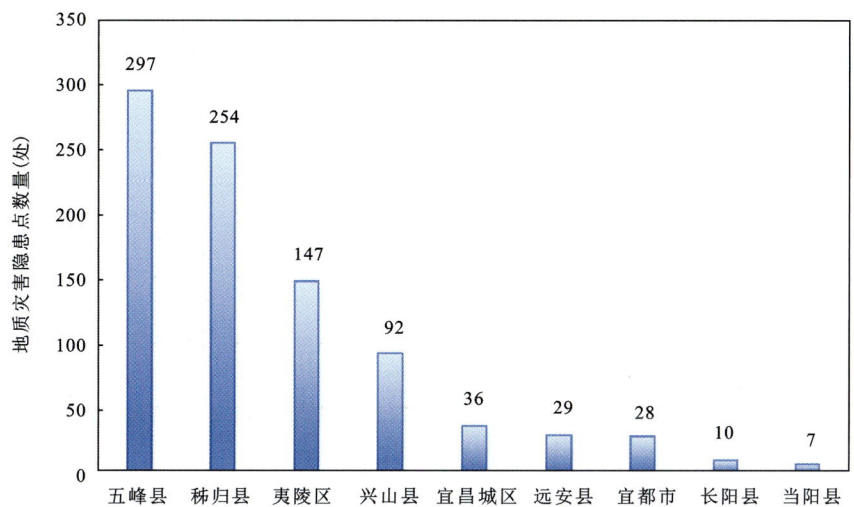

图 2.3 宜昌市建房切坡引发地质灾害隐患点数量分布

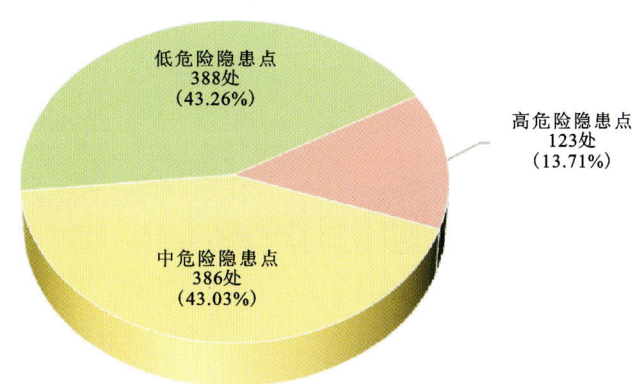

图 2.4 宜昌市建房切坡引发地质灾害隐患点危险性分级

2. 精准防控

秉持"人民至上、生命至上"的理念,坚持"预防为主、防治结合"的原则,探索了一条依靠群众、自防自测的有效途径。

一是为受威胁群众精准定制"一户一策"防灾指导图,图上清晰标注了切坡隐患点的基本特征、避险撤离路线、简易监测方法和防灾措施,让群众一目了然掌握屋后切坡隐患情况、防灾避险方法。

二是为群众配发"一户一策"防灾工具包,配置防灾指导资料、强光手电、卷尺、雨伞及能联网接收预警信息的智能预警终端等自防自测实用工具。

三是进村入户耐心宣传地质灾害防治知识,组织地质专家入户宣讲防灾知识,利用"一户一策"防灾指导图,面对面地教群众认识建房切坡灾害特点、临灾特征、避险路线、防灾处理措施;利用"一户一策"防灾工具包,手把手地教群众巡查监测灾害方法、重点监测部位、信息上报方式,让群众遇到灾害能够心里有数、防灾有招。

防控典型的案例如夷陵区邓村乡袁家坪村郑邦成屋后切坡可能引发滑坡灾害。该滑坡体长约20m,宽约10m,厚约5m,体积约1000m³。2021年8月19日入户调查发现,该隐患点在强降雨作用下发生滑动,导致房屋后墙受损严重[图2.5(a)]。住户虽修筑了堆石挡墙,但墙体厚度较薄,未使用水泥砂浆进行胶结,整体性差,支护效果不佳[图2.5(b)]。根据现场核排查情况,定制了该隐患的"一户一策"防灾指导图(图2.6),并入户进行针对性的宣传和培训指导,引导居民落实防控措施,保障了居民安全。

(a)屋后切坡引发滑坡灾害情况

(b)居民自建临时堆石挡墙

图2.5 宜昌市居民屋后切坡引发地质灾害的典型案例

图 2.6　宜昌市建房切坡引发地质灾害"一户一策"防灾指导示意图

2.2　突出重点,强化公路沿线及重点流域调查

2.2.1　公路沿线地质灾害详细调查

宜昌市大部分为山区,近年来公路沿线地质灾害毁车、伤人事件时有发生。为有效防范化解全市公路(普通国省干线、农村公路和景区公路、矿区公路)沿线地质灾害风险,提升公路防灾抗灾能力,切实保障人民群众生命财产安全,始终把公路沿线地质灾害隐患排查整治工作摆在突出位置,加大工作力度,全面排查整治全市公路沿线地质灾害风险隐患,全面夯实地方政府主体责任和行业部门监管责任,健全完善全市公路地质灾害防治长效机制。

2.2.1.1　重要交通廊道地质灾害调查评价

2018年以来,宜昌市部署完成了宜昌—神农架林区、野三关—高家堰沿线2条密集线性工程1∶1万地质灾害详细调查工作(图 2.7)。

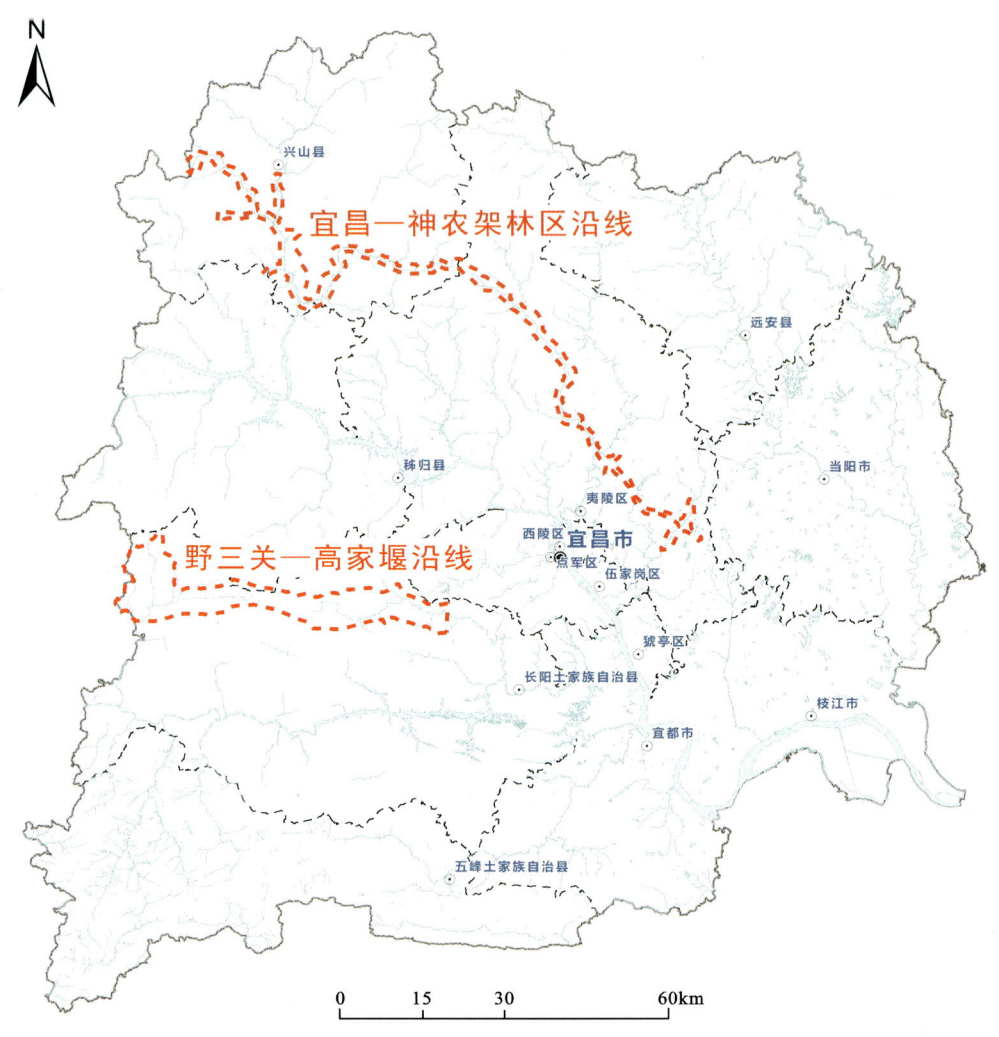

图 2.7 宜昌市密集线性工程地质灾害详细调查工作区分布图

总调查面积 845.75km², 涉及铁路、高速公路、国道、省道、川气东送管道、电力设施以及三峡大坝、清江引水工程等重大工程。其中, 交通类工程调查里程 494km, 输气管道调查里程 176km, 输电线路调查里程 207km, 通信传输工程调查里程 45km。依据《湖北省密集线性工程地质灾害详细调查技术要求(试行)》(湖北省自然资源厅, 2018), 以公路为重点, 按照 1∶1 万精度, 查明廊道地质灾害条件及隐患, 进行地质灾害易发性、危险性、风险评价与区划, 提出综合防治对策建议, 为线性工程安全建设与运营、地质灾害综合防治、地质灾害风险管控提供依据。

2.2.1.2 修路切坡引发地质灾害排查整治专项排查

2020 年, 湖北省地质灾害防治工作领导小组下发了《关于开展全省修路切坡引发地质灾害排查整治专项行动的通知》(鄂地灾防〔2020〕3号),要求对地质灾害易发区内修路切坡形成的边坡进行全排查,对存在地质灾害安全隐患的点进行整治。主要任务是:查明公路沿线修路切坡地质灾害隐患点的类型、分布、形态与规模、变形破坏特征、稳定性、诱发因素与形成条件;对地质灾害灾情和险情进行初步评估,分析与预测灾害体的稳定性、发展趋势和灾害发生后可能的成灾范围及灾情;对核查出的地质灾害隐患划分危险性等级,提出防治措施建议。

采取各当地政府、职能部门、村组(街办)、企业、群众排查与专业地质勘查队伍核查相结合的方式对各隐患点进行排查,把已知且当前有变形迹象的隐患点及新发生的隐患点作为首要排查对象,逐一进行现场排查、核查。2021年已全面完成排查工作,核定宜昌市因修路切坡诱发地质灾害隐患点1463处,以秭归县、兴山县、夷陵区、远安县、长阳县、五峰县等西部山区为主。其中,威胁国道隐患点有224处,占总数量的15.3%;威胁省道隐患点有385处,占比26.3%;威胁县道隐患点有74处,占比5.1%;威胁乡道隐患点有780处,占比53.3%。排查成果为持续做好公路沿线地质灾害防治工作奠定了良好基础。

2.2.1.3 公路沿线地质灾害排查整治

为进一步健全公路沿线地质灾害防治机制,有效遏制公路沿线地质灾害造成人员伤亡和财产损失。2023年,宜昌市人民政府成立了公路沿线地质灾害防治工作领导小组,印发了《公路沿线地质灾害防治三年行动方案》,方案要求:到2023年底,完成宜昌市所有公路底数排查,制订防治计划,低风险隐患整治完成,重大风险隐患整治全面启动;到2024年底,治理工程前期工作全面完成,重大风险隐患、国道和10类重点路段风险隐患整治全面推进;到2025年底,宜昌市公路沿线低风险地质灾害隐患全面消除,一般风险和较大风险整治积极推进,重大地质灾害风险隐患全面有效防治。对在册地质灾害风险隐患全面标识、预警、防控,有效防范、化解公路沿线地质灾害风险,避免发生中型以上地质灾情,保障公路运行安全。

(1)工作目标。查明公路沿线地质灾害隐患类型、规模、分布、形成条件、稳定状态、影响范围、发展趋势及风险等级,并提出对应的风险管控措施建议。针对公路沿线地质灾害隐患点风险等级评价,2023年宜昌市人民政府成立公路沿线地质灾害防治领导小组,交通部门牵头开展全市范围公路沿线地质灾害专项调查,调查范围覆盖宜昌市全市国省干道、县道、农村道路全线第一斜坡单元。其中,国省干道34条,里程为3 258.97km,农村公路16 457条,里程为35 319.65km,合计排查道路16 491条,合计38 578.62km。

(2)技术路线。在以往调查、排查、核查的基础上,开展野外调查分析研判,依据《自然灾害综合风险公路承灾体普查技术指南》(以下简称《指南》,自然灾害综合风险公路水路承灾体普查领导小组办公室,2021)开展调查评价。调查灾种包括崩塌、滑坡、泥石流、沉陷塌陷等地质灾害和水毁灾害。隐患点风险等级按4级划分(一级最高)。风险等级评估采取指标体系法确定风险指数(CRI)。评估指标包括灾害发生频次(A)、灾害历史危害程度(B)、灾害处治情况(C)、灾害发育程度(D)、公路重要性(E)。各指标最高分值均为100分。各指标得分如表2.3~表2.7所示。风险等级根据灾害风险点初步评估的风险指数(CRI)确定(表2.8)。

表 2.3　灾害发生频次指标评分值

评估指标	分级	分值/分	说明
(A)灾害发生频次	10 年内发生次数 0 次	25	按灾害在 10 年内发生的次数进行评分
	10 年内发生次数 1～2 次	50	
	10 年内发生次数 3～5 次	75	
	10 年内发生次数＞5 次	100	

表 2.4　灾害历史危害程度指标评分值

评估指标	分级	分值/分	说明
(B)灾害历史危害程度	无或轻微	25	按《指南》(第一册)5.2.6 条划分的历史灾害危害程度评分
	一般	50	
	较严重	75	
	严重	100	

表 2.5　灾害处治情况指标评分值

评估指标	分级	分值/分	说明
(C)灾害处治情况	灾害已处治恢复	25	按灾害发生后是否实施处治恢复进行评分
	灾害正在处治恢复	50	
	灾害未处治恢复	100	

表 2.6　风险点现状灾害发育程度指标评分值

评估指标	分级	分值/分	说明
(D)风险点现状灾害发育程度	无	25	按《指南》(第一册)5.2.7 条划分的灾害发育程度评分
	轻微	50	
	中等	75	
	严重	100	

表 2.7　公路重要性指标评分值

评估指标	分级	分值/分	说明
(E)公路重要性	农村公路四级公路及以下	25	按公路等级对公路重要性进行评分
	三级公路及国省道四级公路	50	
	二级公路及国省道三级公路	75	
	高速公路及一级公路	100	

表 2.12 宜昌市国省干道地质灾害隐患点风险等级一览表

单位：处

隐患点类型	风险等级				合计
	一级	二级	三级	四级	
崩塌（危岩）	2	59	918	765	1744
滑坡	0	8	89	122	219
泥石流	0	0	2	1	3
沉陷与塌陷	0	0	37	32	69
水毁	0	0	0	4	4
总计	2	67	1046	924	2039

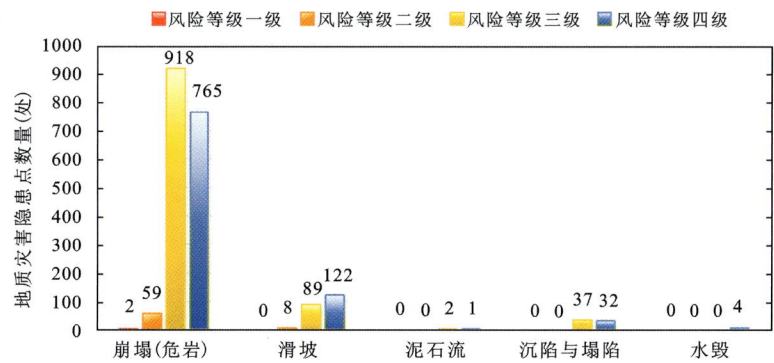

图 2.11 宜昌市国省干道地质灾害隐患点风险等级统计图

表 2.13 宜昌市农村道路地质灾害隐患点数量一览表

序号	县（市、区）	排查总里程（km）	崩塌（危岩）（处）	滑坡（处）	泥石流（处）	沉陷与塌陷（处）	水毁（处）	合计（处）
1	兴山县	2 398.45	319	21	0	0	6	346
2	当阳市	3 579.04	45	8	0	3	1	57
3	长阳县	6 039.80	232	64	0	26	0	322
4	秭归县	4 349.67	63	1	0	203	0	267
5	宜都市	3 436.55	206	9	0	1	2	218
6	五峰县	3 003.30	311	35	1	18	1	366
7	枝江市	3 992.26	0	0	0	0	0	0
8	宜昌市城区	1 400.11	82	2	0	0	0	84
9	远安县	2 027.73	435	48	0	4	1	488
10	夷陵区	5 092.79	399	60	1	48	4	512
	合计	35 319.65	2092	248	2	303	15	2660

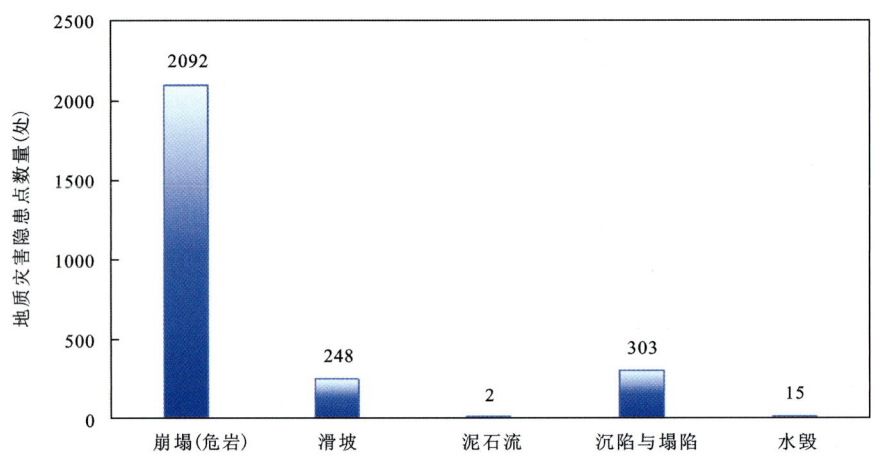

图 2.12　宜昌市农村道路地质灾害隐患点数量统计图

从规模上看,宜昌市农村道路地质灾害隐患点有小型 2383 处[其中,崩塌(危岩)1909 处、滑坡 209 处、泥石流 2 处、沉陷与塌陷 249 处、水毁 14 处],有中型 263 处[其中,崩塌(危岩)175 处、滑坡 37 处、沉陷与塌陷 50 处、水毁 1 处],有大型 14 处[其中,崩塌(危岩)8 处、滑坡 2 处、沉陷与塌陷 4 处]。具体见表 2.14、图 2.13。

表 2.14　宜昌市农村道路地质灾害隐患点规模一览表　　　　　　　　　　　　单位:处

隐患点类型	隐患点规模			合计
	小型	中型	大型	
崩塌(危岩)	1909	175	8	2092
滑坡	209	37	2	248
泥石流	2	0	0	2
沉陷与塌陷	249	50	4	303
水毁	14	1	0	15
合计	2383	263	14	2660

从稳定性看,宜昌市农村道路地质灾害隐患点现状稳定的有 20 处[其中,崩塌(危岩)10 处、滑坡 6 处、沉陷与塌陷 3 处、水毁 1 处];基本稳定的有 1269 处[其中,崩塌(危岩)912 处、滑坡 143 处、泥石流 2 处、沉陷与塌陷 209 处、水毁 3 处];欠稳定的有 1104 处[其中,崩塌(危岩)968 处、滑坡 79 处、沉陷与塌陷 51 处、水毁 6 处];不稳定的有 267 处[其中,崩塌(危岩)202 处、滑坡 20 处、沉陷与塌陷 40 处、水毁 5 处]。具体见表 2.15。

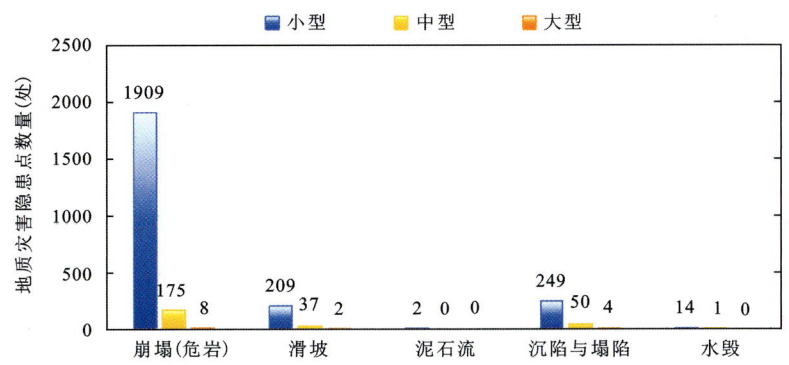

图 2.13 宜昌市农村道路地质灾害隐患点规模统计图

表 2.15 宜昌市农村道路地质灾害隐患点稳定性一览表　　　　　　　　　　　　　　　　　　单位:处

隐患点类型	隐患点稳定性				合计
	稳定	基本稳定	欠稳定	不稳定	
崩塌(危岩)	10	912	968	202	2092
滑坡	6	143	79	20	248
泥石流	0	2	0	0	2
沉陷与塌陷	3	209	51	40	303
水毁	1	3	6	5	15
合计	20	1269	1104	267	2660

从风险等级看,宜昌市农村道路地质灾害隐患点风险等级为一级的有2处(其中,滑坡1处、水毁1处);风险等级为二级的有225处[其中,崩塌(危岩)165处、滑坡12处、泥石流1处、沉陷与塌陷42处、水毁5处];风险等级为三级的有1212处[其中,崩塌(危岩)1026处、滑坡77处、泥石流1处、沉陷与塌陷102处、水毁6处];风险等级为四级的有1221处[其中,崩塌(危岩)901处、滑坡158处、沉陷与塌陷159处、水毁3处]。具体见表2.16,图2.14。

表 2.16 宜昌市农村道路地质灾害隐患点风险等级一览表　　　　　　　　　　　　　　　　　单位:处

隐患点类型	风险等级				合计
	一级	二级	三级	四级	
崩塌(危岩)	0	165	1026	901	2092
滑坡	1	12	77	158	248
泥石流	0	1	1	0	2
沉陷与塌陷	0	42	102	159	303
水毁	1	5	6	3	15
总计	2	225	1212	1221	2660

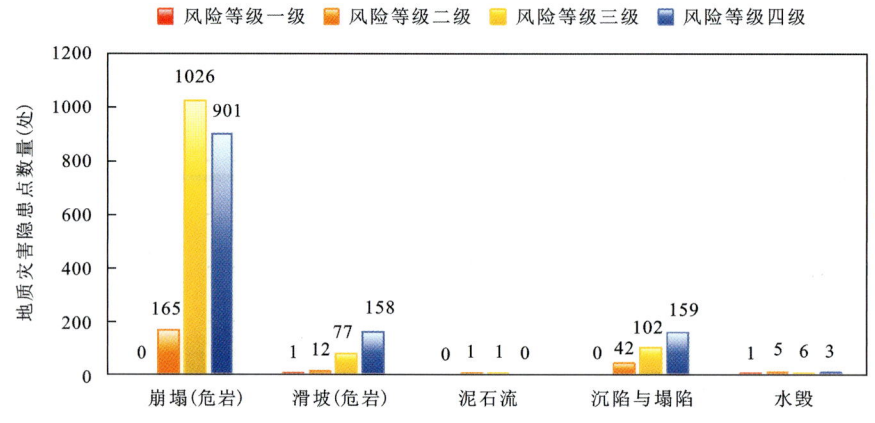

图 2.14　宜昌市农村道路地质灾害隐患点风险等级统计图

2.2.2　重点流域地质灾害详细调查

宜昌市水资源丰富,分属于长江流域和清江流域2个一级流域,三峡库区、黄柏河片区、沮漳河片区、清江片区和荆南四河片区5个二级流域片区。整体来看,流域范围内地质灾害现象突出,严重影响流域生态环境与水资源安全,以及三峡、隔河岩等大型水利枢纽工程安全和库区社会经济发展等。1∶5万的县(市、区)地质灾害风险调查评价难以满足流域范围精度。为此,宜昌市先后部署了渔洋河流域、三峡库区主要支流以及清江干流沿岸1∶1万地质灾害详细调查工作,调查面积超过2940km²(图2.15)。主要目标任务是以流域为基本单元,依据《湖北省重点流域地质灾害详细调查技术要求(试行)》(湖北省自然资源厅,2018),综合利用新技术、新方法,查明工作区孕灾地质条件,查清流域地质灾害及隐患时空分布规律,总结成灾模式,探索灾害早期识别,建立地质灾害易发性、危险性分区,服务流域经济发展规划,支撑地方政府的地质灾害防治管理工作。

2.2.2.1　清江干流沿岸地质灾害详细调查

清江流域地处湖北省西南部,地跨恩施州的利川市、咸丰县、恩施市、宣恩县、建始县、巴东县、鹤峰县与宜昌市的五峰县、长阳县、宜都市等10个县(市、区)。清江干流属长江一级支流,干流全长423km,总落差1430m,按河谷地形及河道特性可划分为上游、中游、下游3段。其中,上游段从利川河源至恩施城,长约153km,属高山河谷型,总落差1070m,集水面积约3400km²;中游段从恩施城至长阳县资丘镇,长约160km,总落差约280m,河道绝大部分流经深山峡谷,两岸陡坡达60°~80°,属山地河谷型,集水面积约9800km²;下游段从资丘镇至宜都市入长江口,长约110km,属半山地河谷型,总落差约80m,集水面积3500km²。

清江干流沿岸地质灾害详细调查涉及7个县级行政区(分别为利川市、恩施市、宣恩县、建始县、巴东县、长阳县和宜都市)28个乡镇,总面积2 151.04km²,共涉及1∶1万标准地形

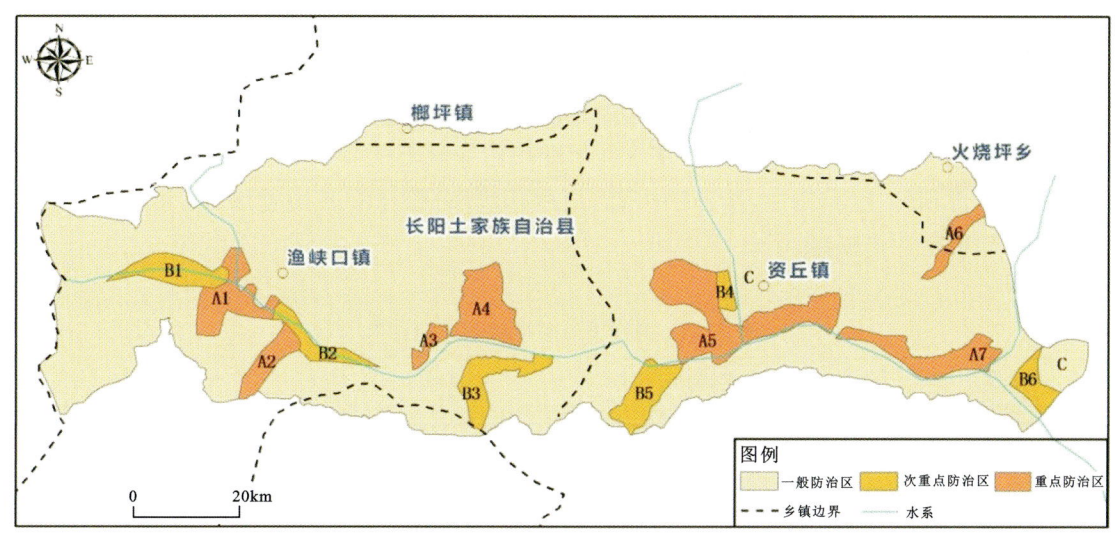

图 2.18　清江流域地质灾害防治分区图（长阳段）

1. 流域岸坡调查评价

渔洋河流域岸坡调查范围主要涉及渔洋河干流及其支流青龙溪、小河，位于两岸第一斜坡带内重点调查区范围，岸线总长 210.7km，共 416 个分段（表 2.18）。

表 2.18　渔洋河流域岸坡分布统计表

河流名称	岸坡长度（km）	岸别	岸坡分段（段）
渔洋河	89.04	左岸	186
渔洋河	89.04	右岸	186
青龙溪	9.44	左岸	15
青龙溪	9.44	右岸	16
小河	6.87	左岸	6
小河	6.87	右岸	7
合计	210.70	合计	416

从岸坡类型看，渔洋河流域岩质岸坡最长，共 134.780km，247 段，占岸坡总长的 63.97%；其次为土质岸坡，共 52.073km，105 段，占岸坡总长的 24.72%；岩土混合岸坡仅 23.847km，64 段，占岸坡总长的 11.31%（表 2.19）。

从岸坡稳定性看，渔洋河稳定岸坡总长 49.239km，103 段，占岸坡总长的 23.37%；基本稳定岸坡总长 139.012km，259 段，占岸坡总长的 64.08%；稳定性较差岸坡总长 21.171km，

85段,占岸坡总长的10.05%;稳定性差岸坡总长5.278km,14段,占岸坡总长的2.50%(表2.20)。总体而言,岩质岸坡的整体稳定性较好,无稳定性差岸段,主要原因是区内岩质岸坡多为碳酸盐岩岸坡,岩体本身抗侵蚀、抗风化能力较强。稳定性差、稳定性较差岸段主要为土质岸坡,且大多分布在柴埠溪峡谷内右岸洪冲积岸坡上,因柴埠溪峡谷内公路沿渔洋河右岸修建,原公路护坡工程主要为修筑在洪冲积卵石层上的浆砌石挡墙,在常年河流冲刷侵蚀作用下,挡墙基座被掏蚀,部分已失稳。目前该段公路正在扩宽重建,待工程完成后该段岸坡整体稳定性将提高。

表2.19 渔洋河流域岸坡类型统计表

岸坡类型	长度(km)	段数	占比(%)
岩质岸坡	134.780	247	63.97
土质岸坡	52.073	105	24.72
岩土混合岸坡	23.847	64	11.31
合计	210.700	416	100.00

表2.20 渔洋河流域岸坡稳定性统计表

岸坡稳定性	长度(km)	段数	占比(%)
稳定	49.239	103	23.37
基本稳定	139.012	259	64.08
稳定性较差	21.171	85	10.05
稳定性差	5.278	14	2.50
合计	210.700	416	100

2. 流域地质灾害隐患调查

渔洋河流域地处鄂西南山地与江汉平原的交接地带,整体地势西南高、北东低,南西两侧属中、低山区,中部丘陵零星分布于山地之间,北东侧属丘陵、岗地平原区。流域内降雨量充沛,降雨时间相对集中。经历多期次构造运动,断裂及褶皱发育,地质构造复杂。岩性以碳酸盐岩为主,岩溶较为发育,岩体结构较为破碎,风化强烈,地质灾害大量分布。

据野外调查,渔洋河流域范围内共存在地质灾害点113处。地质灾害以滑坡为主,共78处,占比约69%;其次为地面塌陷19处,占比约17%;崩塌14处,占比约12%;泥石流2处,占比约2%(表2.21)。

区内地质灾害以小型为主,共91处,其中滑坡62处,崩塌9处,地面塌陷19处,泥石流1处;中型20处,其中滑坡14处,崩塌5处,泥石流1处;大型2处,均为滑坡(表2.22)。

表 2.21 渔洋河流域地质灾害分类统计表

特征	类型				合计
	滑坡	地面塌陷	崩塌	泥石流	
数量（处）	78	19	14	2	113
占比（%）	69	17	12	2	100

表 2.22 渔洋河流域地质灾害规模及稳定性分类统计表　　　　　　　　　　　　单位：处

灾害类型	数量	分类特征						
		规模				现状稳定性		
		特大型	大型	中型	小型	稳定	基本稳定	不稳定
滑坡	78	0	2	14	62	6	59	13
崩塌	14	0	0	5	9	2	6	6
地面塌陷	19	0	0	0	19	1	10	8
泥石流	2	0	0	1	1	0	0	2
总计	113	0	2	20	91	9	75	29

区内地质灾害处于不稳定状态的有29处，其中滑坡13处、崩塌6处、地面塌陷8处、泥石流2处；处于基本稳定状态的有75处，其中滑坡59处、崩塌6处、地面塌陷10处；处于稳定状态的有9处，其中滑坡6处、崩塌2处、地面塌陷1处。

3. 流域地质灾害风险防治

为便于渔洋河流域地质灾害防治管理，根据地质灾害易发性、危险性分区结果，结合行政区域规划，充分考虑已建或规划的重要基础设施、人口集中居住区、风景名胜区、大中型工矿企业、铁路、国家级和省级公路交通干线、重点水利电力工程等基础设施分布情况，将调查区划分为重点防治区、次重点防治区和一般防治区。

渔洋河流域地质灾害重点防治区共7个，面积65.35km²，主要包括宜都市王家畈镇古水坪村、夏家湾村，五峰县渔洋关镇曹家坪社区、火田坑村、桥河社区，五峰县长乐坪镇柴埠溪村、三教庙村；次重点防治区有13个，面积87.29km²，主要集中在宜都市潘家湾乡、王家畈镇，五峰县渔洋关镇等地；一般防治区有49个，面积283.24km²。

2.2.3　三峡库区斜坡劣化带地质灾害调（勘）查

三峡库区斜坡岩体劣化是由于水库水位变动带岸坡岩体遭受应力和环境条件周期性变化，其质量和物理力学性能加速下降的过程（殷跃平等，2022）。三峡库区运行以来，消落带岩体劣化问题逐步显现，多处岸坡出现滑坡、崩塌等变形，甚至产生突发地质灾害，如卡门子湾滑坡、杉树槽滑坡等。为着力保障三峡水库正常运行,聚焦航运安全新问题,服务库区地质环境保护和生态环境修复,依据《湖北省三峡库区斜坡劣化带地质灾害调(勘)查技术要求(试行)》(湖北省自然资源厅,2018),特开展了三峡库区斜坡劣化带1∶1万地质灾害调(勘)查工作。

任务目标是通过区域斜坡劣化带调查和重点区域勘查,查明三峡库区斜坡劣化带基本特征及地质灾害分布、发育规律,初步划分岸坡劣化程度,进行稳定性和孕灾机理分析与劣化带地质灾害危险评价,提出斜坡劣化带综合防治方案建议,为三峡库区地质灾害防治提供依据。最终完成长度533.66km、面积达52.7km^{2}的库区斜坡调查,还重点对425段库岸劣化带进行了分段调查。

2.2.3.1 三峡库区斜坡劣化带评价

结合岩体劣化程度评价要素,初步建立了消落带岩体劣化评价方法体系。根据基础因子、响应因子、诱发因子,结合现行工程岩体分级标准中岩体基本质量五级划分方法,将库岸劣化程度划分为5级,分别为强烈劣化、较强烈劣化、一般劣化、较弱劣化、微弱劣化。按照不同岩性段对库岸劣化程度进行评价,最终得出如下库岸劣化程度分段结果(表2.23):碳酸盐岩强烈劣化段(18.405km)、较强烈劣化段(45.723km)、一般劣化段(33.301km);碎屑岩较强烈劣化段(20.309km)、一般劣化段(104.06km)、较弱劣化段(25.766km)、微弱劣化段(8.512km);结晶岩一般劣化段(19.809km)、较弱劣化段(43.559km)。

依据岩性、结构面、水动力作用等要素,将碳酸盐岩、碎屑岩、结晶岩岩质库岸现状劣化特征分为:碳酸盐岩薄—中厚层侵蚀型、碳酸盐岩软弱夹层侵蚀型、碎屑岩薄层侵蚀型、碎屑岩软硬互层冲蚀型、碎屑岩中厚层剥蚀型、结晶岩库岸崩落剥落型6类(表2.24)。

表2.23 宜昌三峡库区库岸劣化程度分段统计表

岩组	劣化程度分段	库岸长度(km)	长度占比(%)	劣化分段名称	段长度(km)
碳酸盐岩	强烈劣化段	18.405	3.45	九畹溪碳酸盐岩劣化强烈段	6.343
				长江干流碳酸盐岩劣化强烈段	12.062
	较强烈劣化段	45.723	8.57	九畹溪碳酸盐岩劣化较强烈段	6.657
				香溪河酸盐岩劣化较强烈段	22.048
				青干河碳酸盐岩峡谷劣化较强烈段	1.462
				长江干流碳酸盐岩劣化较强烈段	15.556
	一般劣化段	33.301	6.24	长江干流碳酸盐岩劣化一般段	15.387
				香溪河酸盐岩劣化一般段	15.68
				九畹溪碳酸盐岩劣化一般段	2.234
小计		97.429	18.26		97.429

续表 2.23

岩组	劣化强度	库岸长度（km）	长度占比（%）	劣化分段名称	段长度（km）
碎屑岩	较强烈劣化段	20.309	3.81	长江干流碎屑岩劣化较强烈段	1.652
				香溪河碎屑岩劣化较强烈段	13.555
				青干河碎屑岩峡谷劣化较强烈段	5.102
	一般劣化段	104.06	19.50	长江干流碎屑岩劣化一般段	77.950
				童庄河碎屑岩劣化一般段	20.205
				青干河碎屑岩劣化一般段	5.905
	较弱劣化段	25.766	4.83	童庄河碎屑岩劣化较弱段	8.983
				青干河碎屑岩劣化较弱段	16.783
	微弱劣化段	8.512	1.59	童庄河碎屑岩劣化微弱段	2.230
				青干河碎屑岩劣化微弱段	6.282
	小计	158.647	29.73		158.647
结晶岩	一般劣化段	19.809	3.62	长江干流结晶岩劣化一般段	19.809
	较弱劣化段	43.559	8.16	长江干流结晶岩劣化较弱段	43.559
	小计	63.368	11.87		63.368
岩质库岸合计		319.444	59.86		319.444
土质库岸合计		214.242	40.14		214.242
总计		533.686	100.00		533.684

表 2.24 宜昌三峡库区库岸劣化特征分段统计表

劣化特征	库岸长度（km）	库岸长度占比（%）	分段名称	地层岩性	段长度（km）
碳酸盐岩薄—中厚层侵蚀型	95.685	29.95	九畹溪薄—中厚层侵蚀型劣化特征段	白云岩、泥质白云岩、白云质灰岩	13.490
			长江干流薄—中厚层侵蚀型劣化特征段	白云岩、泥质白云岩、白云质灰岩	43.005
			香溪河薄—中厚层侵蚀型劣化特征段	灰岩、白云岩、泥质灰岩	37.728
			青干河薄—中厚层侵蚀型劣化特征段	白云岩	1.462

续表 2.24

劣化特征	库岸长度(km)	库岸长度占比(%)	分段名称	地层岩性	段长度(km)
碳酸盐岩软弱夹层侵蚀型	1.744	0.55	九畹溪聚集坊-榾木岭、李家庄南库岸	白云质灰岩夹泥质条带灰岩	1.744
碎屑岩薄层侵蚀型	48.040	15.04	长江干流碎屑岩薄层侵蚀型劣化特征段	泥质粉砂岩、砂岩	16.190
			童庄河碎屑岩薄层侵蚀型劣化特征段	泥岩、泥质粉砂岩、砂岩	28.340
			青干河碎屑岩薄—中厚层侵蚀型劣化特征段	粉砂质泥岩	3.510
碎屑岩软硬互层冲蚀型	61.637	19.30	长江干流碎屑岩软硬互层冲蚀型劣化特征段	泥质粉砂岩、砂岩	31.270
			香溪河碎屑岩软硬互层冲蚀型劣化特征段	粉砂岩夹紫红色泥质砂岩、紫红色泥岩夹砂岩	13.560
			青干河碎屑岩软硬互层冲蚀型劣化特征段	粉砂岩夹紫红色泥质砂岩、紫红色泥岩夹砂岩	16.812
碎屑岩中厚层剥蚀型	48.970	15.33	长江干流碎屑岩中厚层剥蚀型劣化特征段	泥质粉砂岩、砂岩	32.150
			童庄河碎屑岩中厚层剥蚀型劣化特征段	泥岩、泥质粉砂岩、砂岩	3.070
			青干河碎屑岩中厚层剥蚀型劣化特征段	砂岩、粉砂岩、粉砂质泥岩	13.750
结晶岩库岸崩落剥落型	63.368	19.84	长江干流结晶岩库岸崩落剥落型劣化特征段	黑云母石英闪长岩、斜长花岗岩、片麻岩	63.368
合计	319.444	100.00			319.444

2.2.3.2 斜坡劣化带机理研究

1. 碳酸盐岩劣化机理研究

碳酸盐岩的干湿循环劣化幅度呈指数增大，其劣化机理非常复杂，主要为结构面填充物的溶蚀或潜蚀和温差导致硬质岩体裂缝扩展与新生。根据岩性、结构面、水动力作用等要素将碳酸盐岩岩质库岸现状劣化特征分为以下两种形式。

1）碳酸盐岩软弱夹层侵蚀型

该类劣化特征主要表现为消落区存在薄层软弱夹层岩体，劣化后逐步剥落形成凹腔或小型松弛带，最终形成危（石）岩。劣化区水上部分岩层多为厚层碳酸盐岩，消落区多为薄—中厚层岩体，坡面岩体整体较完整，基座结构面张开明显，发育密度较大，平均张开度 0.5～15cm，崩落掉块迹象明显，常见小型凹腔，坡面多为陡崖。

劣化过程分析：岩体受构造影响较破碎，在水库作用影响下消落区的软弱薄层基座岩体上的植被首先灭失，张开裂缝充填物消失，隐性裂隙逐步显现、张开、贯通，遵循碎裂块裂型模式劣化，其次软弱基座逐步崩落形成凹腔或小型松弛带，最终导致斜坡岩体下部悬空，形成危岩体。上部危岩体与母体分离后重心逐渐外倾，危岩体沿某一支点向临空方向转动性倾倒，形成倾倒式崩塌。

该类劣化分布较少，主要出现在消落区薄层状岩体出露部位，地层岩性主要为寒武系覃家庙组厚层白云质灰岩夹泥质条带灰岩（图 2.19）。

图 2.19　宜昌三峡库区棺木岭库岸消落区

2）碳酸盐岩薄—中厚层侵蚀型

该类劣化特征主要表现为消落区岩体劣化破碎呈碎块状。劣化区岩层多为薄—中厚层，结构面张开明显，多无填充，平均张开度 0.5～8.0cm，平均散裂块径 5～30cm，坡面多为陡坡-陡崖。

劣化过程分析：岩体受构造影响较破碎，在库水位变动、地质构造、风化剥蚀、冲蚀溶蚀、重力卸荷等综合作用下，岩体上的植被、覆盖层首先灭失，张开裂缝中的充填物消失，隐性裂隙闭合、显现、张开、贯通，随着结构面逐步增多，消落区岩体完整程度降低，岩体力学强度逐步下降，碎裂岩体开始崩落、掉块及沿临空面垮塌滑移等劣化变形，最终形成碎裂、块裂型劣化特征。该类劣化在碳酸盐岩区分布最为广泛，比较典型的地段有米仓口库岸、破水峡库岸、兵书宝剑峡库岸、铁棺峡-二道岩库岸等（图 2.20、图 2.21）。

米仓口库岸　　　　　　　　　　　破水峡库岸

图 2.20　碳酸盐岩薄—中厚层侵蚀型库岸劣化

图 2.21　碳酸盐岩薄—中厚层侵蚀型库岸劣化（兵书宝剑峡库岸段）

2.2.3.3　碎屑岩劣化机理研究

宜昌库区长江干（支）流范围内的碎屑岩库岸岩性主要为侏罗系至三叠系巴东组的泥质粉砂岩、粉砂质泥岩。在水压力和干湿交替共同作用的过程中，红色砂岩的抗拉强度随着干湿交替作用次数的增加逐渐劣化，劣化幅度呈逐渐减小趋于零的趋势。对消落带巴东组软岩抗剪强度劣化机理进行研究发现，初期干湿循环时，巴东组软岩抗剪强度发生严重劣化。主要原因是蒙脱石遇水膨胀或岩石中裂隙吸附水分产生楔裂压力，劣化发育趋势为随着干湿循环的次数增加而成对数式增大。库区的运行具有长期性，因此劣化因素更为复杂，水化学作用、水压力变化以及水动力作用等均对劣化发展有着一定的影响。对碎屑岩库岸进行对比调(勘)查发现,碎屑岩库岸劣化具有差异性特点,因粉砂岩和泥质粉砂岩岩性强度及成分差异,在自然风化重力卸荷作用下,受库区水位长期循环涨落影响,表层岩体出现劣化速度及劣化程度上的差异,导致库岸出现劣化变形。根据岩性、结构面、水动力作用等要素将碎屑岩岩质库岸现状劣化特征分为以下3种类型。

1)碎屑岩薄层侵蚀型

该类劣化特征主要表现为消落区岩体呈颗粒状碎裂。劣化区岩层多为颗粒状薄层泥岩、泥质粉砂岩,岩块平均粒径小于2cm,表部裂纹密布,呈张开状,张开宽度1~3mm。此劣化类型库岸段多为缓坡-陡坡,主要分布在长江干流、童庄河、青干河等区域(图2.22)。

图2.22 碎屑岩薄层侵蚀型库岸劣化(长江秭归县归州镇库岸)

2)碎屑岩软硬互层冲蚀型

该类劣化主要受软硬相间岩性差异的影响,因砂岩和泥岩在相同环境下劣化的速度与程度存在明显差异,表现为消落区差异性的劣化特征,出现软弱层冲蚀凹陷剥落、硬质砂岩块裂崩落等凹槽,造成碎屑岩库岸出现劣化变形。其中,顺向库岸凹槽型劣化变形以侧向侵蚀及滑移变形为主,逆向库岸凹槽型劣化变形以崩落变形为主。

劣化区多为薄层状泥质含量较高的泥岩、泥质粉砂岩与中厚层状砂岩、石英砂岩互层岩层,砂岩、石英砂岩呈块状,结构面张开明显,多无填充,平均张开度0.5~10cm,一般块径10~50cm,泥岩、泥质粉砂岩等呈颗粒状,平均粒径小于2cm,表部裂纹密布,裂纹呈张开状,张开宽度1~3mm。此劣化类型库岸段多为缓坡-陡坡。在软硬相间互层的条件下,因砂岩、泥岩岩性的差异,两种岩石的劣化速度和劣化程度的差异,出现了明显的差异性劣化特征,泥岩表现为岩石崩解逐层剥蚀凹陷,砂岩以结构面扩展块裂为主。凹槽型按斜坡结构大致分为两类,其中顺向坡差异性劣化特征以侧向的侵蚀和滑移劣化变形为主,逆向坡差异性劣化特征以泥岩凹陷、砂岩崩落垮塌变形为主。该类劣化特征分布较为广泛，主要分布在长江干流、香溪河、青干河、神农溪等碎屑岩区域内(图2.23)。

图2.23　碎屑岩软硬互层冲蚀型库岸劣化(秭归郭家坝八叠壶库岸)

3)碎屑岩中厚层剥蚀型

该类劣化特征主要表现为消落区岩体呈碎块状块裂。劣化区岩层多为中厚层砂岩、粉砂岩，结构面张开明显，多无填充，平均张开度0.5～5cm，一般块径2～20cm。该劣化类型库岸多为缓坡-陡崖，分布较为广泛，主要分布在干流、童庄河、青干河等区域(图2.24)。

图2.24　碎屑岩中厚层剥蚀型库岸劣化(秭归县泄滩乡道士沱库岸)

2.3 风险评价,支撑地质灾害"点面双控"

对地质灾害进行详细调查和风险区划是推进地质灾害"点面双控"的前提,是保障当地人民群众生命财产安全和经济社会高质量发展的重要工作。为强化宜昌地质灾害风险评价和区划,2018年以来,以县(市、区)为单元,依据《湖北省县(市)地质灾害风险调查评价技术要求(试行)》(湖北省自然资源厅,2018)、《湖北省重点县城集镇地质灾害调(勘)查技术要求(1:10 000)(试行)》(湖北省自然资源厅,2018),参照《地质灾害调查技术要求(1:50 000)》(DD 2019-08)(自然资源部中国地质调查局,2019)、《县(市)地质灾害调查与区划规范(试行)》(T/CAGHP 017—2018)(中国地质灾害防治工程行业协会,2018)等,完成了1:5万地质灾害风险调查评价和五峰县傅家堰乡、夷陵区小溪塔集镇、远安县嫘祖镇3个重点集镇1:1万地质灾害调(勘)查。在此基础上,开展了1:50 000县(市)地质灾害风险普查,作为湖北省第一次全国自然灾害综合风险普查成果之一。以上工作实现了全域地质灾害风险调查评价和重点集镇地质灾害调勘查全覆盖,有力支撑了点面双控体系建设。

2.3.1 地质灾害风险调查评价

据统计,近年来造成严重人员伤亡和经济损失的地质灾害有80%不属于管控隐患点,而且这些新生灾害80%位于中高风险区。两个"80%"的问题在全国普遍存在。这一形势要求地质灾害防治理念由管控隐患点逐步向"隐患点+风险区"双控转变。因此,深入研究地质灾害成灾机理与分布规律,找出地质灾害易发区,科学划定风险管控区迫在眉睫。2018年以来,陆续完成了远安县、长阳县、宜都市、五峰县、当阳市、秭归县、兴山县、夷陵区8个山区县(市、区)以及宜昌城区的风险调查评价,实现了除枝江市(位于地质灾害不发育的平原地区)以外的全市地质灾害风险调查评价全覆盖。

2.3.1.1 目标任务

通过收集资料和补充调查,查明区域地质环境条件,地质灾害及隐患类型、分布、发育特征,人类工程活动强度;开展承灾对象及其易损性调查,查明承灾体类型、结构、分布、经济价值等,对县级行政区开展地质灾害风险调查评价与区划;建立空间数据库,为防范化解全区地质灾害重大风险、组织开展地质灾害群测群防、制订减灾规划、部署防治工程以及国土空间规划、立体工程规划和资源开发提供科学依据,支撑地方政府的地质灾害风险管理工作。

2.3.1.2 调查评价对象

针对整个县(市、区)行政区开展1:5万的地质灾害风险调查与评价。

2.3.1.3 风险评价方法

(1)评价单元。县(市、区)级别评价采用栅格单元,栅格单元不大于 1km×1km;重点区段评价采用斜坡单元。

(2)易发性评价。评价地质灾害形成的控制因素,评价指标包括地形地貌、气象水文、地质因素(工程地质、水文地质、构造地质)等控制因素。采用统计模型方法(信息量、证据权等),将易发程度分为极高、高、中、低4个等级,进而编制地质灾害易发程度区划图。

(3)危险性评价。在易发性评价的基础上,综合考虑地质灾害形成的诱发因素。评价指标考虑降雨、人类工程活动等诱发因素。采用以定性为主、以定量为辅的分析方法,一般包括地质灾害频率分析、强度分析、影响范围确定以及不同诱发因素(如降雨)概率水平的地质灾害危险性分析,将危险性划分为极高、高、中、低4个等级,并编制地质灾害危险区划图。

(4)易损性评价。评价承灾体破坏和损失程度,包括人口易损性和经济易损性。评价的主要内容和流程包括划分承灾体类型、调查统计各类承灾体数量及分布情况,调查地方防治力度,核算承灾体价值,分析各类承灾体破坏程度及其价值损失率。人口易损性评价主要考虑人口年龄、文化程度、人口密度、地方防治力度等。经济易损性包括单项经济易损性和综合经济易损性。将易损性划分为极高、高、中、低4个等级,并编制地质灾害易损性评价区划图(人口易损性评价区划图和经济易损性评价区划图)。县(市、区)级别以行政村(社区)为评价单元,重点区段以斜坡为评价单元。

(5)风险评价区划。风险是危险性、易损性、承灾体价值三者的乘积。县(市、区)与重点区段地质灾害风险评价通常采用公式法。地质灾害风险分为极高、高、中、低风险4个等级,其中县(市、区)级别以行政村(社区)为评价单元,重点区段以斜坡为评价单元。

以下以五峰县为例介绍县域地质灾害风险评价方法与流程。

2.3.1.4 地质灾害风险评价案例

五峰县位于湖北省西南部,全县总面积 2372km^2。2020年,五峰县开展地质灾害风险调查评价工作,查明地质灾害隐患点 534 处。其中,滑坡 360 处,占地质灾害隐患点总数的 67.42%;崩塌(含危岩体)155处,占地质灾害隐患点总数的 29.03%;地面塌陷 15 处,占地质灾害隐患点总数的 2.81%;泥石流 4 处,占地质灾害隐患点总数的 0.75%。

1. 易发性评价

采用基于数理统计模型的半定量方法,即信息量模型进行评价。评价五峰县地质灾害易发性。

1)评价单元的选取

评价单元的选取是评价体系建立的基础。目前国内外评价单元区划的方法概括起来有3种:规则栅格单元、自然斜坡或地貌单元、行政单元等。五峰县地质灾害易发性评价选取规则栅格单元作为评价单元,依据经验公式确定栅格大小为 30m×30m。

2)评价指标的提取与量化

五峰县主要地质灾害类型为滑坡和崩塌,因此以滑坡、崩塌为主要对象,选取地形坡度、地形地貌、工程地质岩组、地质构造、土地利用类型、河流水系、与道路距离7个评价因子,建立评价指标体系。

3)模型构建

依据信息量模型,计算得出各评价因子的信息量值,结果如表2.25所示。

表2.25 五峰县地质灾害易发性评价因子信息量值一览表

因子	分段	灾点面积（km²）	分区面积（km²）	信息量	排序
地形坡度	<10°	0.025 2	261.179 1	−0.71	23
	10°～20°	0.117 0	636.859 4	−0.06	16
	20°～30°	0.170 1	706.779 0	0.21	11
	30°～40°	0.107 1	505.350 0	0.08	14
	>40°	0.044 1	261.828 0	−0.15	19
地形地貌	构造剥蚀丘陵区(<500m)	0.072 0	151.543 8	0.95	3
	构造剥蚀低山区(500～1000m)	0.180 9	731.452 5	0.23	10
	构造剥蚀中山区(1000～1500m)	0.172 8	994.492 4	−0.11	17
	构造剥蚀中山区(>1500m)	0.037 8	494.512 2	−0.94	24
工程地质岩组	第四系松散岩类	0.002 7	4.311 0	0.76	5
	坚硬碎屑岩类	0.069 3	168.453 0	0.74	6
	较坚硬—软弱碎屑岩类	0.060 3	287.501 4	0.08	13
	坚硬碳酸盐岩类	0.160 2	1 297.166 0	−0.46	22
	较坚硬碳酸岩类夹软弱层	0.171 0	614.569 5	0.35	9
地质构造	<1000m	0.141 3	490.214 7	0.39	8
	>1000m	0.322 2	1 881.786 0	−0.13	18
土地利用类型	耕地	0.142 2	328.986 9	0.79	4
	裸地	0.007 2	17.764 2	0.73	7
	林地	0.257 4	1 972.746 0	−0.40	21
	建设用地	0.056 7	48.414 6	1.79	1
	水体	0.001 0	4.089 6	−6.79	25
地表水系	<100m	0.065 7	284.937 3	0.16	12
	>100m	0.397 8	2 087.064 0	−0.02	15
与道路距离	<20m	0.120 6	164.410 2	1.32	2
	>20m	0.342 9	2 207.591 0	−0.23	20

由表 2.25 可知,信息量值排名靠前的评价因子有建设用地、距离道路小于 20m、高程小于 500m、耕地、第四系松散岩类等,说明这些因素是崩塌、滑坡地质灾害形成的主要影响因素。高负值的评价因子包括高程大于 1500m、坡度小于 10°、坚硬碳酸盐岩类、林地、距离道路大于 20m 等,说明这些环境条件下崩塌、滑坡地质灾害的发生率较低。

4)结果分析

基于 ArcGIS 平台,叠加指标因子信息量图层,得到地质灾害易发性评价结果(图 2.25)。

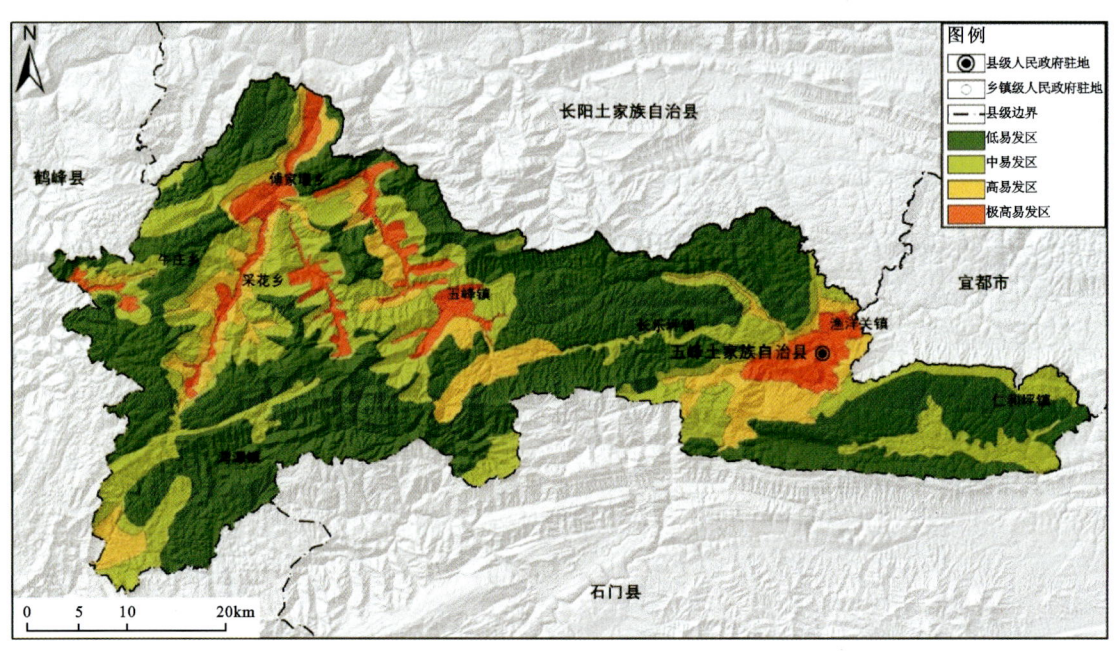

图 2.25　五峰县地质灾害易发性分区图

地质灾害极高易发区面积为 185.6km²,占全区总面积的 7.82%,区内有 272 处地质灾害,占地质灾害总数量的 52.82%。该区主要分布于渔洋关镇中部以及五峰镇、采花乡、傅家堰乡的天池河以及泗洋河两岸。该区地形为低中山区与丘陵区,构造发育,地层岩性差异大,人类工程活动较强烈,河谷深切,为滑坡、崩塌提供了有利地貌条件。

地质灾害高易发区面积为 259.43km²,占全区总面积的 10.94%,区内有 108 处地质灾害,占地质灾害总数量的 20.97%。该区呈带状分布于 G351 国道沿线以及渔洋河、天池河、泗洋河两岸,主要包括渔洋关镇、五峰镇、采花乡、傅家堰乡。该区地形为中低山区与丘陵区,构造发育,地层岩性差异大,人类工程活动较强烈,河谷深切,为滑坡、崩塌提供了有利地貌条件。

地质灾害中易发区面积为 604.5km²,占全区总面积的 25.48%,区内有 98 处地质灾害,占地质灾害总数量的 19.03%。该区主要分布在仁和坪镇、渔洋关镇、五峰镇、采花乡、傅家堰乡、湾潭镇及牛庄乡等地。该区构造发育,人类工程活动较强烈,区内地形陡峭,河谷深切,为滑坡、崩塌提供了有利地貌条件。

地质灾害低易发区面积为 1 322.47km²,占五峰县总面积的 50.75%,区内有 37 处地质灾害,占地质灾害总数量的 7.18%。该区在各个乡镇均有分布。区内森林覆盖率高,人类工程活动较弱,地形陡峭,地质灾害点分布零散,规模小,危害轻。

2. 危险性评价

根据地质灾害危险性的定义,灾害发生的概率由空间概率、时间概率和规模概率构成,当数据条件合适时,应实现工作区内综合概率的求解,得出在未来一段时间工作区内发生规模超过一定量值的地质灾害可能性大小,其计算公式为

$$H_L = P(A_L) \times P(N_L) \times P(S)$$

式中:H_L 为地质灾害的危险性概率;$P(A_L)$ 为地质灾害发生的规模超过 A_L 的概率,取值 1;$P(N_L)$ 为地质灾害发生的时间概率;$P(S)$ 为地质灾害的空间概率。

规模超过概率 $P(A_L)$ 多应用于小区域大比例尺范围,如场镇、单体地质灾害分析等,其有助于分析后续地质灾害滑移距离及影响范围,为制定风险防范措施的重要支撑;对于 1∶5 万县域地质灾害危险性评价而言,因范围较大,求取特定地质灾害规模概率意义不大,因此在县域地质灾害风险评价中,将规模超过概率 $P(A_L)$ 认定为 1,即在无限长时间范围内,一定会发生规模大于 0 的地质灾害。

时间概率 $P(N_L)$ 为一定区域内未来地质灾害发生的概率,仅考虑降雨诱发因素开展重现周期计算,因此,$P(N_L)$ 取值为各降雨重现周期的倒数。

空间概率 $P(S)$ 可通过易发性评价结果得到,即 $P(S)$ 值为各滑坡易发性等级中降雨诱发地质灾害的面积与该分区面积的比值。因此,求取 $P(S)$ 值的关键是求出不同降雨重现周期各易发区间可能诱发的地质灾害面积。本次评价通过五峰县地质灾害数据库得出不同重现期降雨极值下可能诱发的地质灾害面积。

据气象资料,五峰县地质灾害的高发期在 6—9 月,暴雨过后 3d 为地质灾害高发期。由于五峰县地质灾害编录数据库对早年的数据记录和统计并不完整,故仅分别统计 1971—2020 年以来研究区内已知发生日期的每处滑坡和崩塌地质灾害点发生前 3d 的降雨量数据。极值降雨的频率计算一般采用各种确定的数学形式的曲线来拟合,根据相应的统计原则进行参数估计进而得到极值降雨频率分布曲线方程,并且能够应用拟合的曲线对极值频率进行一定的延展预测。常用的极值降雨分布线性有:①皮尔逊(Pearson)Ⅲ型分布;②指数分布;③耿贝尔(Gumbel)分布。通过皮尔逊(Pearson)Ⅲ型分布曲线拟合出五峰县 10 年、20 年、50 年和 100 年一遇降雨重现期的降雨极值分别为 145.91mm、165.00mm、188.92mm 和 206.34mm。

依据上述公式,得出五峰县不同降雨重现期地质灾害危险性统计结果如表 2.26 和图 2.26 所示。

3. 易损性评价

地质灾害易损性是指地质灾害以不同程度直接或间接地影响研究区域内包括人和物在

表 2.26 五峰县不同重现期地质灾害危险性结果统计表

危险性分区	统计项	降雨重现期			
		10 年一遇	20 年一遇	50 年一遇	100 年一遇
极高危险区	地质灾害面积 km²	0.098 814	0.158 904	0.210 982	0.245 700
	分区面积 km²	185.594 02	186.594 02	187.594 02	188.594 02
	空间概率	0.000 532	0.000 852	0.001 125	0.001 303
	时间概率	0.10	0.05	0.02	0.01
	危险性(%)	0.005 324	0.004 258	0.002 249	0.001 303
高危险区	地质灾害面积 km²	0.038 497	0.061 480	0.093 081	0.101 700
	分区面积 km²	259.431 49	260.431 49	261.431 49	262.431 49
	空间概率	0.000 148	0.000 236	0.000 356	0.000 388
	时间概率	0.10	0.05	0.02	0.01
	危险性(%)	0.001 484	0.001 180	0.000 712	0.000 388
中危险区	地质灾害面积 km²	0.036 719	0.065 817	0.090 758	0.096 300
	分区面积 km²	604.502 49	604.502 49	604.502 49	604.502 49
	空间概率	0.000 061	0.000 109	0.000 150	0.000 159
	时间概率	0.10	0.05	0.02	0.01
	危险性(%)	0.000 607	0.000 544	0.000 300	0.000 159
低危险区	地质灾害面积 km²	0.017 220	0.019 680	0.034 200	0.036 900
	分区面积 km²	1 322.472 00	1 323.472 00	1 324.472 00	1 325.472 00
	空间概率	0.000 013	0.000 015	0.000 026	0.000 028
	时间概率	0.10	0.05	0.02	0.01
	危险性(%)	0.000 130	0.000 074	0.000 052	0.000 028

内的承灾综合体,承灾体受到损失的程度就即为易损性。地质灾害易损性即承灾体受灾程度,是灾害社会属性的表现。地质灾害没有易损性,也就没有危害,易损性反映了某个地区内承灾体受地质灾害影响的损失可能性以及对地质灾害的承受能力,不同的承灾体在不同的地区、不同时时间对不同的灾害表现出不同的易损性。

1) 承灾体调查

承灾体调查主要包括两个方面的内容:一是承灾体空间几何信息;二是承灾体属性参数信息。承灾体空间几何信息,即承灾体分布位置,通常可通过当地相关政府部门获取资料,或结合遥感解译确定各类承灾体的分布范围、面积等信息。承灾体属性参数,如房屋结构、房屋单价、常住人数、农田价值等,通常可通过当地相关政府部门获取资料,或结合实地走访调查进行补充。结合实际情况,承灾体人口评价工作仅考虑室内静态人口风险,位于室外以

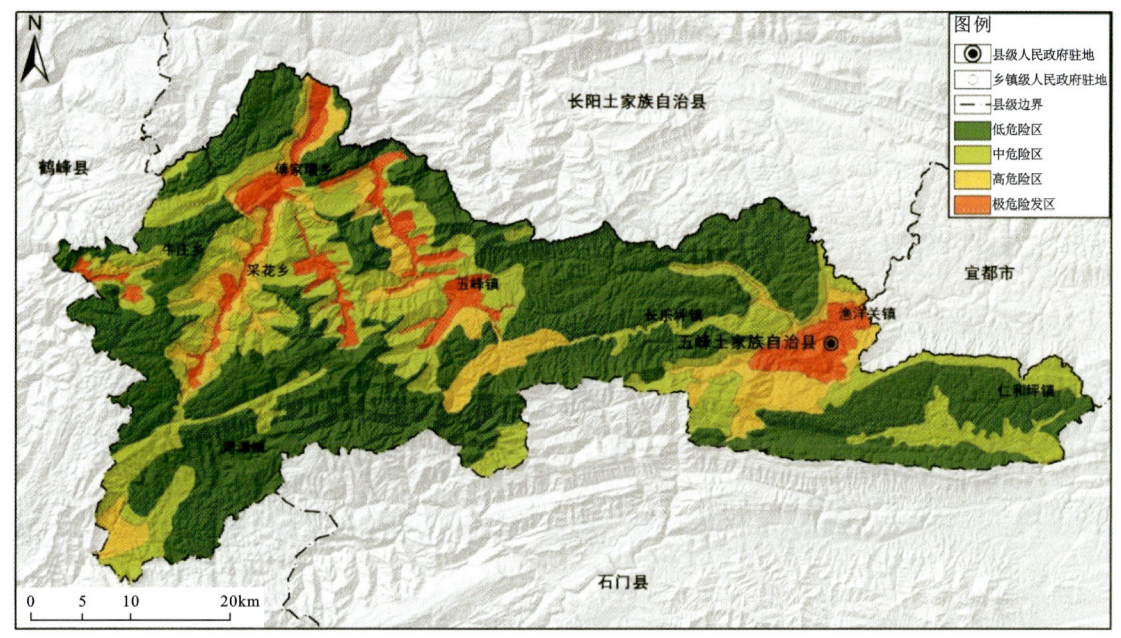

图 2.26　五峰县 20 年降雨重现期地质灾害危险性分区图

及交通要道的人口伤亡风险不在评估范围内。

2）评价方法

易损性评价包括人口易损性评价和经济易损性评价,评价数据库包括建立在 ArcGIS 数据库中的空间数据库和属性数据库与基于 Excel 的社会经济数据库,主要数据包括遥感影像、行政区界、道路、土地利用类型、社会经济、地质灾害等。

(1)经济易损性评价方法。经济易损性包括单项经济易损性和综合经济易损性,其中单项经济易损性是指各单项经济类承灾体的易损性,易损性值可在地质灾害危险性评价分区的基础上,根据遥感解译和地面调查分析结果确定。五峰县的单项承灾体经济易损性评价采用参照表打分法确定,详见表 2.27～表 2.29。最终将不同类型承灾体易损性进行叠加,获得综合易损性评价图。

表 2.27　五峰县房屋建筑易损性赋值表

地质灾害危险性分区	建筑物结构	建议易损性取值范围	赋值
低危险区	砖混	0	0
中危险区	砖混	0～0.3	0.3
高危险区	砖混	0.3～0.7	0.7
极高危险区	砖混	0.7～1	0.9

表 2.28　五峰县土地资源易损性赋值表

地质灾害危险性分区	土地破坏状态	建议易损性取值范围	赋值
低危险区	无损坏	0	0
中危险区	凹凸不平,影响使用	0～0.3	0.2
高危险区	严重凹凸不平,严重影响使用	0.3～0.7	0.5
极高危险区	成为荒地,无法使用	0.7～1	0.7

表 2.29　五峰县道路易损性赋值表

地质灾害危险性分区	破坏状态	建议易损性取值范围	赋值
低危险区	无损坏	0	0
中危险区	影响使用,小规模修正即可恢复正常使用	0～0.3	0.3
高危险区	严重影响使用,专门修复后可恢复使用	0.3～0.7	0.6
极高危险区	无法使用或需大规模专门修复后可恢复使用	0.7～1	0.8

综合经济易损性是各单项经济易损性的叠加。通过对易损性指数计算结果进行分析,结合全区易损程度分布情况,确定易损程度分区界线值,划分 4 个不同等级的区域,形成栅格单元地质灾害易损性评价分区结果,将栅格单元评价结果转化,以行政村为单元的形式表达,得到评价区地质灾害经济易损性评价区划图。

五峰县综合易损性评价方法采用以下公式进行计算,公式如下:

$$V_e = \frac{1}{S} \sum_{j=1}^{m} \sum_{i=1}^{m} P_{ij} \cdot V_{ij} \cdot S_{ij}$$

式中:V_e 为单元综合易损性;S 为单元面积;V_{ij} 为第 i 类承灾体遭受 j 类危害的损失程度,即分项易损性;S_{ij} 为第 i 类承灾体遭受 j 类危害的平面分布面积,即各类房屋、土地资源、道路所占栅格的面积;P_{ij} 为第 i 类承灾体遭受 j 类危害的损失程度概率,通过查阅《滑坡风险评估理论与技术》中不同危害情况下各类承灾体的抗灾能力系数得到的损失程度概率见表 2.30。

表 2.30　各类承灾体损失程度概率表

P_{ij}	房屋建筑	土地资源	道路
低危险区	0.1	0.1	0.3
中危险区	0.3	0.2	0.5
高危险区	0.5	0.3	0.7
极高危险区	0.7	0.5	0.9

(2)人口易损性评价方法。

人口易损性评价应考虑人口年龄结构、文化程度、地方地质灾害防治力度。

人口年龄结构:一般情况下,老年人和少年儿童对地质灾害的防御能力较低,老人和儿童的比例越大,表示这一地区人口易损性越高。用评价单元内老年人(>60岁)和少年儿童(0~13岁)人口与总人口的比例,即人口年龄系数(C_a)表征。$C_a=0$~1,其中0表示评价区人口全部为青壮年人,1表示全部为老年人和少年儿童。

文化程度:一个地区居民受教育程度越高,对地质灾害的认识程度越高,该地区人口易损性越低,反之则易损性越高。用评价单元内只接受过小学及以下教育的人口与总人口的比例,即文化程度系数(C_q)表征。$C_q=0$~1,其中0表示评价区人口均接受了初中及以上教育,1表示评价区人口受教育程度非常低,尚无接受初中及以上教育的人员。

地方地质灾害防治力度:随着地方地质灾害防治力度的提高,人口易损性会相应降低,用地方地质灾害防治力度(C_g)表征,$C_g=0$~1,其中0表示地方地质灾害防治力度高,1表示无地质灾害防治力度。

采用加权打分法进行人口易损性评价,参考《湖北省县(市)地质灾害风险调查评价技术要求(试行)》(湖北省自然资源厅,2018),其中W_a、W_q、W_g之和为1,采用下列公式计算:

$$V_{pi} = W_a \times C_a + W_q \times C_q + W_g \times C_g$$

式中:V_{pi}为人口易损性,$V_{pi}=0$~1;W_a为人口年龄评价因素的权重,本次评价工作W_a的值取0.2;W_q为文化程度评价因素的权重;本次评价工作C_a值取0.3;W_g为地方地质灾害防治力度评价因素的权重,本次评价工作W_g值取0.5;本次评价C_g取值见表2.31。

表2.31 地方地质灾害防治力度系数 C_g 参照表

防治区域	重点防治区	次重点防治区	一般防治区
地方地质灾害防治力度系数	0.3	0.5	0.7

(3)易损性评价结果。

(a)经济易损性评价结果。利用ArcGIS软件的叠加分析功能,将房屋建筑、道路、土地资源3类承灾体易损性与五峰县行政区叠加,根据易损性指数计算结果,结合易损程度分布情况,确定经济易损性的量化值范围为0.00~0.99,并分为4个区,即0~0.032为低易损区、0.032~0.11为中易损区、0.11~0.33为高易损区、0.33~0.99为极高易损区。据此将栅格单元评价结果转化,再以行政村为单元进行表达,从而得到以行政村为评价单元的五峰县综合经济易损性评价结果,详见图2.27和表2.32。

(b)人口易损性评价结果。由人口易损性评价公式可知,人口易损性与地质灾害的种类关系不大,故人口易损性评价不考虑崩塌和滑坡地质灾害的分布情况。五峰县人口易损性的量化值范围为0.25~0.58,选取合适的分区界线值分为4个区,即0.25~0.37为低易损区、0.37~0.42为中易损区、0.42~0.50为高易损区、0.50~0.58为极高易损区,详见图2.28和表2.33。

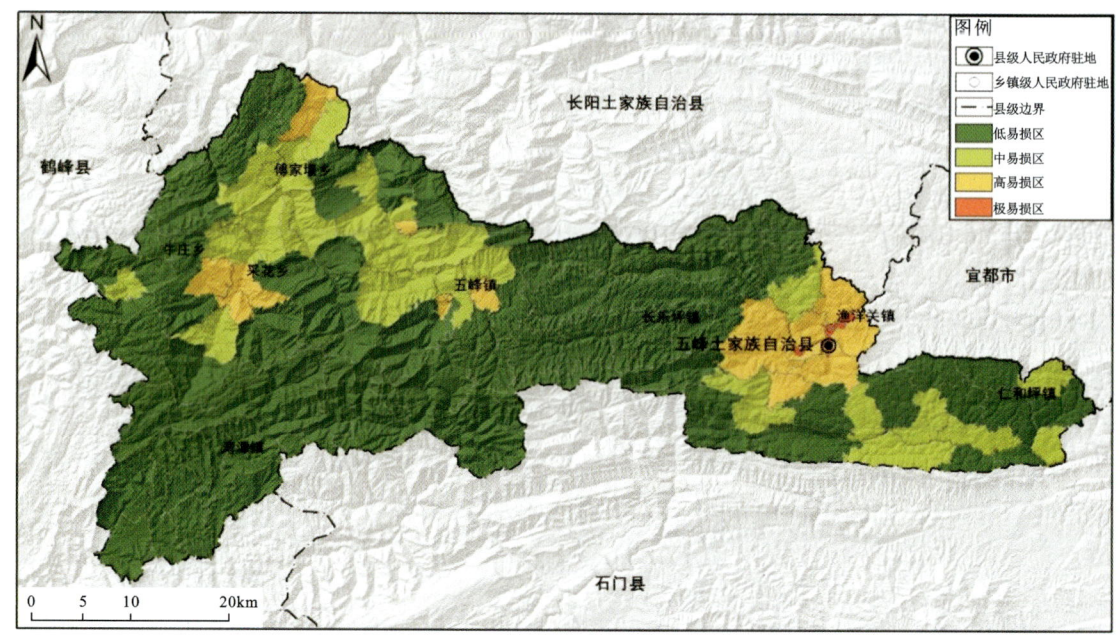

图 2.27　五峰县综合经济易损性分区图

表 2.32　五峰县综合经济易损性统计表

易损性分区	低易损区	中易损区	高易损区	极高易损区	合计
行政村数量（个）	72	24	15	8	119
百分比（%）	60.50	20.17	12.61	6.72	100.00

根据统计结果，五峰县行政村人口承灾体易损性偏低，各村人口承灾能力较强，反映五峰县地方政府对当地的地质灾害重视程度较高，对地质灾害知识的宣传力度、投入减灾防灾工作中的人力和物力投入较大，效果较好。其中，极高、高人口易损区行政村共 23 个，均分布在偏远山区，其交通出行条件相对较差，与宣传培训和教育发展水平相对降低有关。

4. 风险评价

地质灾害风险评价是定量分析调查区域内地质灾害发生的概率及所造成的损失，目的是通过量化影响和控制地质灾害的指标因子，进而定量化反映区域地质灾害的总体风险水平，然后对调查区域进行地质灾害风险区划，并根据风险水平高低，制定降低风险的策略，为城镇规划发展、资源开发与保护以及地质灾害防治决策和防治方案选择提供科学依据。

区域地质灾害风险评价的主要步骤：通过综合分析调查区域的地质灾害风险及其结构要素，准确合理选取地质灾害风险评价指标因子，对评价指标进行量化分析确定权重，以实现地质灾害区域风险的定量表达，在此基础上完成区域风险计算与量化分析，最后根据风险高低完成地质灾害风险区划制图。

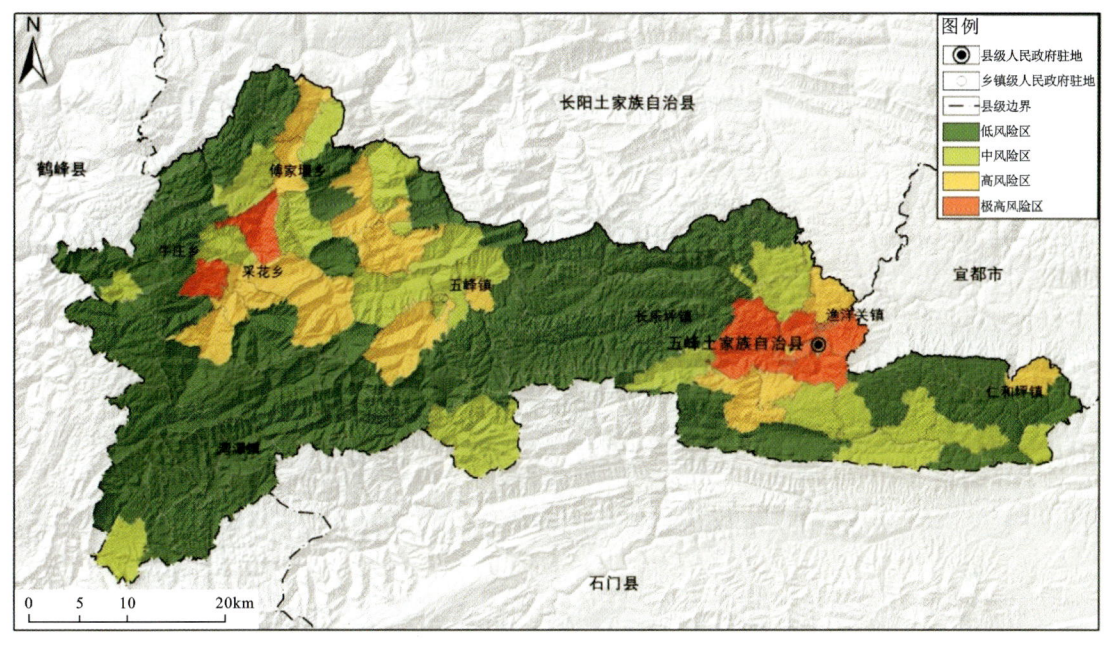

图 2.31 五峰县 20 年降雨重现期综合风险分区图

由统计结果可知,降雨重现期为 20a 时,五峰县共有 11 个村为极高风险区,占行政村总数的 9.24%,主要分布在松木坪镇渔洋关镇和采花乡;18 个村为高风险区,占行政村总数的 15.13%,主要分布在极高风险区四周,包括渔洋关镇、采花乡、五峰镇、傅家堰乡、仁和坪镇和长乐坪镇等;27 个村为中风险区,占行政村总数的 22.69%,主要分布在高风险区四周,各个乡镇均有分布;63 个村庄为低风险区,占行政村总数的 52.94%,各个乡镇均有分布。总体来看,五峰县大部分区域为低风险区。

2.3.2 重点集镇地质灾害调(勘)查

重点集镇地质灾害调(勘)查是保障集镇规划建设的基础(湖北省自然资源厅,2018)。重点集镇地质灾害调(勘)查主要目标任务是:查明城镇致灾地质环境背景条件、地质灾害发育规律和重大隐患等,评估发生复合型地质灾害和地质灾害链的可能性;详细查明城镇斜坡基本特征,进行稳定性分析及初步评价;查明城镇重大地质灾害隐患的基本特征,进行稳定性、易发性、危险性评价与区划,为提高城镇管理水平、合理利用土地资源、优化城镇发展规划、有效减轻地质灾害危害和保障城镇安全发展提供地质依据。

2020—2021 年,有序推进五峰县傅家堰乡、夷陵区小溪塔集镇、远安县嫘祖镇 3 个重点集镇的 1∶1 万地质灾害调(勘)查(图 2.32),完成调(勘)查总面积 99.5km²,查明了 107 处地质灾害隐患点,划定高风险区(7km²)、中风险区(12km²)、低风险区(80.5km²)。

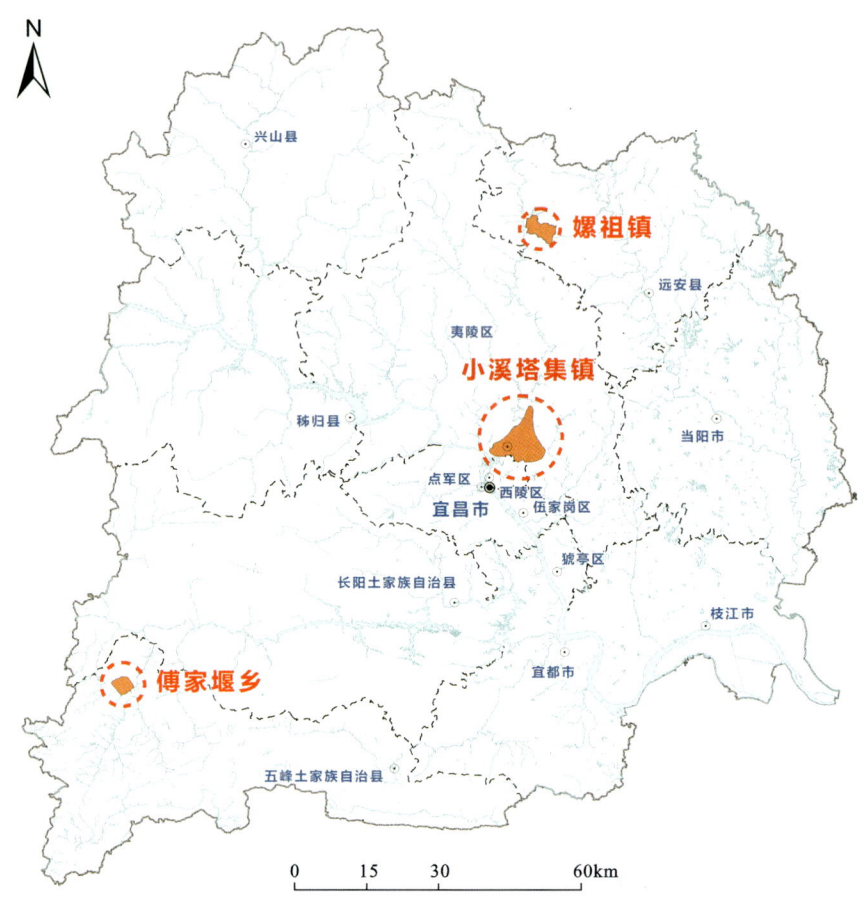

图 2.32　宜昌市重点集镇调(勘)查工作区分布图

2.3.2.1　集镇斜坡调查评价

斜坡结构对滑坡、崩塌的形成具有明显的控制作用,在不同地质环境条件和人类工程活动影响下,斜坡地质灾害发生的可能性存在较大的区别。因此,集镇斜坡调(勘)查的重点是对集镇范围内的斜坡进行单元划分,然后以斜坡单元为基本单元查明斜坡坡体结构和地质灾害发育、分布情况。

1. 斜坡单元划分

按坡体物质组成划分,斜坡可分为岩质斜坡、土质斜坡和岩土混合型斜坡 3 类。

小溪塔集镇共划分 212 个斜坡单元,其中岩质斜坡单元 83 个,土质斜坡单元 52 个,岩土混合型斜坡单元 77 个;嫘祖镇共划分 120 个斜坡单元,其中岩质斜坡单元 66 个,土质斜坡单元 45 个,岩土混合型斜坡单元 9 个;傅家堰乡共划分 67 个斜坡单元,其中岩质斜坡单元 30 个,土质斜坡单元 6 个,岩土混合型斜坡单元 31 个。斜坡单元划分结果见表 2.39。

表 2.39　宜昌市 3 个重点调(勘)查集镇斜坡单元划分结果一览表　　　　　　　　　　　单位:个

集镇	斜坡类型			合计
	岩质斜坡单元	土质斜坡单元	岩土混合型斜坡单元	
小溪塔集镇	83	52	77	212
嫘祖镇	66	45	9	120
傅家堰乡	30	6	31	67

2. 斜坡单元稳定性评价

采用自然历史分析法、工程地质类比法等定性评价方法以及赤平投影法、极限平衡分析法等定量评价方法,对集镇斜坡单元进行稳定性评价,并划分为稳定、基本稳定和不稳定 3 个等级。

小溪塔集镇斜坡单元处于稳定状态的有 133 处,处于基本稳定状态的有 69 处,处于不稳定状态的有 10 处,不稳定斜坡单元主要分布在黄柏河及其支流沟谷沿线、人工切坡或填方区域;嫘祖镇斜坡单元处于稳定状态的有 61 处,处于基本稳定状态的有 53 处,处于不稳定状态的有 6 处,不稳定斜坡单元主要分布在国道 G241 沿线、国道 G347 沿线和集镇建房修路等人类工程活动强烈地段;傅家堰乡斜坡单元处于稳定状态的有 53 处,处于基本稳定状态的有 13 处,处于不稳定状态的有 1 处,不稳定斜坡单元主要分布在集镇建房修路等人类工程活动强烈地段。3 个重点调(勘)查集镇斜坡单元稳定性见表 2.40。

表 2.40　宜昌市 3 个重点调(勘)查集镇斜坡单元稳定性一览表　　　　　　　　　　　单位:处

集镇	斜坡单元稳定性			合计
	不稳定斜坡单元	基本稳定斜坡单元	稳定斜坡单元	
小溪塔集镇	10	69	133	212
嫘祖镇	6	53	61	120
傅家堰乡	1	13	53	67

2.3.2.2　地质灾害隐患调查评价

调(勘)查集镇属地质灾害易发区,地质灾害较发育。其中,傅家堰集镇主体直接处于滑坡体上。据调查(表 2.41、表 2.42),小溪塔集镇共发育 79 处地质灾害,其中 43 处滑坡、36 处崩塌。79 处地质灾害中,按规模划分有大型 1 处(崩塌 1 处)、中型 16 处(滑坡 11 处、崩塌 5 处)、小型 62 处(滑坡 32 处、崩塌 30 处);按稳定性划分,稳定的有 37 处(滑坡 26 处、崩塌 11 处),基本稳定的有 21 处(滑坡 11 处、崩塌 10 处),不稳定的有 21 处(滑坡 6 处、崩塌 15 处)。嫘祖镇共发育 20 处地质灾害,其中 15 处滑坡、5 处崩塌。20 处地质灾害中,按规模

表 2.41　宜昌市 3 个重点调(勘)查集镇地质灾害规模一览表　　　　　单位:处

集镇	地质灾害类型	地质灾害规模			
		大型	中型	小型	合计
小溪塔集镇	滑坡	0	11	32	43
	崩塌	1	5	30	36
嫘祖镇	滑坡	0	1	14	15
	崩塌	0	0	5	5
傅家堰乡	滑坡	1	4	1	6
	崩塌	0	1	1	2
合计		2	22	83	107

表 2.42　宜昌市 3 个重点调(勘)查集镇地质灾害稳定性一览表　　　　　单位:处

集镇	地质灾害类型	地质灾害稳定性			
		稳定	基本稳定	不稳定	合计
小溪塔集镇	滑坡	26	11	6	43
	崩塌	11	10	15	36
嫘祖镇	滑坡	0	9	6	15
	崩塌	0	1	4	5
傅家堰乡	滑坡	0	6	0	6
	崩塌	0	1	1	2
合计		37	38	32	107

划分,有中型 1 处(滑坡 1 处)、小型 19 处(滑坡 14 处、崩塌 5 处);按稳定性划分,基本稳定的有 10 处(滑坡 9 处、崩塌 1 处),不稳定的有 10 处(滑坡 6 处、崩塌 4 处)。傅家堰乡共发育 8 处地质灾害,其中 6 处滑坡、2 处崩塌。8 处地质灾害中,按规模划分,有大型 1 处(滑坡 1 处)、中型 5 处(滑坡 4 处、崩塌 1 处)、小型 2 处(滑坡 1 处、崩塌 1 处);按稳定性划分,基本稳定的有 7 处(滑坡 6 处、崩塌 1 处),不稳定的有 1 处(崩塌)。

2.3.2.3　集镇地质灾害风险防控

采用地质灾害风险评估方法,将集镇划分为地质灾害重点风险防控区、次重点风险防控区和一般风险防控区,并有针对性地提出不同等级风险区的风险管控措施,为集镇土地利用与空间布局规划提供依据。

(1)夷陵区小溪塔集镇重点风险防控区面积 8.27km², 次重点风险防控区面积 7.70km², 一般风险防控区面积 50.43km²(图 2.33、表 2.43)。

2 调查评价 夯实基础

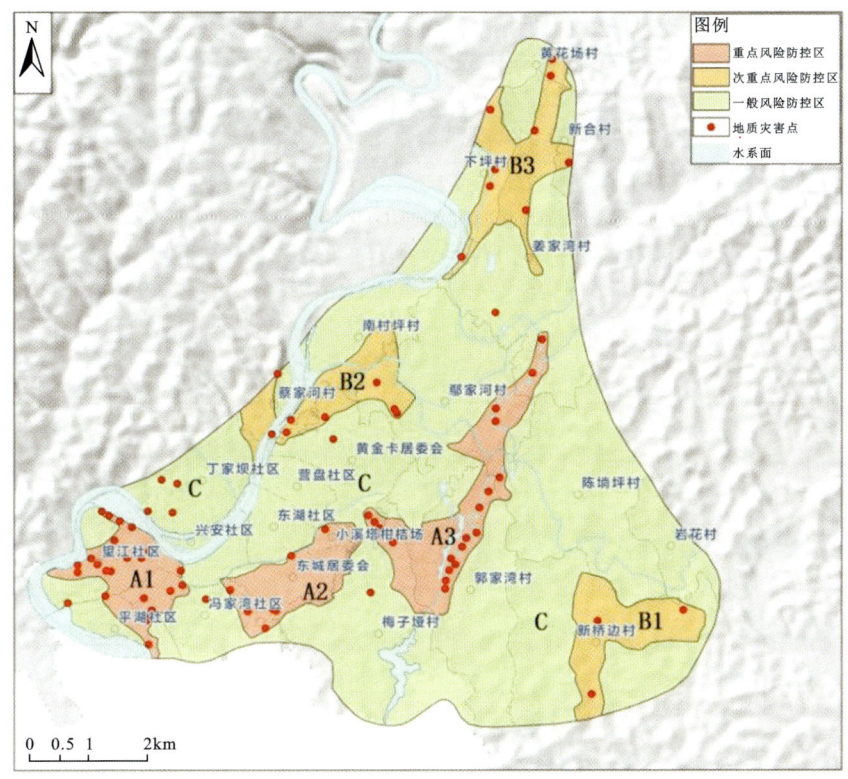

图 2.33 夷陵区小溪塔集镇地质灾害风险管控分区图

表 2.43 夷陵区小溪塔集镇地质灾害风险管控分区表

级别	面积（km²）	亚区面积（km²）	亚区名称及代号	管控措施
重点风险防控区（A）	8.27	2.27	虾子沟-冯家湾-长江市场重点风险管控区（A1）	采用监测预警措施、工程治理措施。监测预警即专业监测和群测群防相结合，以专业监测为主。正常监测的频率为10d一次，汛期、险情预报、警报期，汛期加密监测。工程治理是指对危险性较大的滑坡、崩塌灾害点进行治理
		2.23	明珠路-东城居委会-梅子垭村重点风险管控区（A2）	
		3.77	宜昌运河（杨家场-发展大道段）重点风险管控区（A3）	
次重点风险防控区（B）	7.70	2.46	小鸦路-东方大道-港窑路延长线次重点风险管控区（B1）	采用监测预警措施、工程治理措施。监测预警即以专业监测和群测群防相结合为主，部分区域重点进行专业监测，其他区域组织人员定期巡视。正常监测的频率为10d一次，巡视15d一次。对危险性较大的灾害点进行治理
		2.46	蔡家河大桥-发展大道延长线次重点风险管控区（B2）	
		2.78	宜黄公路（姜家湾-黄花场）次重点风险管控区（B3）	
一般风险防控区（C）	50.43	50.43	重点、次重点风险管控区以外的其他地区（C）	采用监测预警措施，以群测群防为主

(2)远安县嫘祖镇重点风险防控区面积 0.28km²，次重点风险防控区面积 1.13km²，一般风险防控区面积 19.59km²（表 2.44、图 2.34）。

表 2.44　远安县嫘祖镇地质灾害风险管控分区表

分区	面积(km²)	分布位置	管控措施
重点风险防控区	0.28	火岭垭居民区、鹰子垭居民片区	采用监测预警措施、工程治理措施。监测预警即专业监测和群测群防相结合，以专业监测为主。正常监测的频率为 10d 一次，汛期，险情预报、警报期，汛期加密监测。工程治理是指对危险性较大的滑坡、崩塌灾害点进行治理
次重点风险防控区	1.13	集镇建成区、规划区大部分区域	采用监测预警措施、工程治理措施。监测预警即以专业监测和群测群防相结合为主，部分区域重点进行专业监测，其他区域组织人员定期巡视。正常监测的频率为 10d 一次，巡视 15d 一次。对危险性较大的灾害点进行治理
一般风险防控区	19.59	其他地区	采用监测预警措施，以群测群防为主

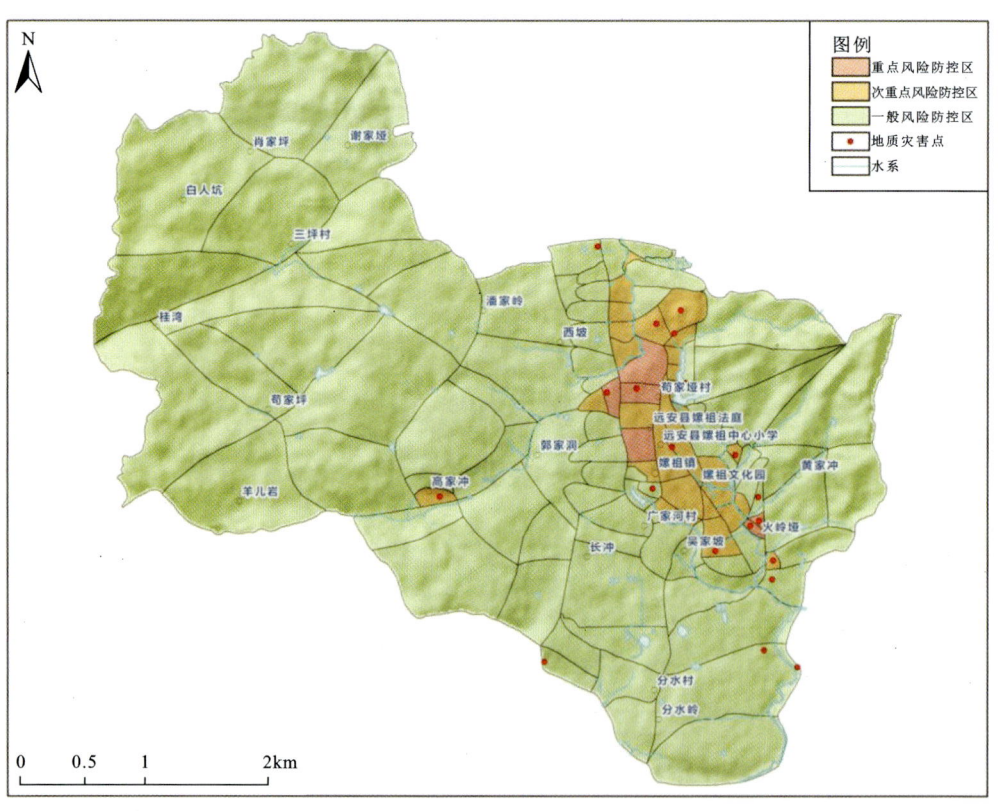

图 2.34　远安县嫘祖镇地质灾害风险管控分区图

(3)五峰县傅家堰乡重点风险防控区面积 0.829km²,次重点风险防控区面积 4.149km²;一般风险防控区面积 7.122km²(表 2.45、图 2.35)。

表 2.45 五峰县傅家堰乡地质灾害风险管控分区表

分区	面积(km²)	分布位置	管控措施
重点风险防控区	0.829	傅家堰集镇、烧火屋场、傅家堰中小学	采用监测预警措施、工程治理措施。监测预警即专业监测和群测群防相结合,以专业监测为主。正常监测的频率为10d一次,汛期,险情预报、警报期,汛期加密监测。工程治理是指对危险性较大的滑坡、崩塌灾害点进行治理
次重点风险防控区	4.149	集镇周边地带	采用监测预警措施、工程治理措施。监测预警即专业监测和群测群防相结合,部分区域重点进行专业监测,其他区域组织人员定期巡视。正常监测的频率为 10d 一次,巡视15d 一次。对危险性较大的灾害点进行治理
一般风险防控区	7.122	其他地区	采用监测预警措施,以群测群防为主

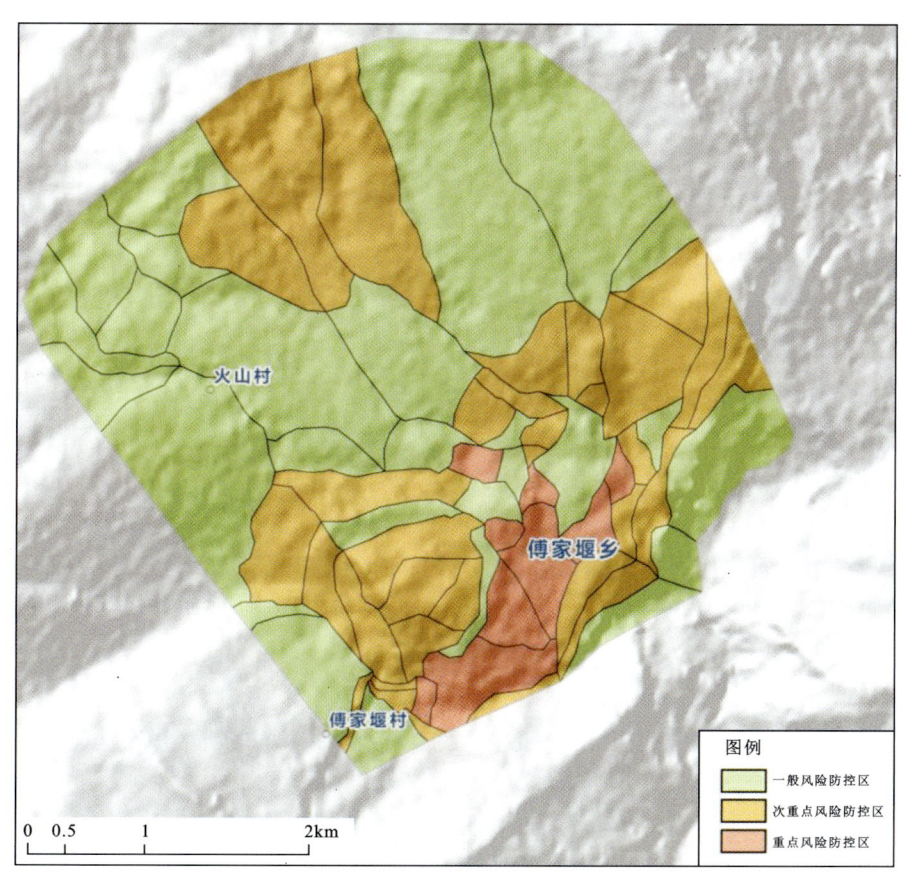

图 2.35 五峰县傅家堰乡地质灾害风险管控分区图

2.3.3 地质灾害专项风险普查

地质灾害风险普查是全国第一次自然灾害风险普查的重要组成部分,普查范围包括含枝江市在内的所有县(市、区)。市级地质灾害风险普查是在1∶5万县级地质灾害风险调查的基础上,按照1∶10万精度集合而成,旨在打破部门数据壁垒,集合各类风险要素,为各地区、各部门的灾害风险管理提供有力支撑,主要成果如下。

1. 地质灾害底数

地质灾害底数包括历史地质灾害和在册地质灾害隐患点,共4762处,其中滑坡3076处、崩塌(含危岩体)1456处、地面塌陷183处、泥石流47处。截至2023年底,全市地质灾害及隐患总规模达到$201\,766.64\times10^4\,\text{m}^3$,威胁资产290.06亿元,威胁人口143 337人,主要分布在秭归县(50 844人),其次为夷陵区(25 712人)、五峰县(24 909人)、兴山县(22 085人)以及长阳县(13 104人)。

2. 地质灾害风险区划

1)易发性评价

根据地质灾害形成的内在条件,在对滑坡、崩塌、泥石流、地面塌陷(岩溶型与采空型)4类主要地质灾害易发性评价区划(图2.36)的基础上,通过空间叠加和融合处理,得到全市地质灾害易发性分区成果(图2.37、表2.46)。总体来看,全市1/3范围属于地质灾害高易发区,其中西部各山区县,尤其是三峡库区与清江库区范围内地质灾害最易发。

宜昌市地质灾害易发性分区结果如下:

(1)高易发区(A1~A5)。面积$6\,818.59\,\text{km}^2$,占全市总面积的32.47%,主要分布在西部三峡库区、清江库区以及秭归县大部、兴山县西南部、五峰县西北部,其次为南部五峰县与宜都市交界区域,夷陵区北部及远安县东北部也为高易发区。

(2)中易发区(B1~B5)。面积$3\,673.78\,\text{km}^2$,占比17.49%,主要分布在夷陵区雾渡河至城区并沿长江左岸至下游枝江白洋开发区、远安县至当阳市西部,其次为兴山县西部高桥与南部高岚河两岸以及五峰县中部区域。

(3)低易发区(C1~C5)。面积$9\,429.61\,\text{km}^2$,占全市总面积的44.90%,主要分布在兴山北部到夷陵区西部、长阳北部—东南部至宜都市大部、五峰县西南部、夷陵区东部—远安县中部。

(4)非易发区(D)。面积$1\,078.02\,\text{km}^2$,占全市总面积的5.14%,主要分布在枝江市—当阳草埠湖镇。

2)危险性评价

危险性评价结果在易发性评价的基础上,叠加降雨和人类工程活动因素所得。考虑到不同类型灾害具有不同的诱因,因此对滑坡、崩塌进行危险性评价时主要选取降雨、建筑物、道路等因子(图2.38),对泥石流、地面塌陷进行危险性评价时主要选取降雨因子。以30年一遇降雨工况为例,通过空间叠加和融合处理,得到全市地质灾害危险性评价结果(图2.39、表2.47)。总体来看,全市30%的范围属于地质灾害高危险区,主要分布在三峡库区与清江库区。

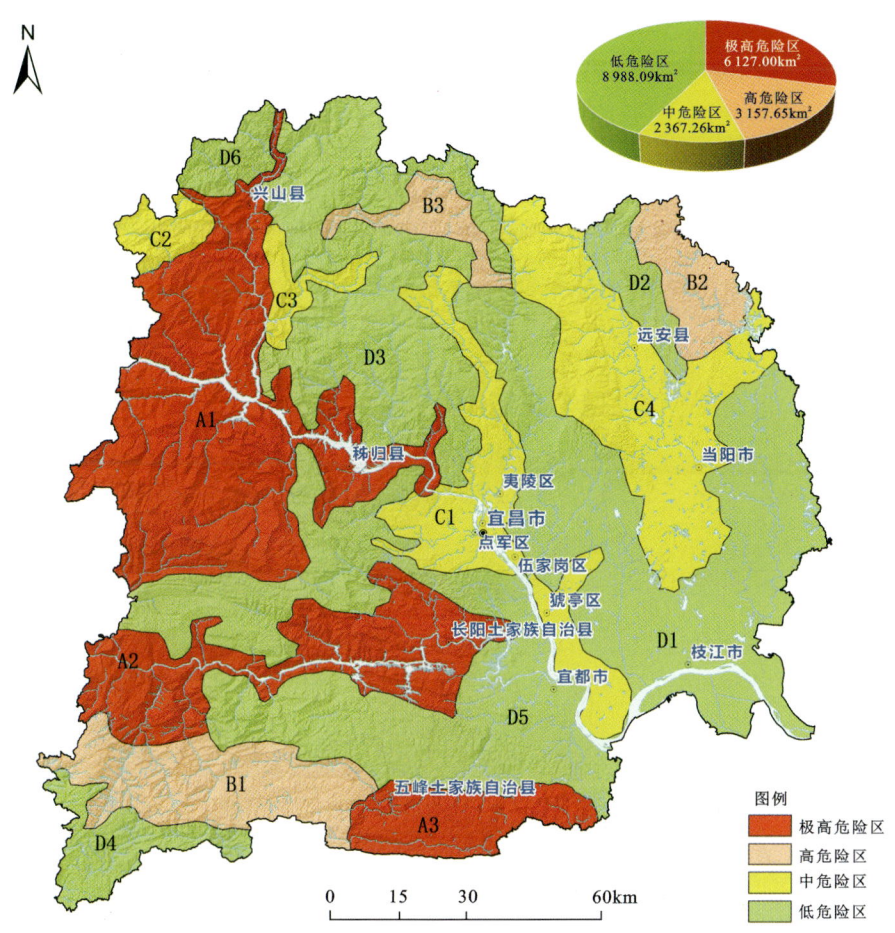

图 2.39 宜昌市地质灾害危险性分区图（30 年一遇降雨工况）

表 2.47 宜昌市地质灾害危险程度分区表（30 年一遇降雨工况）

危险性分区	面积（km²）	占比（%）	亚区	亚区面积（km²）	分布区域
极高危险区（A）	6 127.00	29.17	A1	3 173.25	太平溪—古夫—椰坪长江、香溪河沿岸中低—中山峡谷地带
			A2	2 300.05	龙舟坪—渔峡口—采花清江、泗洋河沿岸中低—中山峡谷地带
			A3	653.70	渔洋关—松木坪—仁和坪低山山地地带
高危险区（B）	3 517.65	16.75	B1	2 730.03	渔洋关—长乐坪低中山山地地带
			B2	479.77	河口—茅坪场低山山地地带
			B3	307.85	树空坪—樟树坪—盐池河低中—中山山地地带
中危险区（C）	2 367.26	11.27	C1	870.29	雾渡河—土城—白洋泛城区地带
			C2	223.36	高阳—高桥中山山地地带
			C3	226.99	峡口—黄粮—水月寺高岚河地带
			C4	1 046.62	螺祖—花林寺—半月低山—丘陵地带

续表 2.47

危险性分区	面积（km²）	占比（%）	亚区	亚区面积（km²）	分布区域
低危险区（D）	8 988.09	42.81	D1	2 909.11	分乡—鸦鹊岭—枝江市—当阳市草埠湖镇—半月—河溶—清溪地带
			D2	345.13	远安县洋坪镇—旧县镇地带
			D3	2 411.11	古夫—榛子—下堡坪地带
			D4	499.52	五峰—湾潭地带
			D5	2 568.04	椰坪—枝城—资丘地带
			D6	255.18	榛子乡西部地带

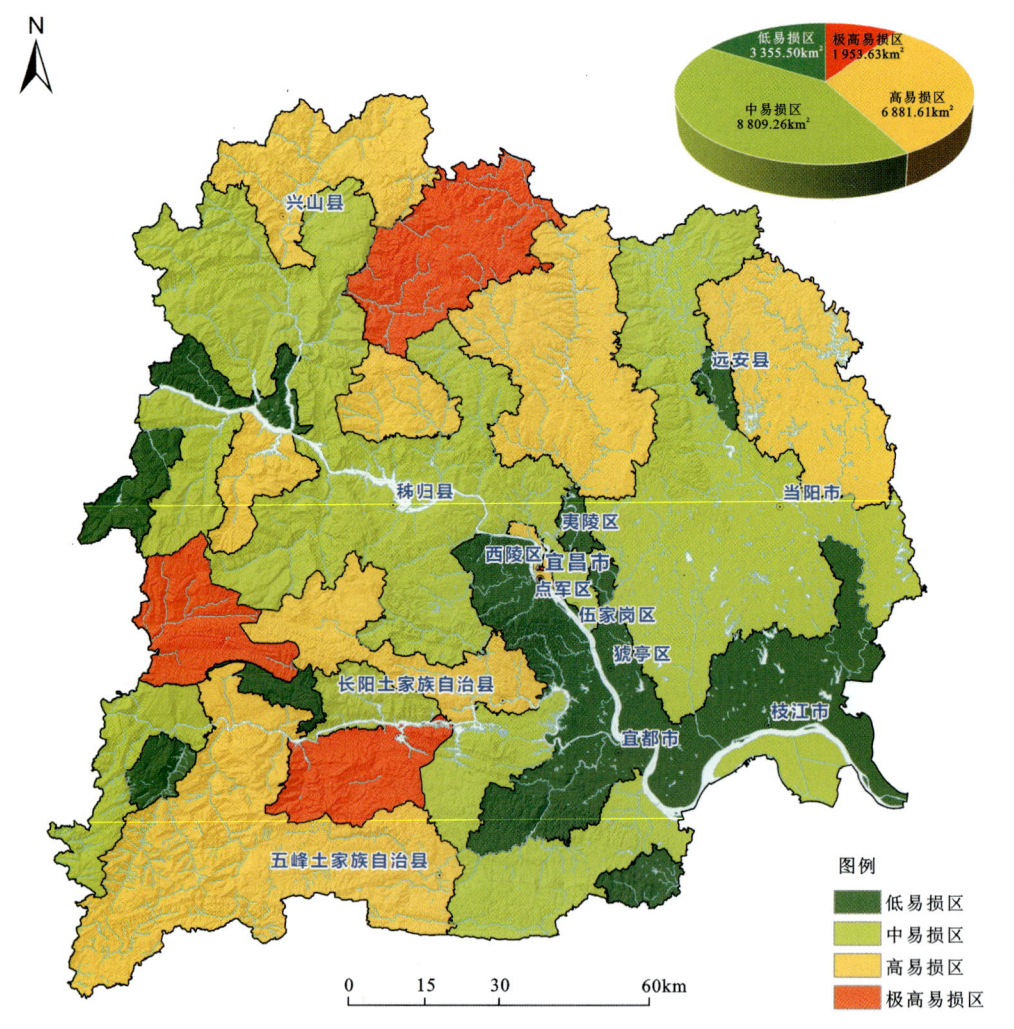

图 2.40 宜昌市地质灾害易损性分区图

宜昌市地质灾害易损性分区结果如下：

（1）极高易损区。面积1 953.63km²，占宜昌市总面积的9.32%，主要集中分布在榛子乡西北部、沙镇溪镇、都镇湾镇以及茅坪场镇。

（2）高易损区，面积6 881.61km²，占宜昌市总面积的32.41%，主要集中分布在榛子乡、嫘祖镇、雾渡河镇、鸣凤镇、长乐坪镇以及五峰镇。

（3）中易损区，面积8 809.26km²，占宜昌市总面积的42.58%，主要集中分布在兴山县、当阳市、宜都市以及枝江市。

（4）低易损区，面积3 355.50km²，占宜昌市总面积的15.69%，主要集中分布在城区、枝江市以及宜都市部分区域。

4）风险区划

根据地质灾害危险性评价和易损性评价结果，采用矩阵分析方法得到宜昌市地质灾害风险评价区划结果（图2.41、表2.48）。

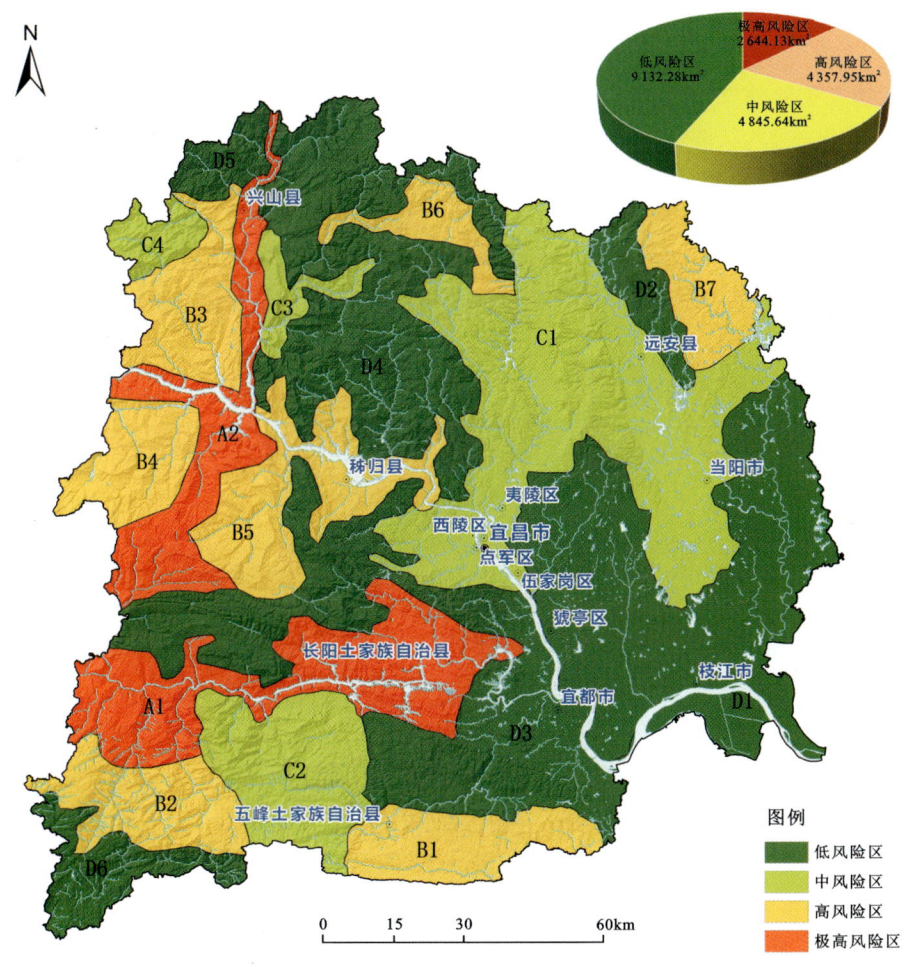

图2.41 宜昌市地质灾害风险区划图

表 2.48　宜昌市地质灾害风险分区表

风险等级	面积（km²）	占比（%）	隐患点数	亚区	亚区面积（km²）	分布区域
极高风险区（A）	2 664.13	12.69	391	A1	1 607.18	龙舟坪—渔峡口—采花清江、泗洋河沿岸中低—中山峡谷地带
			514	A2	1 056.95	太平溪—古夫—泄滩—郭家坝长江、香溪河、归州河、青干河及童庄河等三峡库区沿岸
高风险区（B）	4 357.95	20.75	111	B1	653.70	渔洋关—松木坪—仁和坪低山地带
			152	B2	692.87	五峰—采花—牛庄中低—中山地带
			247	B3	665.47	南阳—水田坝北—泄滩北中低山区
			197	B4	545.65	梅家河—九畹溪—椰坪中低山地带
			276	B5	1 012.64	郭家坝镇—屈原镇
			88	B6	307.85	树空坪—樟树坪—盐池河低中—中山地带
			104	B7	479.77	河口—茅坪场低山地带
中风险区（C）	4 845.64	23.07	346	C1	3 387.14	嫘祖—半月—清溪—城区—雾渡河地区
			56	C2	1 008.15	都镇湾—资丘—长乐坪中低山地带
			87	C3	226.99	峡口—黄粮地带
			29	C4	223.36	高桥乡—南阳镇西部
低风险区（D）	9 132.28	43.49	48	D1	2 938.31	龙泉—鸦鹊岭—当阳河溶—两河—枝江市地带
			14	D2	345.13	洋坪镇—茅坪场镇
			75	D3	2 683.03	贺家坪镇—茅坪镇—高家堰—宜都市城区地带
			116	D4	2 411.11	榛子乡—水月寺—下堡坪乡
			2	D5	255.18	榛子乡西部地带
			17	D6	499.52	湾潭镇

宜昌市地质灾害风险区划结果如下：

（1）极高风险区（A1～A2）。面积 2 664.13km²，占宜昌市总面积的 12.69%，主要分布在龙舟坪—渔峡口—采花清江、泗洋河沿岸中低—中山峡谷地带，以及西部太平溪—古夫—泄滩—郭家坝长江、香溪河、归州河、青干河及童庄河等三峡库区沿岸，发育地质灾害隐患点 905 处。

（2）高风险区（B1～B7）。面积 4 357.95km²，占宜昌市总面积的 20.75%，主要分布在南部渔洋关—松木坪—仁和坪低山地带与五峰—采花—牛庄中低—中山地带，西北部南阳—水田坝北—泄滩北中低山区，西部梅家河—九畹溪—椰坪中低山地带、秭归中部郭家坝镇—屈原镇，北部树空坪—樟树坪—盐池河低中—中山地带以及东北部河口—茅坪场低山地带，发育地质灾害隐患点 1175 处。

（3）中风险区（C1～C4）。面积 4 845.64km²，占宜昌市总面积的 23.07%，主要分布在远安嫘祖—半月—淯溪—城区—雾渡河地区、长阳都镇湾—资丘—长乐坪中低山地带、兴山峡口—黄粮地带以及高桥乡—南阳镇西部,发育地质灾害隐患点518处。

(4)低风险区(D1～D6)。面积9 132.28km²,占宜昌市总面积的比43.49%,主要分布在夷陵区龙泉—鸦鹊岭—当阳河溶—两河—枝江市地带、远安洋坪镇—茅坪场镇、长阳贺家坪镇—茅坪镇—高家堰—宜都市城区地带、兴山榛子乡—水月寺—下堡坪乡、榛子乡西部地带、五峰湾潭镇,发育地质灾害隐患点272处。

2.4 多元协同,创新"天-空-地"隐患识别

针对宜昌西部多植被覆盖中低山区地质灾害隐患早期识别中,单一遥感技术方法已不适用,而现有技术方法体系又缺乏针对性、系统性和可实施性的问题,通过实施宜昌市三峡库区顺层岩质滑坡隐患综合遥感识别与监测预警试点、宜昌武陵山片区地质灾害隐患识别与监测预警试点等地质灾害综合防治体系项目,系统实践并总结建立起了一套以承灾体为中心、支持不同空间尺度、不同规模、不同发展阶段的山区地质灾害隐患'天-空-地'综合识别技术方法体系。

2.4.1 围绕承灾体为中心的识别思路

本着"以人为中心,把保护人的生命安全放在第一位,工作重点必须始终围绕人的安全而展开"的防灾理念,遵循"凡是有人的地方,特别是人员集聚的地方,像村镇、集市、学校、医院、厂区,以及交通、水电等重要基础设施周围,都应当是高度关注的地方。只要有沟谷、斜坡、陡崖、陡坎,就要高度警惕"的实施原则(汪民,2022),将地质灾害隐患识别由"直接找隐患"的以灾害体为中心的思路转换为"先找重要承灾对象、再从周边找隐患"的以承灾体为中心的思路。

同时,为满足对处于不同发展演化阶段的地质灾害隐患的分类识别需求,给出地质灾害隐患分类及其定义,包括孕灾体(有成灾可能但还未出现变形或仅有初始微弱变形的地质体)、变形体(已出现明显变形但还未失稳破坏的地质体)、灾害体(已发生失稳破坏的地质灾害体)。由此,地质灾害隐患早期识别的主要对象应是孕灾体与变形体,兼顾灾害体。

按照上述思路与需求,山区地质灾害隐患识别需满足如下要求:支持崩塌、滑坡等主要山区地质灾害类型的隐患识别;支持县、乡镇广域尺度($10\sim10^3\,km^2$)与集镇斜坡单元尺度($<10km^2$)的隐患识别;支持大到上亿立方米($10^8\,m^3$,如巨型古滑坡)、小到几十立方米($10\,m^3$,如建房修路切坡形成的局部陡边坡)规模的隐患识别;支持对孕灾体、变形体、灾害体等处于不同发展阶段的隐患识别。

为此,提出"以承灾体为中心,支持不同空间尺度、不同规模、不同发展阶段的山区地质灾害隐患'天-空-地'综合识别技术方法体系",其框架构成见图2.42,可概括为"一个中心、两个尺度、三个层次、四套方法"。

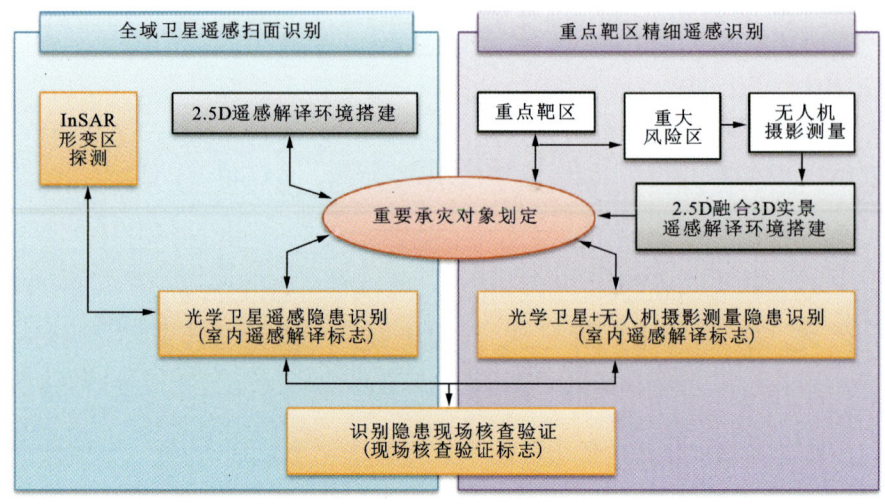

图 2.42　宜昌多植被覆盖中低山区地质灾害隐患综合识别技术方法体系框架图

(1) 一个中心。以承灾对象为中心，实际就是以人为中心。体现在隐患识别过程中，始终坚持"先找重要承灾对象、再从周边找隐患"的工作思路。

(2) 两个尺度。同时满足县、乡镇广域尺度（$10\sim10^3\,\mathrm{km}^2$）的全域卫星遥感扫面识别与集镇斜坡单元尺度（$<10\,\mathrm{km}^2$）的重点靶区精细遥感识别，即隐患识别范围既要全域覆盖，又要重点突出。

(3) 三个层次。充分利用高分光学卫星遥感、雷达卫星 InSAR、无人机摄影测量、LiDAR、现场调（核）查、经验研判等构成的"天-空-地"多层次综合技术方法，以支撑地质灾害隐患识别与验证全流程。

(4) 四套方法。主要包括基于 InSAR 的形变区探测方法、基于光学卫星影像的隐患识别方法、基于无人机摄影测量的隐患识别方法以及隐患的现场核查验证方法。

2.4.2　强化室内遥感解释的识别方法

为避免将大量人力和时间直接耗费到地质灾害隐患的野外识别上，即在尽量减少现场工作量的同时又能保证较高的识别精度与效率，具体实施时采用"以天基、空基遥感实现隐患室内解译、识别与圈定为重点，以现场工作实现隐患核查验证为补充"的工作方法。此外，建立了一套由室内遥感解译标志与现场核查验证标志构成的地质灾害隐患综合识别标志，其中室内遥感解译标志为室内遥感识别圈定潜在隐患的依据，现场核查验证标志为现场确认或排除隐患、划分灾害类型与隐患类型等的依据。为提升识别标志的直观性、简洁性与实用性等，室内遥感解译标志以典型案例遥感图谱形式呈现，现场核查验证标志以表格形式呈现。

2.4.2.1　17种室内遥感解译标志

针对碎屑岩区土质滑坡、岩质滑坡与崩塌3类灾害，共17种典型案例遥感图谱标志，其中以

(4)光学卫星遥感结合无人机摄影测量的隐患识别。利用2.5D融合3D实景遥感解译环境,针对重点靶区,仍然遵循"以重要承灾对象为中心、以其四周或沿线为重点"的思路,采用单期遥感静态特征解译、多期遥感地形变化/地表覆盖变化解译等方法,依据室内遥感解译标志,实现重点靶区不同规模、不同类型(孕灾体/变形体/灾害体)的疑似地质灾害隐患的精细化识别。

(5)识别隐患现场核查验证等。针对室内遥感解译识别圈定的疑似隐患,采用现场地面调查访问、无人机调查、经验研判等手段和方法,依据现场核查验证标志,实现隐患的最终确认。

2.4.4 基于"天-空-地"多层次的识别技术

1. 基于 InSAR 的形变区探测

利用 InSAR 具有大范围连续跟踪微小形变的特性,对正在变形区进行识别。在综合国内外相关应用情况的基础上,尤其考虑到在植被覆盖山区应用时的局限性,将 InSAR 分析技术方法的应用目标定位于疑似形变区的探测和圈定,而非直接用于疑似隐患的识别圈定。主要技术流程见图 2.44(b),主要步骤如下:

(1)针对整个工作区,基于雷达卫星影像序列数据,采用 SBAS-InSAR 等技术方法,经过连接图生成、干涉处理、轨道精炼和重去平、SBAS 二次反演、地理编码等处理流程,获得地表平均形变速率分布。

(2)根据地表平均速率数据,采用 GIS 核密度、空间聚类等空间分析方法,再基于2.5D高分遥感环境呈现的光学影像特征、地形地貌以及在其上叠加的地质背景、现有地质灾害分布等信息,综合圈定疑似形变区,作为后续全域扫面识别变形体与灾害体的重点区。

2. 基于光学卫星影像的隐患识别

高分光学卫星遥感影像是开展大区域地质灾害隐患识别中不可或缺的另一核心支撑技术,其在全域隐患识别中的主要技术流程见图 2.44(c),主要分为以下两类方法(图 2.45):

(1)基于单期遥感影像的静态特征目视解译识别[图 2.45(a)]。利用单期高分遥感影像叠加区域 DEM 构建的2.5D遥感解译环境,依据室内遥感解译图谱标志,采用以目视解译为主的特征比对方式,识别并圈定疑似隐患。该方法可识别所有隐患类型,即孕灾体、变形体与灾害体。

(2)基于多源/多期遥感覆盖变化检测识别[图 2.45(b)]。利用至少两期不同时间点但分辨率相近的同一遥感卫星影像或不同遥感卫星影像,采用遥感变化检测,定量化提取地表覆盖变化信息;剔除人类活动、植被变化、水位升降等因素引起的变化,圈出与孕灾环境相吻合的成片成带变化区作为待识别区;再依据室内遥感解译图谱标志,针对待识别区采用目视解译,识别并圈定疑似隐患。该方法尤其适用于识别地表覆盖发生明显变化的变形体与灾害体。

采用基于高分光学卫星遥感影像的隐患识别主要针对整个工作区全域,如事先有 InSAR

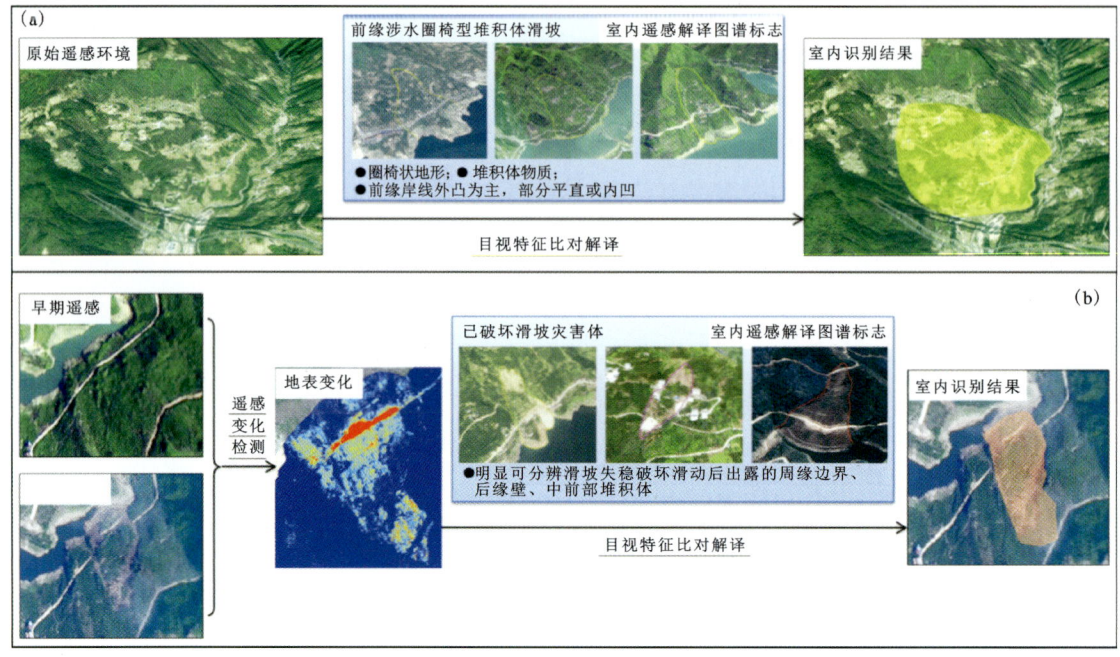

(a)基于单期遥感影像的静态特征目视解译识别;(b)基于多源/多期遥感覆盖变化检测识别

图 2.45　基于光学卫星遥感的隐患识别方法流程示例

圈定的疑似形变区,可将其作为重点。另外,无论采用何种方法,应遵循"以重要承灾对象为中心、以其四周或沿线为重点"的实施思路。

3. 基于无人机摄影测量的隐患识别

无人机摄影测量是开展重点区内尤其是针对小规模地质灾害隐患精细化识别的核心技术,其在重点区域隐患识别中的主要技术流程见图 2.44(d),主要分为以下 3 类方法:

(1)基于单期实景三维的目视解译识别:利用单期实景三维模型立体、真实、直观效果,依据室内遥感解译图谱标志,通过目视解译结合经验判识,可以快速识别并准确圈定疑似隐患,其基本流程与基于单期遥感影像的静态特征目视解译识别[图 2.44(a)]类似。同样,该方法可识别规模不一的所有孕灾体、变形体与灾害体。如果对同一区域开展多期无人机摄影测量,则还可采用以下地表形态/地表覆盖的变化检测识别方法。

(2)基于多期 DSM 的地形变化检测识别:利用至少两期不同时间点的数字表面模型 DSM,采用地表形态变化检测,定量化计算地表形态变化信息;剔除人类活动、植被变化、水位升降等因素引起的变化,圈出与孕灾环境相吻合的变化区作为待识别区;再依据室内遥感解译图谱标志,结合可视化的 DOM 与实景三维模型,针对待识别区采用目视解译,识别并圈定疑似隐患。它的基本流程与基于多源/多期遥感覆盖变化检测识别[图 2.45(b)]相同,仅需将数据源改为 DSM,变化检测方式改为地形变化。该方法显然主要适用于识别地表形态变化显著的变形体与灾害体。

(3)基于多期 DOM 的地表覆盖变化检测识别：同基于多源/多期遥感覆盖变化检测识别的方法流程，仅需将数据源改为数字正射影像 DOM 即可。该方法主要适用于识别地表覆盖发生明显变化的显著变形体与灾害体。

由于低空小型无人机大范围作业的效率较低，而且后期成果处理时间长、数据量大，因此采用基于无人机摄影测量的隐患识别，一般主要针对范围相对有限的重点靶区内的重大风险区。另外，识别过程中仍应遵循"以重要承灾对象为中心、以其四周或沿线为重点"的实施思路。

4. 疑似隐患的现场核查验证

现场核查验证是地质灾害隐患识别过程中的收官工作，其主要目的是针对室内遥感解译圈定的各疑似隐患，通过现场工作以实现最终的确认或排除，并对得到确认的隐患进一步调查明确其灾害类型、隐患类型及其稳定性等相关现状信息。此项工作的重要性不言而喻，其技术流程见图 2.44(e)。

(1)针对各室内圈定的疑似隐患体，至现场开展地面调查访问与无人机调查。

(2)根据调查访问结果，依据现场核查验证标志，以现场核查验证标志表的方式重点对隐患体的物质条件(是否存在足够物源？)、坡体结构(是否发育易滑/易崩的坡体结构？)、边界条件(是否发育构成隐患的边界条件？)、汇水条件(是否存在诱发隐患的汇水条件？)与变形迹象(是否发育灾害演化伴生的变形迹象？)等逐项进行对照判断(采用打√或打×的简单方式)。

(3)根据实际核查验证情况与验证标志相吻合程度综合评判，给出确认或排除隐患的结论。对于确认的隐患体，进一步综合评判其灾害类型(滑坡/崩塌)与隐患类型(孕灾体/变形体/灾害体)。

(4)汇总隐患识别成果，填写隐患识别成果表，编制隐患识别分布图。

另外，在现场核查验证过程中需要注意如下事项：

(1)"物源条件"应作为关键指标，采用一票否决的方式进行评判，即物源不存在或不可能构成隐患体本身，则该隐患应直接被排除。

(2)"坡体结构"仅作为加分或减分项参考，不能作为关键指标，但在岩质滑坡隐患的识别中要突出其重要性。

(3)"边界条件"在现场时最难判断，应对可能发生变形破坏运动的临空面、可能发育的崩滑面条件以及可能构成周界的地形地貌与节理构造等予以重点关注，应充分利用无人机宏观调查与地面微观调查相结合的方式。

(4)"汇水条件"虽不是构成隐患体本身的必要条件，但其作为山区滑坡、崩塌等灾害的主要诱因，同样值得关注。调查重点应包括地表水汇集条件与入渗条件。

(5)"变形迹象"不能作为确认或排除隐患的指标，而主要用于评判已确认的隐患类型，即无变形为孕灾体、有变形迹象为变形体、失稳破坏的为灾害体。故现场调查访问过程和综合评判时，一定要严格区分是隐患体自身发育演化导致的变形还是诸如房屋结构老化或缺陷造成的变形。

2.4.5 典型多植被山区隐患识别应用

2.4.5.1 工作区概况

三峡库区秭归向斜盆地与百福坪-流来观背斜复合区域(图2.46),距三峡大坝上游最近,仅30km,属扬子准地台上扬子台褶带鄂中褶断区秭归台褶束的主体(王治华等,2003),为强烈切割的构造侵蚀中低山区。区域内发育一套由侏罗系—三叠系砂岩、泥岩软硬相间互层组合构成的内陆湖相碎屑岩沉积地层("红层"),长江自西向东穿过,且伴有香溪河、童庄河、吒溪河、泄滩河、青干河等多条支流汇入,涉及秭归县归州镇、水田坝乡、泄滩乡、沙镇溪镇、梅家河乡、郭家坝镇等,面积731km²。构造强烈、地层易滑、水库蓄水、降雨丰沛、植被发育,加之修路、建房、切坡等人类活动强烈,使该区域成为三峡库区乃至全国地质灾害易发、高发区。

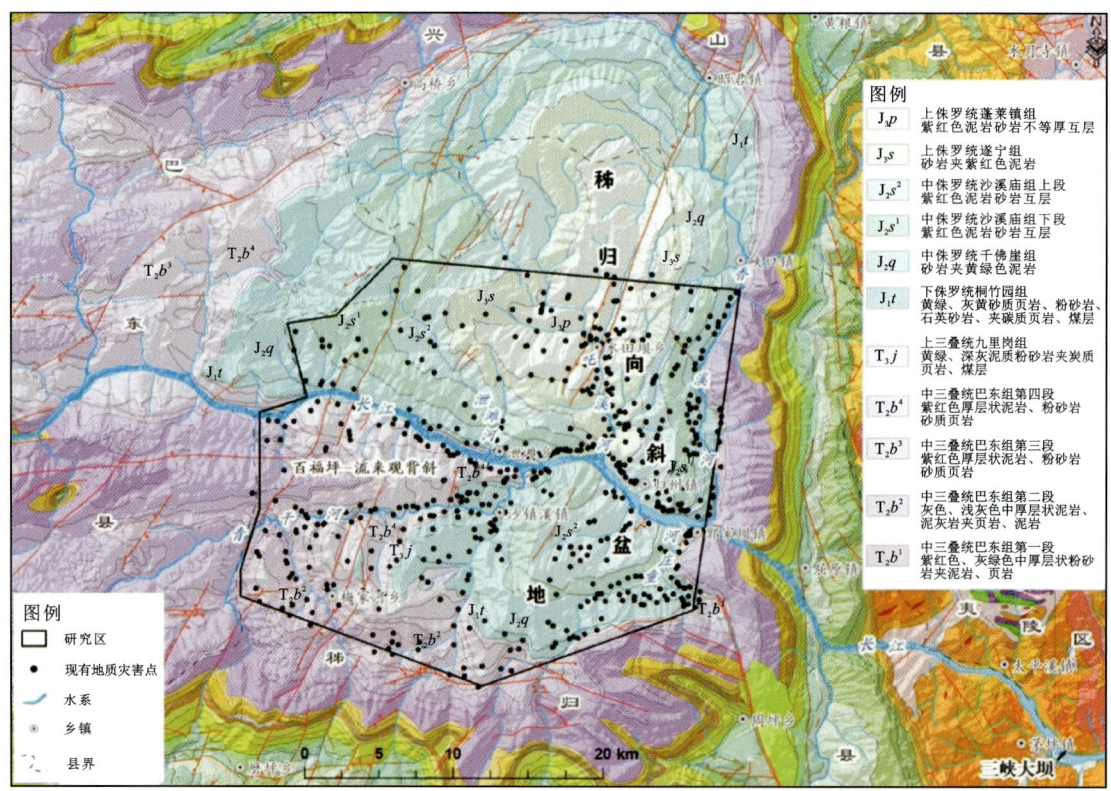

图2.46 三峡库首秭归向斜盆地区域地质概况及现有地质灾害分布图

区内现有地质灾害568处,其中土质滑坡487处、岩质滑坡19处、崩塌62处。虽然区内地质灾害防治工作历来受到高度重视并取得了突出成效,但受极端降雨频发、人类建设活动加剧等因素的影响,仍不断有大到顺层岩质滑坡、小到公路边坡崩塌等新生隐患发育,因此在区内开展隐患识别仍然极有必要。

2.4.5.2 区域地质灾害隐患识别

1. 主要承灾对象与重点靶区的确定

针对重要山区承灾对象,基于高分光学卫星影像的遥感解译,结果结合资料收集补充、现场调查等,识别并划定出工作区主要承灾对象,包括:6处集镇;长江及5条一级支流;含在建高速公路、国道、省道、其他县级-村级硬化公路在内的交通道路共2596km;村民房屋38 299栋。同时,以地质灾害风险评价区划为基础,结合现有地质灾害空间发育分布与孕灾环境条件空间组合,识别并划定出4处重点靶区,共计130.23km²。主要承灾对象及重点靶区分布见图2.47。

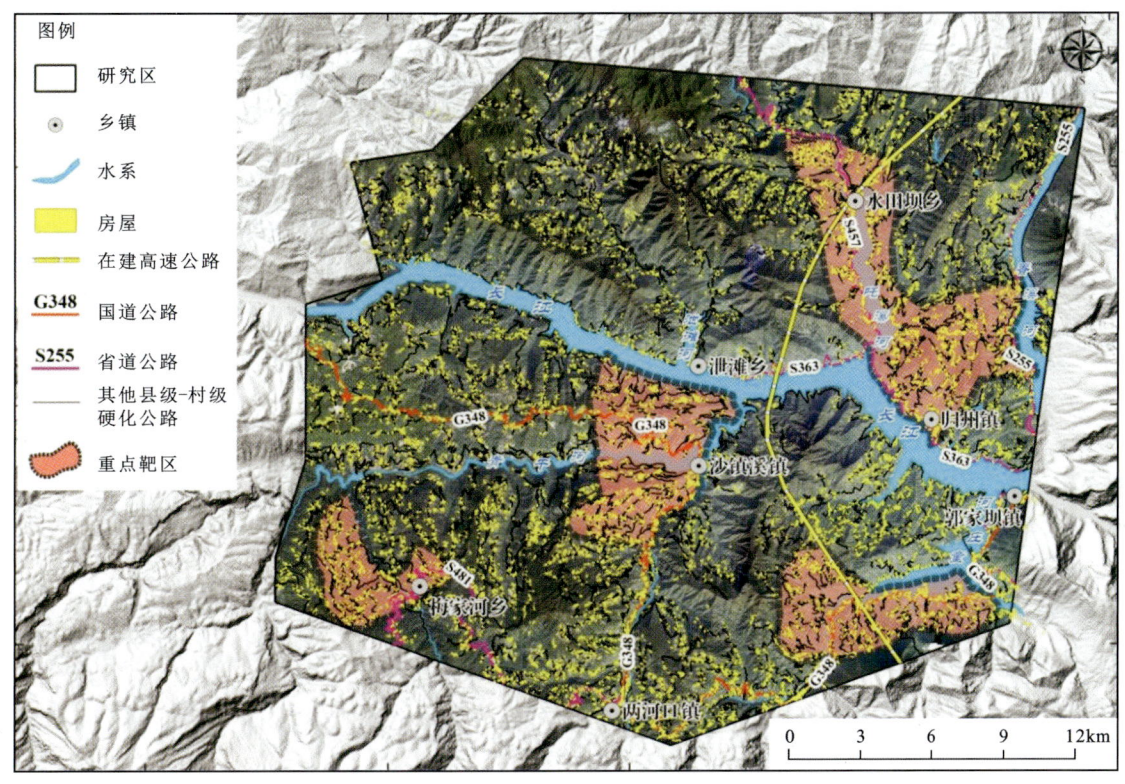

图 2.47　工作区内主要承灾对象及重点靶区分布

2. InSAR 形变探测识别

采用2020年7月11日至2021年10月10日的ALOS-2与哨兵-1号升轨雷达卫星数据,通过InSAR综合分析、筛选并圈定38处疑似形变区。针对疑似形变区,一方面进一步结合光学卫星遥感与无人机遥感开展新增隐患识别,另一方面通过现有地质灾害分布及其稳定性现状调查分析,完成基于InSAR的形变探测与识别验证(图2.48)。结果表明,38处疑似形变区中,正判28处、误判10处,正判率为73.7%。

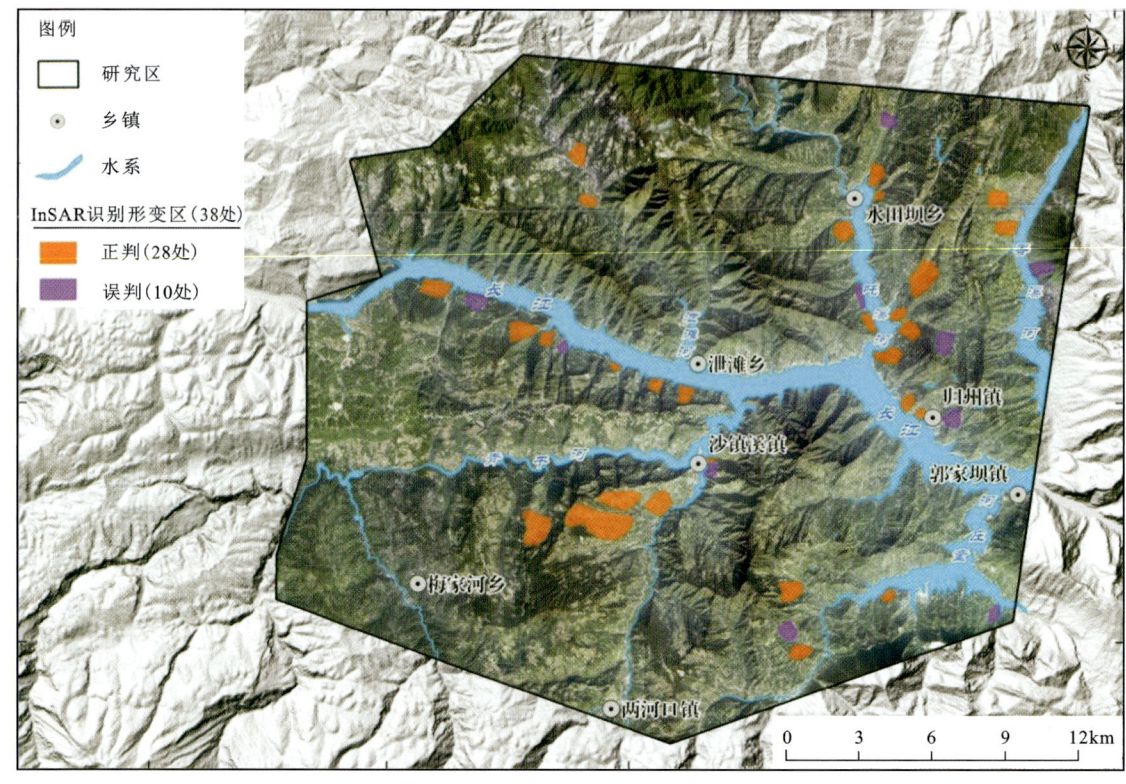

图 2.48　InSAR 形变探测结果分布图

3. 光学卫星遥感结合无人机摄影测量识别

1）重大风险区的无人机摄影测量

在重点靶区内进一步遴选出人员集中分布的集镇、居民点、长大顺向斜坡、软硬相间的高陡岩质边坡、大型堆积体等重大风险区。

针对重大风险区,采用无人机、LiDAR 等空基遥感技术手段,完成 96.2km² 的摄影测量作业。再通过室内处理,得到空间分辨率在 14cm 以内的 DOM、DSM 与实景三维模型等无人机精细遥感成果。

2）2.5D 融合 3D 实景的综合遥感解译环境搭建

基于奥维等卫星地图浏览器,以内嵌的 30m 分辨率 ASTER GDEM 数字高程模型叠加天地图等影像构成的 2.5D 数字地球平台为基础,进一步通过加载无人机正射影像与实景三维模型等,搭建起兼顾广域宏观与重点精细的 2.5D 融合 3D 实景综合遥感解译环境(图 2.49)。

3）室内综合遥感识别与圈定

针对整个工作区,以主要承灾对象为中心、以其四周或沿线区域加上 28 处 InSAR 形变区为重点,综合采用单期遥感静态特征解译、多期遥感地表覆盖变化解译等方法,以室内遥感解译标志为依据,实现基于光学卫星遥感的全域隐患室内快速扫面识别与圈定。

图 2.49　兼顾广域宏观与重点精细的 2.5D 融合 3D 实景综合遥感解译环境

在此基础上,针对重大风险区,进一步借助高分光学卫星遥感、无人机实景三维等成果,仍然采用"以重要承灾对象为中心、以其四周或沿线为重点,同时兼顾全区"的做法,补充、修正和完善识别结果,实现重点靶区隐患的室内精细遥感识别与圈定。

通过上述综合遥感识别方法,最终室内圈定疑似隐患共计 142 处。

4. 现场核查验证

针对 142 处室内遥感识别圈定的疑似隐患,进行现场核查验证,最终确认全域内识别隐患 123 处(识别正确率 86.6%),其中重点靶区内 78 处(图 2.50)。按灾害类型划分,123 处隐患中土质滑坡、岩质滑坡、崩塌隐患分别为 40 处(占 32.5%)、8 处(占 6.5%)、75 处(占 61.0%),其中崩塌隐患最多,其次为土质滑坡隐患,岩质滑坡隐患相对较少。按隐患类型划分,123 处隐患中孕灾体、变形体、灾害体分别为 44 处(占 35.8%)、60 处(占 48.8%)、19 处(占 15.4%),其中变形体数量最多,孕灾体次之,灾害体最少。按规模划分,123 处隐患中小型、中型、大型隐患分别为 74 处(占 60.2%)、38 处(占 30.9%)、11 处(占 8.9%),其中小型最多(最小规模仅 60 m^3),中型次之,大型相对最少(最大规模达 $625 \times 10^4 m^3$)。

2.4.5.3　典型地质灾害隐患体识别

在区域隐患识别结果中,新识别出的秭归沙镇溪镇椅子圈隐患体规模大,威胁对象多,风险大,其识别过程具有典型代表性,以下简述之。

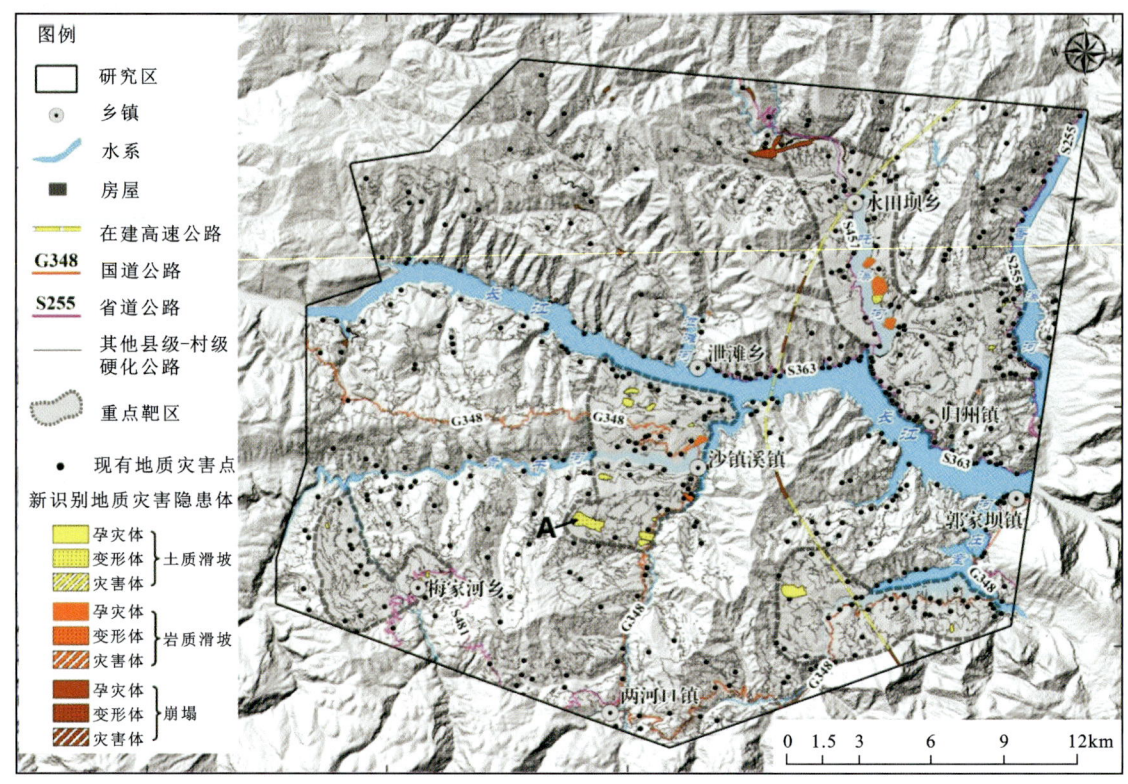

图 2.50 研究区隐患识别成果图

1. 主要承灾对象识别

该隐患所在区域为顺层易滑长大斜坡,斜坡上早期进行了较大规模的采煤活动。斜坡周边先后发生过顺层滑坡,目前正在开展专业监测预警。无论从孕灾环境条件、现有地质灾害发育情况还是风险评估来看,该区域均被圈定为重点识别靶区(图 2.51)。

从主要承灾对象来看[图 2.51(a)],该斜坡上广泛分布众多居民点,有的集中分布,有的分散,据不完全统计超过 300 户 1000 人。此外,承灾对象还包括国道交通干线及大量村级公路、农田、柑橘林等,威胁资产超过 1.3 亿元。

2. InSAR 形变探测识别

通过 InSAR 分析,再结合核密度与空间聚类处理,发现滑坡所在斜坡中上部区域存在 10～30mm 的年平均变形值,而且成片、连续性较好。据此,结合地形地貌、地质背景等圈定出疑似形变区[图 2.51(b)],作为室内综合遥感识别圈定的重点区。

3. 室内光学卫星遥感识别

针对 InSAR 圈定的重点区,利用现势性较好的天地图,叠加 30m ASTER GDEM 搭建

2 调查评价 夯实基础

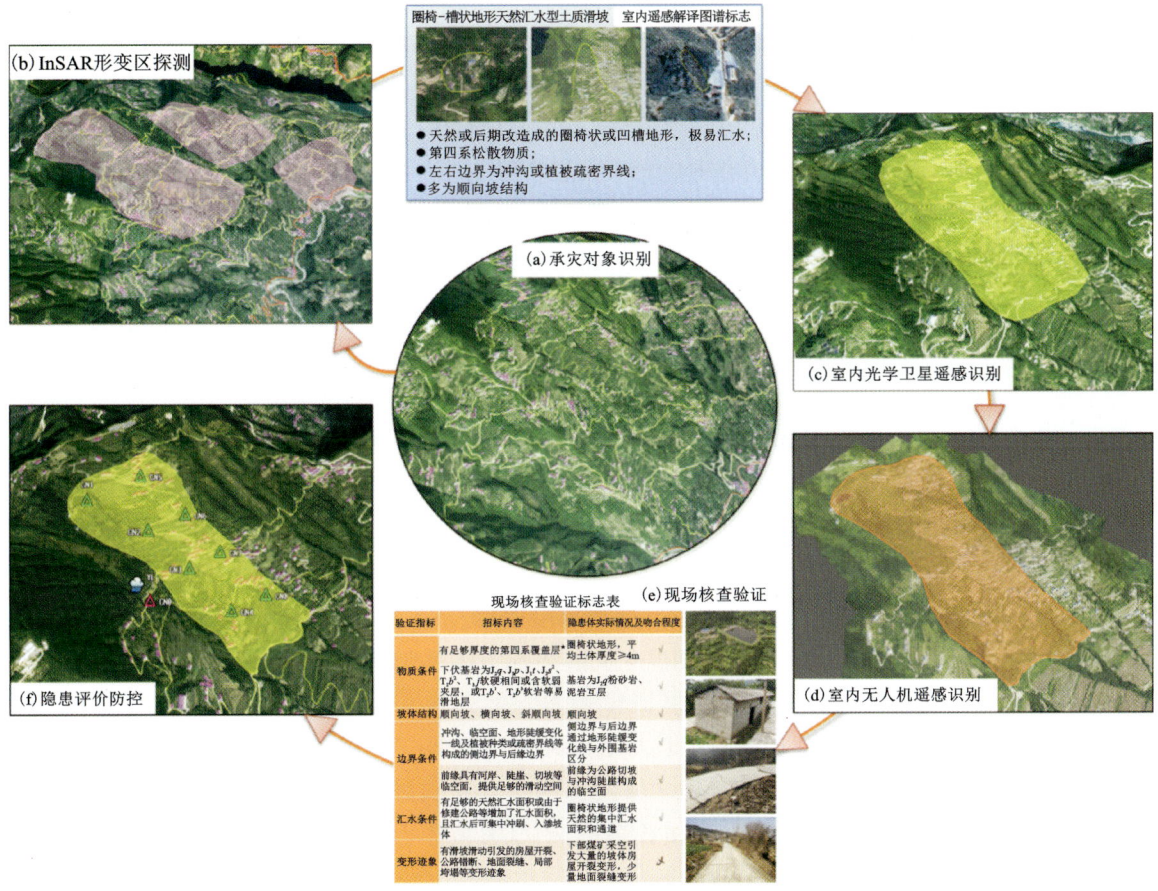

图 2.51 典型隐患综合识别过程及成果图

的 2.5D 遥感解译环境,依据室内遥感解译图谱标志进行比对识别,发现该区域与"圈椅-槽状地形天然汇水型土质滑坡"标志吻合,具体包括:典型的圈椅状地形,极易汇水;地表覆盖第四系松散物质,村民在其上种植农作物和柑橘,具有滑动物质来源;左右边界明显,以冲沟或地形陡缓转换一线为界,外侧地形较陡,为高大林木覆盖的基岩区;典型的顺向坡结构,基岩为中侏罗统互层砂泥岩构成的易滑地层。根据该标志比对结果,在重点区基础上对潜在疑似隐患边界进行了调整[图 2.51(c)]。

4. 室内无人机遥感识别

为更加精细化地识别与圈定该隐患体,对整个斜坡重点区开展了无人机摄影测量作业。采用具备全球导航卫星系统实时动态定位(global navigation satellite system real-time kinematic,GNSS-RTK)功能的小型无人机,通过仿地飞行 120m 的高度进行影像采集,经过室内建模得到了 3.8cm 空间分辨率的数字正射影像、数字表面模型与三维实景模型,从而更加精确地圈定了疑似隐患体的范围和边界[图 2.51(d)]。

5. 现场核查验证

针对室内遥感解译识别圈定的疑似隐患,通过现场调查访问与经验研判进行了核查验证。先是依据现场核查验证标志表,对物质条件、坡体结构、边界条件、汇水条件与变形迹象逐一进行核对评判[图2.51(e)],结果表明,物质条件、坡体结构、边界条件、汇水条件完全吻合,变形迹象部分吻合(现场发现大部分房屋裂缝以地面沉降变形为主,少部分呈滑坡滑动变形特征),即吻合度达到90%。综合以上信息,最终确认了该隐患体的存在,并根据新近变形迹象,将该隐患体进一步划分为土质滑坡变形体。

6. 隐患评价防控

将最终圈定确认的隐患体命名为椅子圈隐患体。该隐患体平均纵长1250m,平均横宽500m,滑体厚度4~20m,平均厚10m,面积$62.5×10^4 m^2$,体积约$625×10^4 m^3$,属于大型土质滑坡。该隐患体直接威胁对象包括103户280余人、3km村级公路以及大量耕地与柑橘林地。

根据椅子圈隐患体活动性与危害性,将其风险等级划分为高风险。考虑到该隐患体的基本特征与变形特征,将其纳入地质灾害专业监测预警体系加以管控。具体监测手段包括:针对整个隐患体进行InSAR与无人机摄影测量,由8个位移监测点构成两纵四横自动GNSS地表位移监测网,以及自动降雨量与宏观地质巡查等[图2.51(f)]。

综上所述,该套针对宜昌山区地质灾害隐患的综合识别技术方法,基于"以人为中心"的防灾理念,将地质灾害隐患识别由"直接找隐患"的以灾害体为中心的思路转换为"先找重要承灾对象、再从周边找隐患"的以承灾体为中心的思路,进而构建了"围绕一个中心(以承灾对象为中心)、覆盖两个尺度(县或乡镇广域尺度—集镇斜坡单元尺度)、基于三个层次(天—空—地)、采用四套方法(InSAR形变区探测—光学卫星遥感识别—无人机摄影测量识别—现场核查验证)"的完整体系。

通过试点应用效果来看,该套技术方法体系不再以传统的InSAR形变分析作为唯一的识别技术方法,真正采用了天-空-地综合遥感协同方法,实现了对不同空间尺度下具有不同规模(从几十立方米到上亿立方米)和处于不同发展阶段(孕灾体、变形体、灾害体)的崩塌、滑坡等主要山区地质灾害隐患的全面识别,不仅克服了InSAR只能识别变形体的缺陷,而且将识别正确率从70%以下提升到85%以上,可以为推进防控方式由"隐患点防控"向"隐患点+风险区双控"转变提供重要技术支撑。

3 监测预警 精准防控

"四位一体"就是乡(镇)、村、自然资源所、专业技术队伍(如地质环境监测保护站)"四位",按照各自职责协同开展地质灾害监测预警工作。"网格管理"就是通过划定网格、落实人员、明确职责和任务,实施分片包干、重心下沉的扁平化管理。网格划分以乡(镇、街办)为区域,以行政村(居委会)行政边界为网格。每个网格由网格责任人、网格管理员、网格协管员、网格专管员等共同管理,分工承担网格内地质灾害群测群防监测预警的各项事务。地质灾害"四位一体、网格化管理"构成简要示意图如图3.23所示。

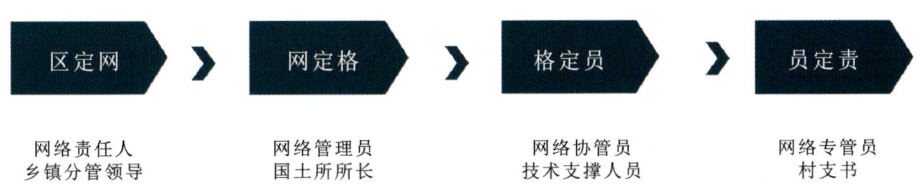

图 3.23 地质灾害"四位一体、网格化管理"构成简要示意图

截至2023年底,宜昌市14个县(市、区)均严格落实"四位一体、网格化管理"措施,共划分"四位一体"网格1545个(图3.24),落实网格化管理人员(包括乡镇分管领导、自然资源所所长、村干部和技术协管人员)和群测群防监测员共计3316人,其中群测群防员2314人。全市在册2870处地质灾害隐患点全部纳入"四位一体、网格化管理",每个隐患点均落实应急预案表和"两表一标牌"。

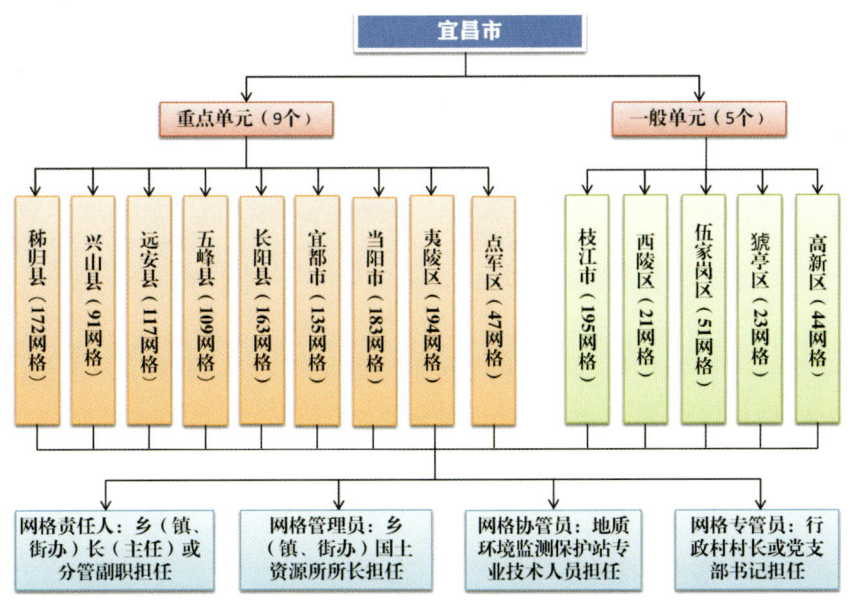

图 3.24 宜昌市地质灾害"四位一体、网格化管理"体系构成图

严格执行汛期"三查"、年度新增隐患点排查和3年更新全面核查等巡排查制度。2018—2023年期间,全市自然资源系统累计出动人员超过2.4万余人次,巡查、核查、排查各

类地质灾害隐患超过1.8万余点次,排危除险超过388处,极大地保障了人民群众的生命财产安全。

开展汛前排查、汛中巡查、汛后核查等汛期"三查"工作是群测群防员的重要职责。为充分调动参与积极性、有效保障工作条件,在地质灾害综合防治体系建设中安排专项经费,按每年每个监测点不少于1500元的标准落实补助经费,同时配备包括警示反光背心、雨衣、雨鞋、雨伞、背包、手电筒、5m钢卷尺、记录本和笔、手持报警器、警戒卷带等"十件套"装备,以满足群测群防工作所需。"四位一体、网格化管理"模式下的地质灾害群测群防实施情况见图3.25。

(a)群测群防员开展简易监测

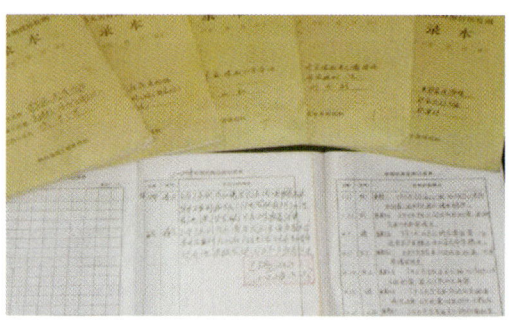
(b)群测群防监测记录

(c)配备给群测群防监测员的巡排查"十件套"装备发放

图3.25 "四位一体、网格化管理"模式下的地质灾害群测群防实施情况

"四位一体、网格化管理"是群测群防监测预警的升级版,是由"群测群防"向"群专结合"模式转变的重要途径,凸显了"以人为本、以防为主"的地质灾害防治指导思想,是"从注重灾后救助向注重灾前预防转变,从减少灾害损失向减轻灾害风险转变"的重要保障。

2. 体系强化:技术支撑,群专结合

近年来,在"四位一体、网格化管理"的基础上,宜昌市持续提升基层地质灾害监测预警能力。具体措施包括:一是强化技术协管单位分县驻守,提供技术支撑;二是以群测群防为基础,加大技防投入,实现转群结合;三是强化部门联动,将水利、交通、通信、民政、公安等相关部门全部纳入,围绕网格化管理目标,各司其职,承担相应的地质灾害监测预警职能,形成区域联防联管的工作机制;四是提高气象地质灾害风险预警精度,预警预报产品精准到乡镇,实现预警信息相应闭环;五是搭建了宜昌市地质灾害监测预警平台,突出了网格化管理的抓力、"四位一体"的合力、区域联防的助力、绩效考核的动力。

3. 工作实效

(1)责任主体得到强化。网格化管理将地质灾害防治主体责任压实到县(市、区)和乡镇分管负责人,打通地质灾害防治"最后一公里",实现责任主体网格化,责任关系明晰化,真正做到有人负责、有能力负责。

(2)防治责任明确清晰。各县(市、区)一张网,乡(镇)为管理单元,村为防治网格,落实县乡村、县自然资源部门、乡(镇)自然资源所、监测员双向目标责任制,建立由政府主体责任、自然资源部门履行职能责任、技术单位履行支撑责任、基层履行巡查责任的网格责任体系。

(3)技术支撑作用凸显。充分发挥专业部门的技术支撑作用,形成了市地质环境监测站负责全市技术指导和监督考核、各技术单位按责任区域各负其责的技术支撑体系,形成有效衔接,实现地质灾害"早发现、早报告、早处置"。

(4)实现"一张图防灾,一个平台管理"。整合"专网+互联网+网格化"数据,双网融合,管理对象"底数清、情况明",地质灾害隐患险情上报、预警、处置高效准确快捷,网格信息由"分散"向"综合"转变,网格工作由"单一"向"协同"转变,地质灾害速报信息由"及时"向"实时"转变。

3.2　专业监测是方向

3.2.1　专业监测历程

我国地质灾害专业监测预警工作始于20世纪70年代。1977年,湖北省西陵峡岩崩调查工作处(2004年整体并入三峡大学)开始在湖北省秭归县内的特大型新滩滑坡上进行专业监测,1985年6月10日,通过多年的监测分析和经验,该监测系统发出红色预警信息。在专业人员的建议下,当地政府在滑坡大规模滑动之前转移了居住在滑坡体上的群众,避免了1300余人伤亡,长江上10余艘客货轮也得到通知及时避险。新滩滑坡的成功预报是我国首个地质灾害专业监测成功预报案例,播种下了一颗地质灾害是可以监测预报的"信心种子"(叶润青等,2024)。

1998—2000年,国土资源部先后启动了"三峡库区地质灾害监测工程试验示范区研究""长江三峡地质灾害监测与预报"2个专项计划,以三峡库区常见的降雨型滑坡、水库型滑坡为主要研究对象,开展监测预警新技术、新方法的试验与应用,并在链子崖、黄腊石、黄土坡等重大地质灾害点进行了综合监测示范,攻克了一系列地质灾害监测预警难题,研制出了多种地质灾害专业监测仪器,并成功将GPS定位测量仪器应用于地质灾害监测,实现了崩塌、滑坡位移时间预报的突破,为三峡库区开展区域性地质灾害规模性监测预警奠定了基础。

2001年,我国启动实施三峡库区地质灾害规模性集中防治,地质灾害专业监测预警工程是其中一项重要工作;2003年,初步建立了三峡库区地质灾害监测预警体系并投入运行,成为我国首个开展区域性地质灾害监测预警体系化建设和运行的地区;2007年对地质灾害监测预警体系进行了补充建设,库区范围内已知地质灾害隐患点群测群防监测实现了全覆盖;2016年,又对地质灾害监测预警体系进行了优化升级,建立了专业监测自动化和群测群防网格化的监测预警体系;2018年以来,以大规模推广普适型监测为特点的群专结合监测预警体系开始构建,逐步形成了多级专业监测体系。

综上所述,宜昌三峡库区地质灾害监测预警工作划分为5个阶段(表3.1)。总体上,2001年以前为地质灾害监测预警试验研究阶段,主要开展斜坡地质灾害监测技术方法的试验应用和监测仪器研发,包括首次将GPS应用于山区斜坡地质灾害监测;2001年以后为区域性、规模性监测运行阶段,通过二期、三期和后续规划监测预警工程建设,建立和完善了三峡库区地质灾害监测预警体系;2020年后,开始普适型监测预警试验,逐步构建多级专业监测预警体系,更加全面地掌握地质灾害发展的演化过程。

表3.1 三峡库区地质灾害监测预警阶段划分(叶润青等,2024)

分期	时间	阶段	建设内容	主要特点
前期	2001年以前	监测技术方法试验研究	监测预警试验研究,建立典型地质灾害立体综合监测网	监测新技术新方法试验和应用研究
二期	2003年建设	监测预警网络初步建立	建立133处重大地质灾害专业监测网(其中宜昌市25处)	初步建立了地质灾害监测预警网络体系
三期	2007年建设	监测预警网络扩充完善	在二期基础上补充建设122处重大地质灾害专业监测网,群测群防(其中宜昌市27处)	实现了地质灾害监测预警全覆盖
后续规划	2016年建设	监测预警网络调整优化	改造建立189处地质灾害专业监测网,群测群防(其中宜昌市51处)	实现了地质灾害专业监测自动化和群测群防网格化
后续规划延续	2020年以后	普适型监测预警实验	普适型预警实验建立集一级重点专业监测、二级一般专业监测、三级普适型监测的多级专业监测测体系	普适型监测实验,群专结合监测预警体系

3.2.2 专业监测方法

地质灾害专业监测方法主要有GNSS地表位移监测、相对位移监测、钻孔倾斜监测、地下水位监测、滑坡推力监测以及地质宏观巡查等。

1. 地表绝对位移监测

1）人工监测

人工监测是运用 GNSS 接收机监测崩滑体的绝对位移量，具有量程大、受地形通视和气象条件影响小、精度高、数据可靠、技术成熟等优势（图 3.26）。各监测点数据处理后解译为崩滑体的地表绝对位移量、位移方向、位移速率等。

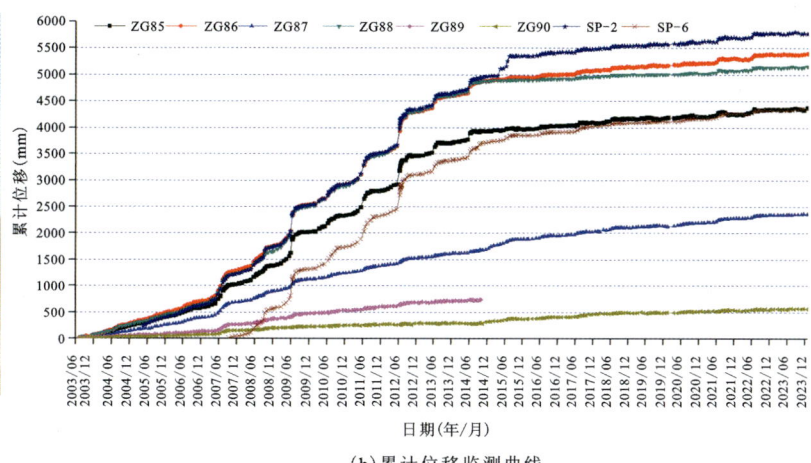

(a) 监测墩及接收机　　　　　　　　　(b) 累计位移监测曲线

图 3.26　人工 GNSS 地表位移监测

2）自动监测

2012 年 6 月，秭归县树坪滑坡人工监测点附近建立自动监测点，这是首次在三峡库区开展的全自动实时监测，监测设备包括永久性水泥基墩和风光一体化供电设备（含立杆、风机、太阳能电池、储能及转换设备、基座及接地体、避雷针等）[图 3.27（a）]。三峡库区后续规划阶段地质灾害防治工程中，自动 GNSS 地表位移监测开始被广泛应用。以秭归县为例，就新建了 27 套自动化地表位移监测设备。自动监测很好地弥补了人工监测频率不足的缺陷[图 3.27（b）]。

2. 地表相对位移监测

地表相对位移监测早期是在崩滑体表面变形严重的主要裂缝两侧固定监测桩，然后用钢尺定时量测其变化情况的方法，目前主要采用自动裂缝计[图 3.28（a）]实现对崩滑体地表主控裂缝相对位移监测数据的实时采集和传输[图 3.28（b）]。

3. 钻孔倾斜监测

钻孔倾斜监测是用倾斜仪每隔一定时间逐段测量坡体上垂直钻孔的斜率变化，计算获得坡体内任意深度岩土层的错动变形，从而判断滑坡的滑面（或软弱带）位置、滑体厚度与变形速率等的方法[图 3.29（a）（b）]。监测数据处理后获得的监测曲线可以解译崩滑体内各岩

(a)监测设备

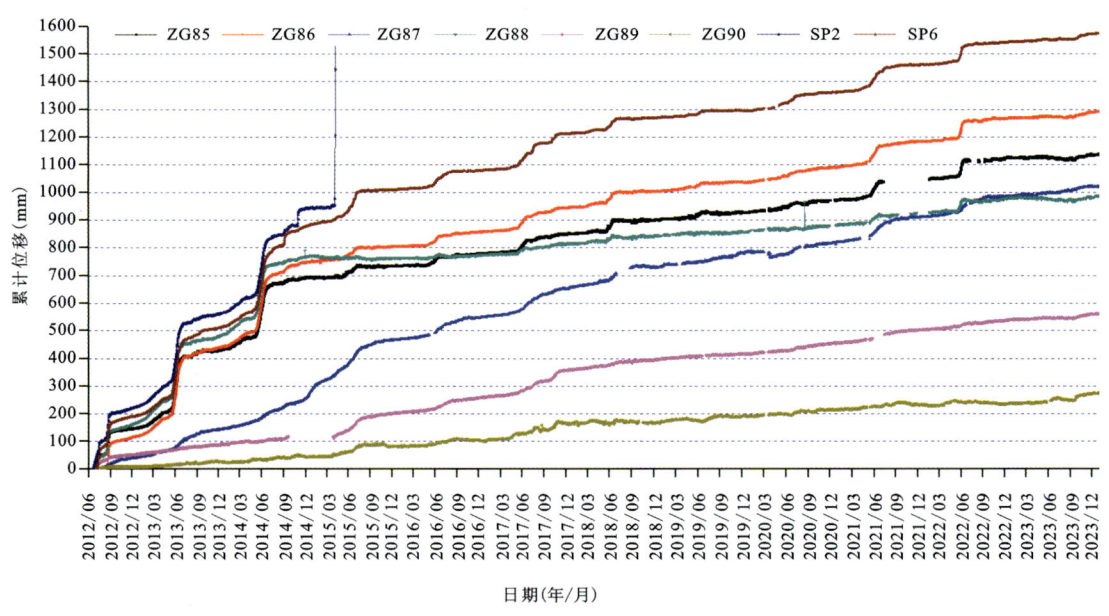

(b)累计位移监测曲线

图3.27 自动GNSS地表累计位移监测曲线

土层相对位移的空间分布和变形规律,是判断滑带、分析规模、掌握内部变形特征的重要依据。随着监测技术的发展,目前钻孔倾斜也实现了自动化监测[图3.29(c)(d)]。

3 监测预警 精准防控

(a)自动裂缝计   (b)监测曲线

图 3.28   自动地表裂缝监测

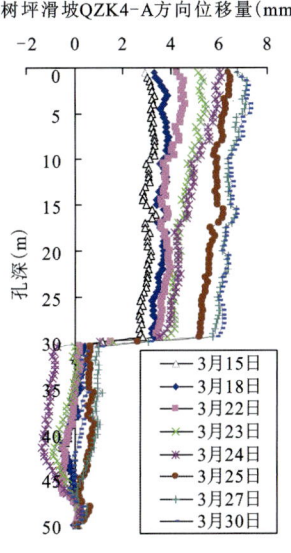

(a)人工监测设备   (b)人工测斜曲线

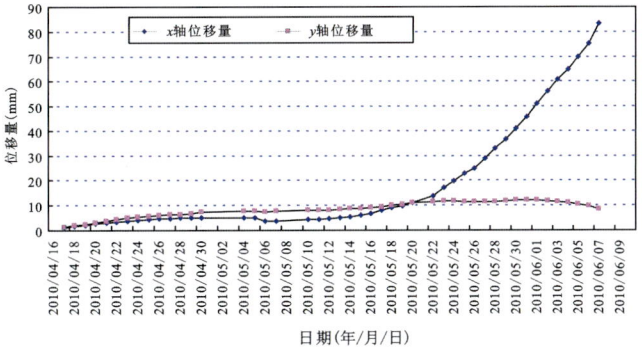

(c)自动监测设备   (d)自动监测曲线

图 3.29   钻孔倾斜监测

4. 地下水位监测

地下水位监测采用自动监测仪对滑坡体内部的地下水进行长期连续的自动监测,以了解地下水水位、水温等的动态变化,并通过分析监测数据掌握滑坡区的地下水位变化特征和规律,尤其是降雨、库水位升降等对地下水的影响过程,进而揭示滑坡变形的成因机理等(图3.30)。

(a)自动监测设备

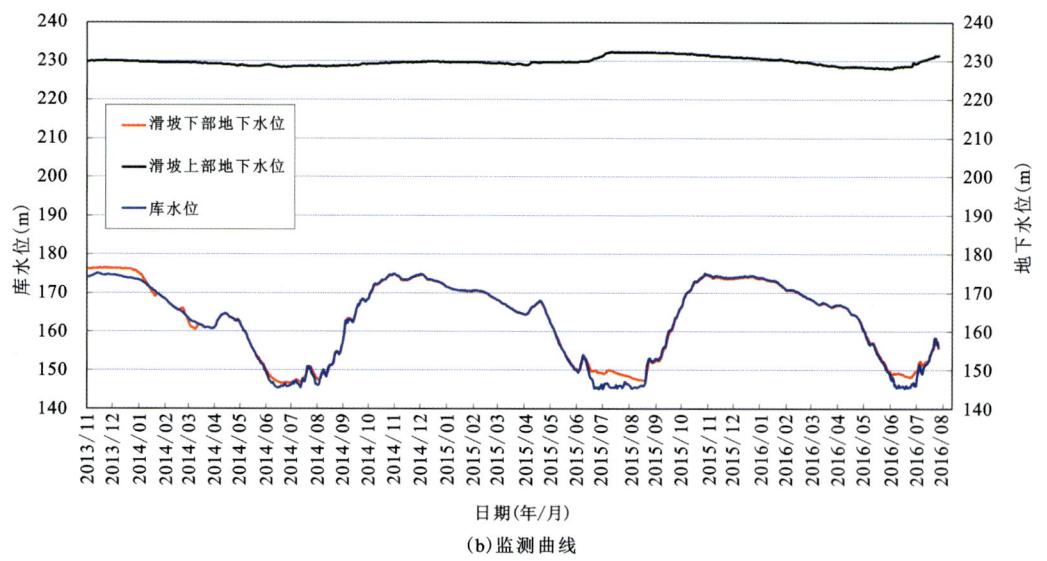

(b)监测曲线

图3.30 地下水位监测

3.2.3 监测预警信息系统

监测预警信息系统是以应用信息技术为主要手段,通过多种网络及通信方式传递专业监测、群测群防和预警指挥的信息,以分布式数据采集(地理、环境地质、灾害调查、监测预谭家湾滑坡变形主要受降雨影响,自 2006 年 10 月监测以来,谭家湾滑坡分别于 2014 年 9 月、2017 年 10 月、2018 年 6 月、2020 年 6 月、2021 年 6 月发出过预警信息,每逢强降雨和持续性降雨,滑坡变形加剧,累计位移-时间曲线呈现不同程度的阶跃式抬升(图 3.45)。

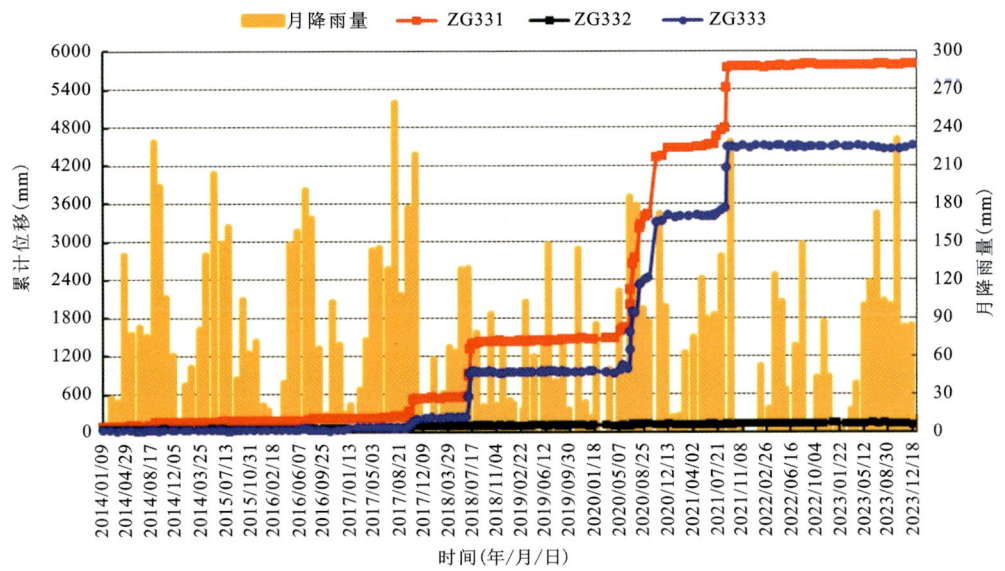

图 3.45 谭家湾滑坡 GPS 监测点累计位移-降雨量-时间曲线图

2020 年 6 月,受汛期连续降雨(6 月 8—22 日累计降雨量达 106mm)影响,滑坡地表出现明显变形,累计位移曲线产生"阶跃"(图 3.46),变形速率从 6 月 20 日的 2.91mm/d 不断加速,至 6 月 22 日 17:00 增至 42.41mm/d,自动监测设备发出预警信息。

接到预警信息后,专业监测技术人员第一时间与现场群测群防监测员取得联系,群测群防员立即巡查确认现场变形情况并反馈。专业监测单位第一时间将相关情况上报给宜昌市地质环境监测站和秭归县自然资源和规划局。

2020 年 6 月 23 日,专业监测单位派遣技术人员迅速到达并驻守现场,并联合秭归县自然资源和规划局管理人员对滑坡变形情况再次开展详细地面调查和综合研判。在此过程中,滑坡变形速率仍不断加快,至 6 月 25 日 14:00 已达 186.98mm/d。

翌日,专业监测单位对人工地表位移监测点实施加密监测,并于当晚就滑坡变形情况和处理建议向秭归县自然资源和规划局进行汇报,连夜与滑坡所在乡镇党政领导班子就滑坡应急处理措施进行会商谈论。

6 月 27 日,全市遭受 20 年一遇强降雨,专业监测单位会同乡镇工作人员加强现场宏观巡查,以确保紧密跟踪和实时掌握滑坡变形过程和发展态势。6 月 28 日,秭归县委书记带领相关部门负责人和技术专家对滑坡再次进行了详细的现场调查,并对滑坡变形情况、发展趋势以及应急处置措施等进行全面会商研判,根据会商结果决定成立应急指挥部,划出警戒区、增设警戒线,警示过往车辆行人,并立即对滑坡危险区内的 8 户 20 人进行搬迁(图 3.47),保证了人民群众生命财产安全。

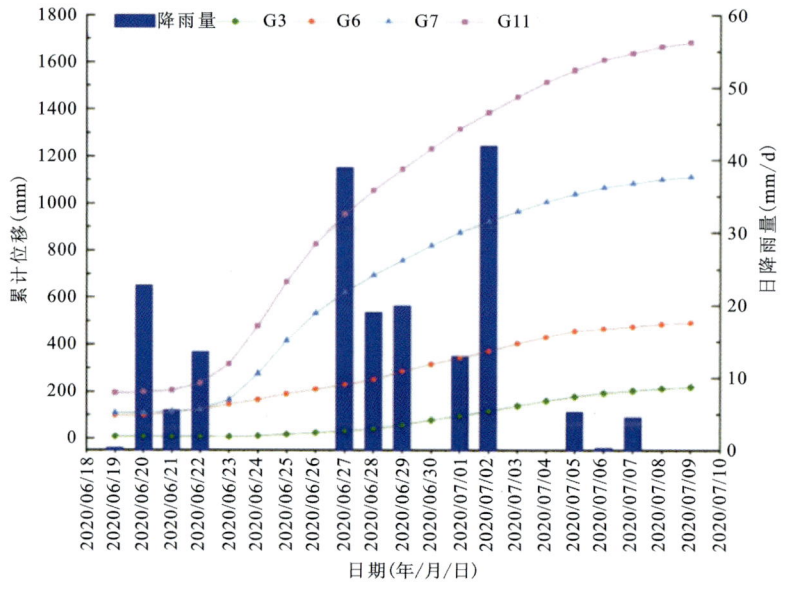

图3.46 谭家湾典型自动监测点累计位移监测曲线(2020年6月18日至7月10日)

(a)搬迁前　　　　　　　　　　　　　(b)搬迁后

图3.47 谭家湾滑坡危险区内村民搬迁前后照片

依靠长期持续以及实时自动化的专业监测预警,在谭家湾滑坡出现明显变形破坏的整个过程中,无论是专业技术人员、地质灾害管理人员,还是当地政府决策人员等,都能够实时动态、有条不紊地密切监视跟踪滑坡变形情况,从而全面综合分析研判和动态预测滑坡变形发展,并适时做出准确、科学的处置决策。

3.2.5.5 人才培养

"十三五"以来,宜昌市累计组织地质灾害防治工作技术交流研讨100余场次,各类技术人员发表专业论文近300篇(其中SCI/EI论文70余篇),申请获批专利25项,出版专著5部,支撑三峡大学培养研究生近100名。

2019年2月,湖北长江三峡滑坡国家野外科学观测研究站获"宜昌发展贡献奖"。2023年4月,三峡大学地质灾害监测预警团队获评"宜昌市科技创新突出贡献创新团队"。

3.3 群专结合强保障

2018年以来,宜昌市秉承"人民至上"的理念,在总结群测群防和三峡库区专业监测预警体系建设经验的基础上,聚焦"隐患在哪里""地质结构是什么""什么时候发生"等关键问题,先后开展了宜昌市地质灾害气象风险精细化预警、地质灾害群专结合监测预警和空—天—地综合遥感监测技术试点等工作,建立健全了"气象监测＋普适型监测＋遥感监测"的多层次、多类型监测体系,实时采集监测数据、精准预警、量化管理,成立地质灾害防治专家库和地质灾害应急分队,重点县(市、区)和技术单位签订合作协议,确保汛期和重要时间节点专家、技术员能驻守乡镇一线。

截至2023年底,宜昌市已建成"技防＋人防"群专结合监测预警点1492处(图3.48),占全市在册地质灾害隐患点总数的52%,正常接入平台监测设备台数4700余台,逐步建立群测群防向群专结合转变的监测预警体系,织密了"技防＋人防"地质灾害监测网,群专结合精准预警。

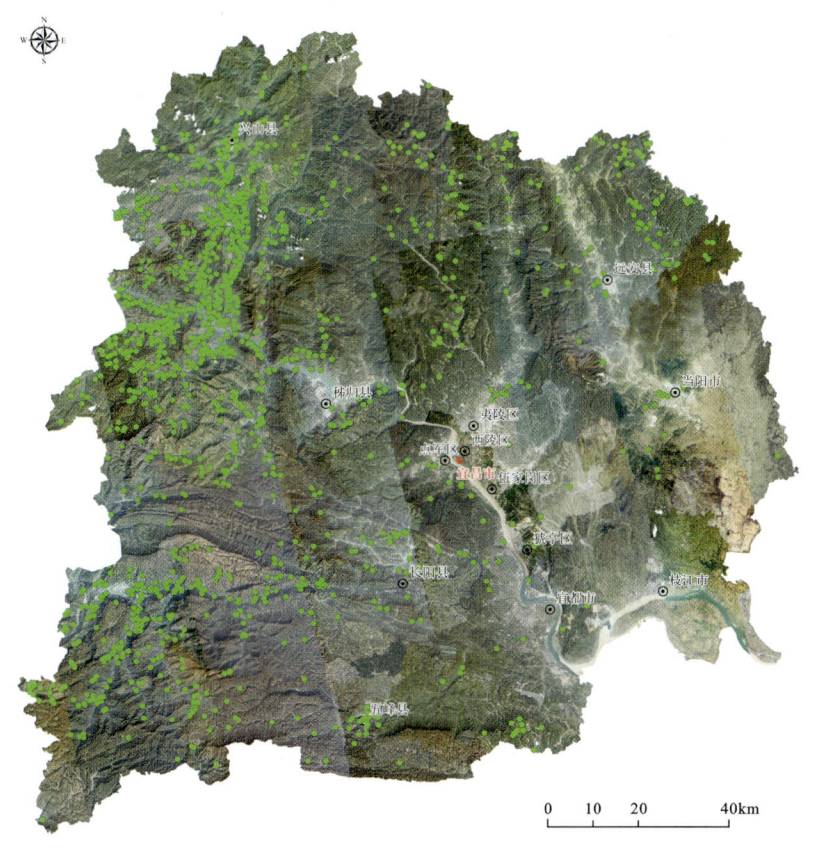

图3.48 宜昌市地质灾害群专结合监测预警点分布(截至2023年底)

监测预警点主要集中在秭归县、兴山县、五峰县、长阳县等地质灾害易发的山区(图 3.49)。已建成监测预警点以滑坡、不稳定斜坡为主,其中滑坡 1240 处,占比 83.11%;不稳定斜坡 158 处,占比 10.59%;其他为崩塌、泥石流和地面塌陷(图 3.50)。

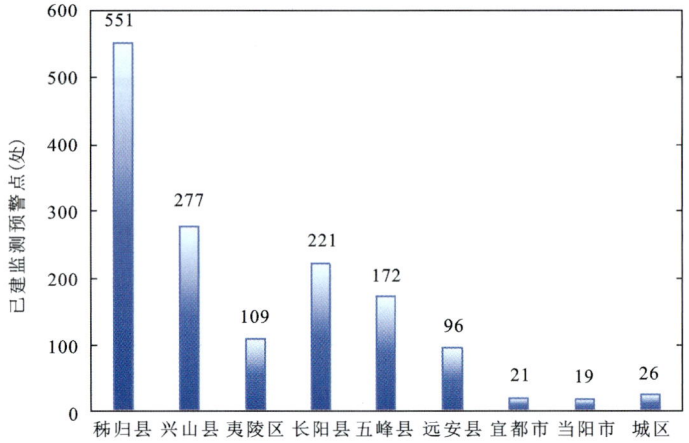

图 3.49 宜昌市各县区已建监测预警点分布

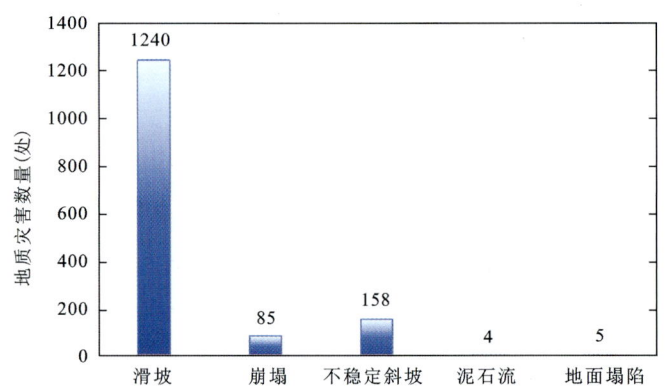

图 3.50 宜昌市已建监测预警点灾害类型

正是因为有了扎实的地质灾害监测预警体系和网格化管理体系支撑,仅 2018—2023 年期间就先后成功监测预警了三峡库区秭归县卡门子湾滑坡、谭家湾滑坡、小岩头滑坡以及夷陵区陈家屋场滑坡、兴山县彭家院子后山崩塌、五峰县堰滩湾滑坡等地质灾害 24 起,不仅避免了灾害可能造成的直接人员伤亡和重大经济损失,更是极大地助力了后期地质灾害综合治理、避险搬迁、国土空间规划、重大工程项目实施以及当地社会经济的高质量发展。

2023 年 12 月 30 日,湖北省自然资源厅下发了《湖北省自然资源厅关于 2023 年度全省地质灾害防治项目绩效评价情况的通报》(鄂自然资函〔2023〕977 号),通知指出,湖北省自然资源厅对 2018—2022 年间中央和省级财政支持的地质灾害防治项目进行了实地绩效考评,宜昌市武陵山片区地质灾害隐患识别与监测预警、2021 年群专结合监测预警点建设、2022 年群专结合监测预警点建设 3 个监测预警项目绩效评价均被评定为优秀,充分肯定了宜昌市地质灾害监测预警项目的成效。

3.3.1 监测模式创新化

3.3.1.1 选点布点科学化

对于拟实施监测预警地质灾害隐患点的遴选问题,宜昌市自然资源部门首先按照"危险性、代表性、可行性"三原则,依据规模、灾情、险情进行排序,优先选择灾情、险情大的隐患点,同时充分征求县(市、区)、乡镇自然资源部门意见,并进行实地调查。实地调查中,根据现有威胁对象、变形情况、稳定性现状、社会影响因素等,优先选择威胁人口多、近期有变形或趋势上可能发生变形、社会影响因素较大,以及威胁对象包括交通道路、厂房等重要工程或基础设施的地质灾害隐患点。

2018年以来,宜昌市先后建成了一级监测点1处,为宜昌市秭归县水田坝乡谭家湾滑坡;二级监测点14处,分别为五峰县傅家堰集镇滑坡和鸭儿坪滑坡(2处)、兴山县堰塘湾至夏家湾滑坡、乱泥湖湾滑坡、炭厂湾滑坡、蒋家淌滑坡(4处)、远安县杨家湾滑坡和万家岩滑坡(2处)、长阳县张家岩崩塌和宝剑山滑坡(2处)、秭归县王家桥滑坡、花椒树湾滑坡、陈家湾滑坡和桑树坪滑坡(4处),群专结合监测点(三级)1477处。

对于一级监测点谭家湾滑坡,首先实施详细的地质勘查,在此基础上开展详细的监测设计,监测内容包括GNSS地表位移监测、深部测斜监测、地下水位监测、雨量计、倾角加速度计、地表水位计、视频监控和声光报警器。

对于二级监测点,基于现场野外调查开展详细的监测设计,监测内容一般包括GNSS地表位移监测、雨量计、裂缝计,对于厚层滑坡可以增加深部测斜监测。

对于三级监测点,根据拟选灾害体的类型及其形态、规模和变形特征,有针对性选择监测技术方法手段和监测仪器设备,科学合理地布设监测网络。

1)监测点布设遵循原则

(1)GNSS地表位移监测。监测点布设在灾害体变形相对明显且视野较为开阔的部位,根据规模一般可布设2~3处,重大灾害点按需布设;基站布设在灾害体外围稳定且视野开阔位置,原则上布设1处。

(2)裂缝计。布设在滑坡体上张裂缝、错坎两端及崩塌的拉张裂缝处,根据滑坡和崩塌规模可布设1~2处。建筑裂缝报警器可布设在滑坡体上建筑物墙体等明显开裂部位,一般布设1~2处。

(3)倾角加速度计:布设在灾害体可能产生突变变形区域,如崩塌危岩块体、建房修路切坡顶部等,按需布置。

(4)泥位计。布设于泥石流的流通区。

(5)雨量计。一般布设在崩滑灾害体的外围稳定区或泥石流物源区。邻近的多个灾害体可共用雨量计数据。

(6)声光报警器。对于影响范围内威胁对象较为集中区域,可安装声光报警器1~2处。

2）监测网布设确定方案

监测网布设一般通过以下两个方面确定。

（1）监测设备种类多，有机组合是关键。聚焦具体的地质灾害体，应根据其类型、监测等级、变形趋势等情况，明确灾害体失稳的控制性要素，有针对性地选取监测要素，进而确定监测设备。对于一级监测点，可采取全要素（位移、应力、诱发因素）多手段综合立体自动监测，对主要网点同时采取多种监测技术手段以相互比较和验证；对于二级监测点，可采取以自动地表位移监测为主、必要的应力与诱发因素自动监测为辅的方式，同样可对部分主要网点同时采取多种监测技术手段进行相互比较和验证；对于三级监测点，宜采用自动地表位移监测，必要时辅以雨量监测或人工监测。

（2）灾害体级别不同，测网布设要科学。监测网的布设应以能够获取灾害体整体变形特征为目标，但不同级别灾害体的监测网布设有较大区别。对于一级监测点，应纵、横各布设至少2条监测剖面，且每条剖面上监测方法不少于2种，一般不少于9个地表位移及应力监测点，且至少保证有5个监测点同时采取2种以上监测方法。对于二级监测点，应纵、横各布设至少1条监测剖面，且至少保证1条剖面上监测方法不少于2种，一般不少于6个地表位移及应力监测点，且至少保证有2个点同时采取2种以上监测方法。对于三级监测点，布设不少于1条监测剖面，以地表位移或裂缝相对位移或两者相结合监测为主，一般不少于2个位移监测点（表3.7）。

表3.7 不同级别的普适型群专结合地质灾害监测点测网布设建议

监测级别	监测剖面及方法数量	测点数量	2种以上方法测点数量
一级	纵、横各不少于2条，每剖面不少于2种监测方法	不少于9个	不少于5个
二级	纵、横各不少于1条，至少1个剖面监测方法不少于2种	不少于6个	不少于2个
三级	不少于1条	不少于2个位移监测点	/

3.3.1.2 隐患管理动态化

地质灾害始终处于孕灾—变形—破坏—稳定的动态发展演化过程中，因此对地质灾害隐患的管理也必须动态化。

（1）对于实施群专结合监测预警的地质灾害隐患点，根据专业技术单位提交的监测预警月报、季报、年报和群测群防监测预警等结论，对于处于持续变形的隐患点，需提升监测预警级别，优化增加监测设施，开展长期监测预警，优化方案经专家论证后实施。

（2）对于突发地质灾害，接到灾（险）情报告后，迅速组织专家或技术支撑单位现场调查、核实和认定，对确定为地质灾害隐患点的纳入防灾管理体系，并根据实际情况开展后续的监测预警或工程治理等。

（3）经专业技术单位现场核查，威胁对象消失或原有地质灾害隐患点灭失，以及已采取综合治理措施彻底消除了成灾风险的隐患点,应进行核销。

(4)为有效保证地质灾害防治数据的动态更新,由县级管理人员实时上报灾(险)情、隐患点防灾等信息,技术人员实时上报调查、排查、气象风险预警研判等信息,群测群防员上报巡查信息。所有上报信息均通过全市地质灾害防治信息平台统一管理更新,各级数据实时共享,满足对隐患点的动态管理。

3.3.1.3 专群联动、联防联控

通过开展专业监测技术人员和群测群防监测人员每年1~2次的联合巡查、每年1~2次的群测群防员巡查业务培训等举措,加强专业监测人员、群测群防员和"四位一体"网格员的横向联系,实现专群联动,提升地质灾害联防联控能力。

3.3.2 监测手段多样化

1. 监测设备从单一到多样

专业监测初期,以地表位移监测为主。随着监测技术的发展,专业监测设备种类逐渐增多。2018年开始,自然资源部统一部署普适型专业监测设备,逐渐形成了10余款可靠性好、集成度高、功耗低、价格适宜并且满足精度要求的监测设备,广泛应用于全市地质灾害监测预警工程。

全市已建成的1492处群专结合监测预警点接入的4700余台套监测设备主要包括GNSS地表监测仪、深部测斜仪、自动雨量计、地表裂缝计、声光报警器、倾角加速度计等(图3.51)。这些设备均通过网络全部接入市地质灾害监测预警系统,真正实现了"实时采集、及时传输、在线分析、智能预警"。

基于近5年来的群专结合监测预警实践,结合不同灾害点的具体特征,对不同厂家、不同类型的监测设备进行了试验性测试和评价,较为系统地总结和提出针对不同类型、不同变形特征灾害的最佳监测设备。

隐患点的地表变形监测推荐采用GNSS设备进行监测,可将倾角加速度等传感器与GNSS合成一体作为补充,预警主要依靠GNSS监测数据,并加强倾角、加速度和GNSS位移信息的相关性分析,逐步提升倾角加速度等有效信息的识别水平。

深部位移监测的钻孔倾斜仪在保证钻孔施工和安装质量的基础上,可采用人工设备和自动设备相结合的方式进行监测,通过多期的人工监测确定深部滑动面的基础上,再进行自动化监测设备的安装。

雨量计和水位计等环境要素的监测设备是进行气象、水位预警与地质灾害风险提醒的主要设备,考虑到山区气象环境的局部差异性,建议统筹布置雨量计等监测设备,并加强监测数据共享。

2. 监测方式从点到点面结合

以GNSS地表位移监测为代表的"点"式监测手段,虽然精度高、可靠性好,但难以获得

(a) GNSS地表监测仪　　　　(b) 深部测斜仪　　　　(c) 自动雨量计

(d) 地表裂缝计　　　　(e) 声光报警器　　　　(f) 倾角加速度计

图 3.51　地质灾害综合防治体系建设中主要普适型专业监测预警设备

滑坡等灾害体表面空间的真实变形场信息。因此，在开展普适性监测预警的同时，还应积极探索遥感"面"式监测新技术和新方法的运用。针对三峡库区、武陵山区、环清江库区等重大隐患区，较为系统地开展了天基（光学卫星＋雷达卫星 InSAR）—空基（无人机摄影测量＋LiDAR）等综合遥感监测技术方法试点与应用（图 3.52），并结合地面 GNSS、深部测斜等监测技术手段，初步构建起适于鄂西多植被山区复杂环境条件下地质灾害隐患的"天-空-地-内"一体化、多方法、分层次、多尺度的多源立体监测体系。

3. 三维动态监测及实景展示

对地质灾害重大隐患点采用无人机实测成图建立实景三维模型。宜昌市对 23 处重要地质灾害风险点采用高精度无人机摄影测量作业方式，按照最优规划航线、最佳起飞点统一标准，每年至少采集 1 期影像数据，建立了分辨率不超过 20cm 的精细实景三维模型，通过对比监测和分析动态变化情况，可为预警预报和防灾减灾提供数据支撑与技术支持。

在三峡库区秭归段九畹溪、链子崖、香溪河口、泄滩集镇等重大隐患点所在区域，采用高清视频（球机）开展实时动态监控，实现了整体与局部、宏观与细节兼顾的实时动态监控（图 3.53），可为风险研判和防灾处置研究提供可视化应用支持。

3 监测预警 精准防控

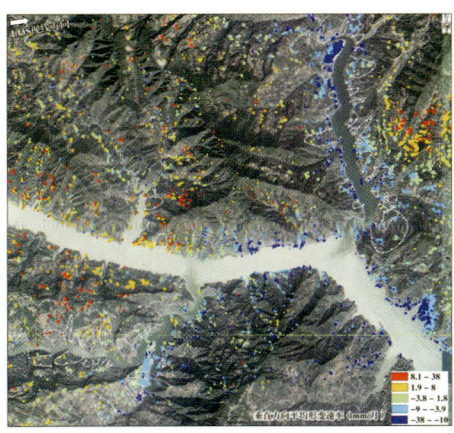 

(a) 雷达卫星遥感InSAR监测

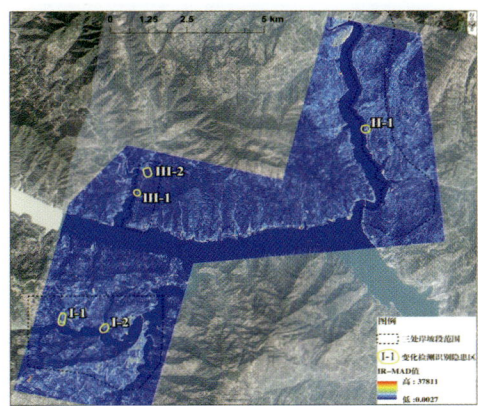 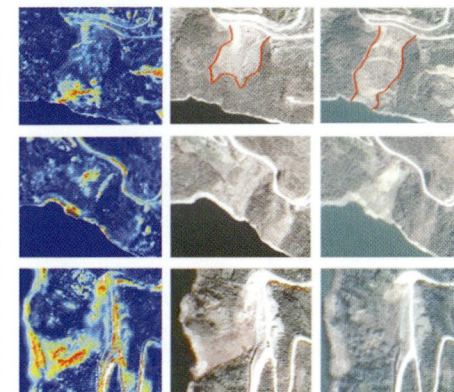

(b) 高分光学卫星遥感监测

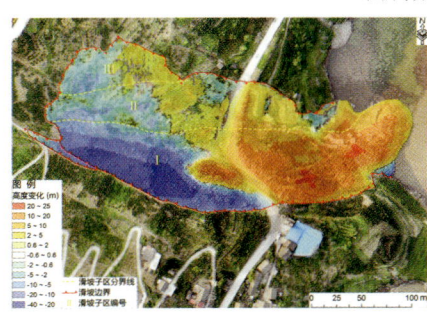 

(c) 无人机摄影测量监测

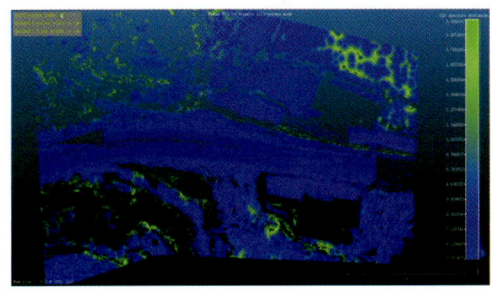 

(d) 无人机LiDAR监测

图 3.52　综合遥感"面"式监测技术方法试点应用

(a)宜昌市地质灾害隐患点风险防控平台　　　　(b)重大风险隐患点实景三维模型

(c)对比监测分析动态变化　　　　　　　　　(d)高清视频实时动态监控

图 3.53　地质灾害重大风险隐患点三维动态监测及实景展示

3.3.3　监测工程规范化

地质灾害监测预警工程实施过程中,不同类型的监测设备点位布设和施工过程规范管理需求如下。

1. 监测设备点位布设原则

(1)GNSS监测点位。应布设在灾害体变形量较大、稳定性状态差处;基准站应布设在灾害体外围稳定处;应保证搜星条件良好,监测点位空旷,以便接收卫星信号,周围无高压线、变电站等电磁干扰源。

(2)雨量计监测点位。应选择相对平坦且空旷的场地,且使承雨器口至山顶的仰角不大于30°,不宜设在陡坡上、峡谷内、有遮挡或风口处。

(3)裂缝计监测点位。应布设在主要裂缝两侧,且宜布设在裂缝较宽或位错速率较大部位的中点或转折部位。对宽度大于5m或两侧高差大于1m的裂缝,宜安装无线裂缝计。倾角计、加速度计监测点位应布置在灾害体主要倾斜变形块体。

（4）声光报警器监测点位。应尽量布设在受威胁的集中居住区附近或道路、水体两侧，以便及时提醒、警示居民或过往车辆船只行人。

2. 规范施工要求

监测点施工阶段应严格按照监测设计点位进行踏勘定点、监测墩基础开挖与浇筑、监测设备安装（图3.54）。监测点建设实施后，采用无人机拍摄完工后的隐患点全貌，制作安装监测预警工程告示牌（图3.55）、监测设备安装设备警示牌（图3.56）。

(a)踏勘定点　　　　　(b)监测墩基础开挖　　　　(c)监测墩基础浇筑完成　　　(d)监测设备安装

图3.54　监测设备布设过程

图3.55　监测预警工程告示牌

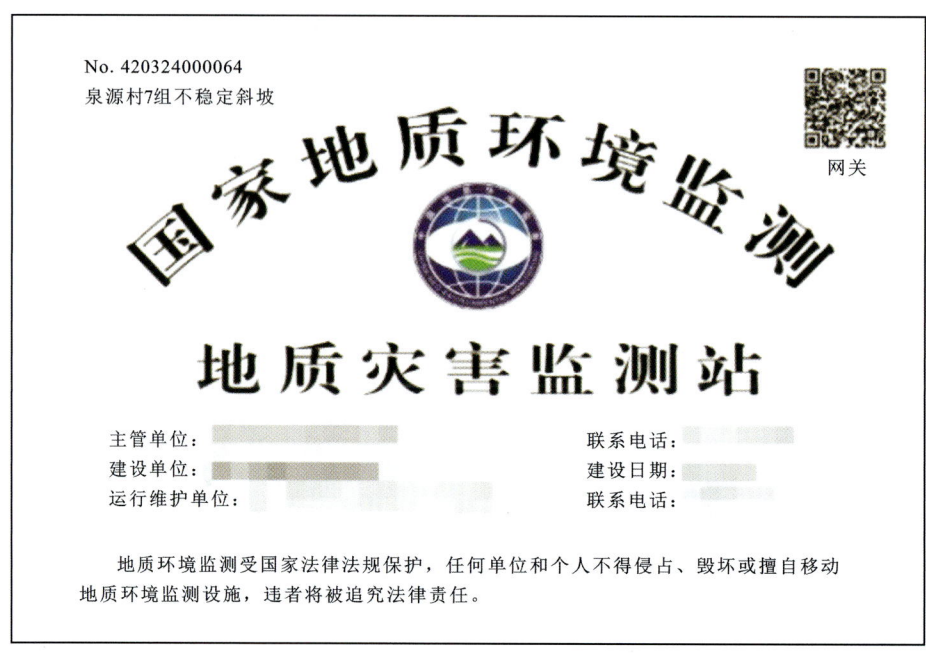

图 3.56 监测设备警示牌示意图

3.3.4 监测预警制度化

1. 值班值守及时叫应

宜昌市自然资源部门实行政务、地质灾害响应 24h 双值班制度和专业监测 24h 值班。即在全年 24h 政务值班的基础上,实行汛期 24h 地质灾害专项值班,以加强强降雨区域的及时防灾调度,专业监测单位安排专人 24h 值班,与群测群防员对接,实时处置专业监测数据信息,确保预警信息及时响应。电话抽查"四位一体"人员,了解监测点近期巡排查情况、变形情况,通知相关监测单位对预警信息进行复核、处置。汛期值班期间,每月对群测群防监测员开展全覆盖式电话抽查。

2. 监测年报评审

宜昌市自然资源部门每年组织专家对监测预警项目年报进行审查,总结经验、反思不足,研究部署下一年度监测预警工作重点,梳理全市重点关注地质灾害点清单,做到监测预警工作有的放矢。

3. 巡查排查

各监测单位每月对重点滑坡进行现场宏观地质巡查,并电话联系群测群防监测员,核查各滑坡的变形情况。同时,为保证监测预警点的正常运行和监测效果的实现,每年宜昌市自然资源部门在汛期、节假日等重要时间节点和时间段组织开展监测预警专项巡查工作。

4. 监测设备运行维护

监测单位在日常巡查监测工作同时兼顾检查监测设备运转状态,专门成立监测仪器设备运维小组,根据系统平台离线情况和巡查发现的问题,及时对监测仪器设备进行维修,保障设备正常运行。2022年度维护监测设备1825台套,2023年度维护设备1911台套。

3.3.5 预警发布精准化

1. 气象风险预警点面结合

依托地质灾害网格化管理工作体系,建设全市地质灾害气象风险精细化预警预报系统,提供雨量数据接入、模型管理、预警分析与发布、预警响应与反馈的全流程闭环管理功能,全过程可查看与追溯,实现预警、响应、反馈之间的"互联互通互动"。宜昌市自然资源部门与宜昌市气象局全方位合作,对接全市所有气象自动雨量站点数据,形成长期预测、中期预报、短期预警等多类型风险预警产品,实现面向市、县、乡、村四级气象预警信息的实时发布。

在此基础上,宜昌市自然资源部门先后于2021年和2023年发布《宜昌市地质灾害气象风险预警及应急响应规程》和《宜昌市自然资源和规划局地质灾害防御响应工作方案》,建成地质灾害精细化气象风险预警体系,大大提升了地质灾害避险的成功概率。据统计,近5年来,通过年终预警信息和已发生地质灾害的反演校核,宜昌市地质灾害准确预报率达到83.33%。例如,2021年8月28日发生在三峡库区秭归县归州镇的小岩头滑坡,就是一起因及时的气象风险预警得以成功避险处置的典型案例(图3.57)。

2. 预警模型不断探索优化

基于20世纪90年代以来三峡地区典型崩塌滑坡监测预警工程实践,结合《长江三峡滑坡监测预报》《三峡库区崩塌滑坡监测预警与工程实践》《三峡库区滑坡预测理论与方法》《三峡库区滑坡灾害预警预报手册》《大型滑坡监测预警与应急处置》等研究成果,通过对新滩滑坡、鸡鸣寺滑坡等典型滑坡变形破坏过程特征值进行统计分析,建立了宜昌市典型地质灾害预警预报判据案例库。

为优化三峡库区水库型滑坡灾害预警模型及指标阈值,2021年宜昌市开展了库区地质灾害监测信息精细化预警研究,建立了三峡库区谭家河滑坡、木鱼包滑坡、三门洞滑坡、白家包滑坡、八字门滑坡和谭家湾滑坡6个重大危险性滑坡的预警指标及阈值,由单一的位移变形阈值过渡到综合阈值预警。如谭家湾滑坡加速变形位移速率阈值为14.27mm/d,当期降雨阈值为16.4mm;谭家河滑坡加速变形库水位阈值为172m,库水下降引发加速变形的速率阈值为0.4m/d,累计降雨量阈值为140mm;八字门滑坡"阶跃"加速变形位移速率阈值为1.5mm/d,库水下降速率阈值为0.4m/d,累计降雨量阈值为74.8mm。

图 3.57　秭归县归州镇小岩头滑坡气象精细化风险预警

在地质灾害预警预报判据案例库和参考预警指标及阈值建议的基础上，确定普适性群专结合专业监测点的预警模型的最优设置流程如下：

（1）基于具体隐患点的野外调查成果，在综合考虑地形地貌、地质构造、地层岩性、威胁人数、经济损失、受威胁对象风险大小等的基础上，对地表位移监测、雨量计、裂缝计、倾角加速度计等监测设备设置初步的预警阈值，并对应形成地表位移、雨量、裂缝、倾角、加速度5类预警指标和判据。

（2）针对设备类型组合筛选出有效预警指标（单一或组合）和判据建立预警预报模型，并根据运行情况不断修正和优化模型的预警预报精度。

3.3.6　预警响应机制化

预警响应过程包括预警发送、现场核查、预警会商、应急处置、预警解除等流程（图3.58），确保"第一时间预警、第一时间响应"。设备预警会在监测预警平台首页进行实时展示，并生成待处理预警消息，同时以短信形式通知管理人员和"四位一体"人员。相关责任人在进行现场调查后确认变形情况后提交现场调查照片，专家和相关职能部门进行综合研判，对报警信息进行处理，完成报警工作闭环。

图 3.58 监测预警响应流程

创建预警响应与专业监测、网格化管理、切坡核查相结合的工作机制。根据专业监测信息提前开展隐患点稳定性趋势预测,使预警巡查计划更具针对性。根据综合研判结论,建立全市强降雨期间在册隐患点重点管控台账,定期进行全面排查,逐一明确防范措施。重视重点时段、防范重点区域,盯紧重点隐患,支持 24h 实时预警发布,实现市、县、乡、村多级联动和精准防范。针对不同层次的预警信息建立明确的预警响应机制。

1. 暴雨预警

通报雨情、确定重点防范区域后,联合相关部门开展会商研判,发布地质灾害风险预警,指导汛前防范、汛中避险、汛后排查。暴雨红色预警时,主要领导到宜昌市防汛抗旱指挥办公室组织会商,暴雨橙色预警时,值班领导进岗带班。

2. 气象预警

(1)蓝色、黄色预警。根据现场核查情况,技术支撑单位和"四位一体"相关人员密切监视和研判地质灾害险(灾)情的发展趋势与影响范围,提出处置意见,并及时向自然资源部门报告。

(2)橙色预警。自然资源部门组织地质灾害防治工作领导小组相关成员单位和技术支撑单位会商,进一步分析划定重点防范区域,细化落实防范措施,做好应急处置准备工作。

(3)红色预警。自然资源部门主要领导值守市地质灾害会商指挥中心,督促相关成员单位和"四位一体"相关人员落实各项防灾措施,组织专家人员深入预警区一线,指导基层防灾。

3. 部、省发布的区域地质灾害预警

市、县(市、区)地质灾害防治工作领导小组相关成员单位集中研判地质灾害风险,按照省地质灾害气象风险预警响应工作方案,部署地质灾害风险防控和预警响应工作。

3.4 应急监测助抢险

3.4.1 实时应急监测支撑突发灾害抢险处置

突发地质灾害应急处置,变形趋势监测是关键。由于滑坡不稳定,监测人员安全得不到保障。为解决这一棘手问题,宜昌市自然资源和城乡建设局根据突发地质灾害应急调查报告,对危害性或危险性大的灾害体,第一时间安装临时监测设备,通过监测设备传输的数据,实时掌握变形发展趋势,为地方政府应急处置提供科学依据,取得良好效果。

2017年10月秭归县柏堡滑坡突发变形后,安装监测设备开展应急监测,保障6户24人成功避险。2021—2023年,宜昌市先后对秭归县乱石爬滑坡、牛口村委会滑坡、胡家槽滑坡以及五峰县变电站滑坡、堰滩湾滑坡、饶家湾滑坡、姚家湾滑坡7处突发地质灾害实施了应急监测,保护受威胁人员93人,避免财产损失5 572.6万元。

3.4.2 应急监测助力地质灾害成功抢险案例

2017年10月3日秭归县郭家坝镇王家岭村1组柏堡滑坡出现变形,10月5日滑坡变形加剧,秭归县人民政府迅速将情况上报,并启动应急预案,10月16日凌晨2时,右侧部分剧烈滑移后,滑坡变形逐渐缓。滑坡造成直接经济损失约200万元,6户24人成功避险,威胁桐树湾大桥、村道的正常通行得以保证。柏堡滑坡全貌见图3.59。

1. 应急监测

2017年9月底至10月初柏堡滑坡所在区域持续降雨,10月2日滑坡区域日降雨量达到60mm以上,10月3日柏堡滑坡开始发生变形。滑坡前缘居住6户居民,每户居民房屋均有不同程度的变形破坏,部分房屋主体结构开裂,承重结构断裂,当地村民上报险情。三峡大学派遣技术人员会同秭归县国土资源局对滑坡进行了应急调查。

10月4日,当地村民发现房屋和地面裂缝有加宽现象,当地政府和秭归县国土资源局组织技术人员进行调查并定点监测。

10月5日,秭归县国土资源局技术人员根据现场调查和定点监测数据,判定滑坡变形呈加剧趋势,提出了加强监测、设置警示标志、完善预案和撤离受威胁人员等处置措施意见,并将滑坡险情报告给上级政府部门。

10月7日,秭归县政府决定启动四级应急响应。县政府派出县长担任应急处置领导小

图 3.59 柏堡滑坡全貌图

组组长,并委托三峡大学开展地表位移自动应急监测。

10月8日,湖北省国土资源厅派遣技术人员赶赴现场,会同宜昌市国土资源局、湖北省地质局水文地质工程地质大队、秭归县国土资源局、三峡大学等相关人员对滑坡变形情况进行调查与会商。在该滑坡体上布置了1个GNSS基点和5个地表GNSS应急监测点(图3.60)。10月13日,在滑坡左侧边界和滑坡后缘各布置1个裂缝位移应急监测点(图3.61)。

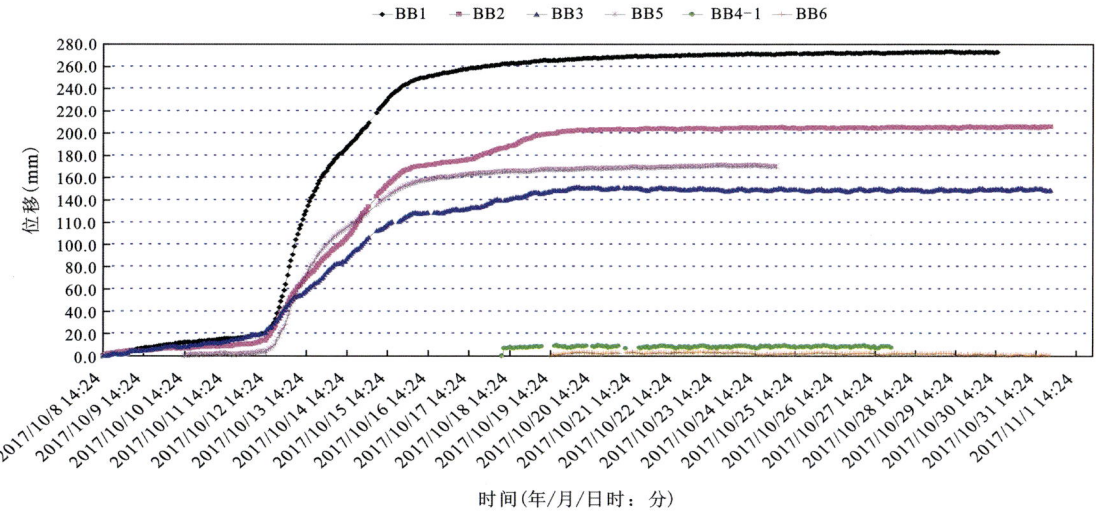

图 3.60 GNSS地表累计位移监测曲线

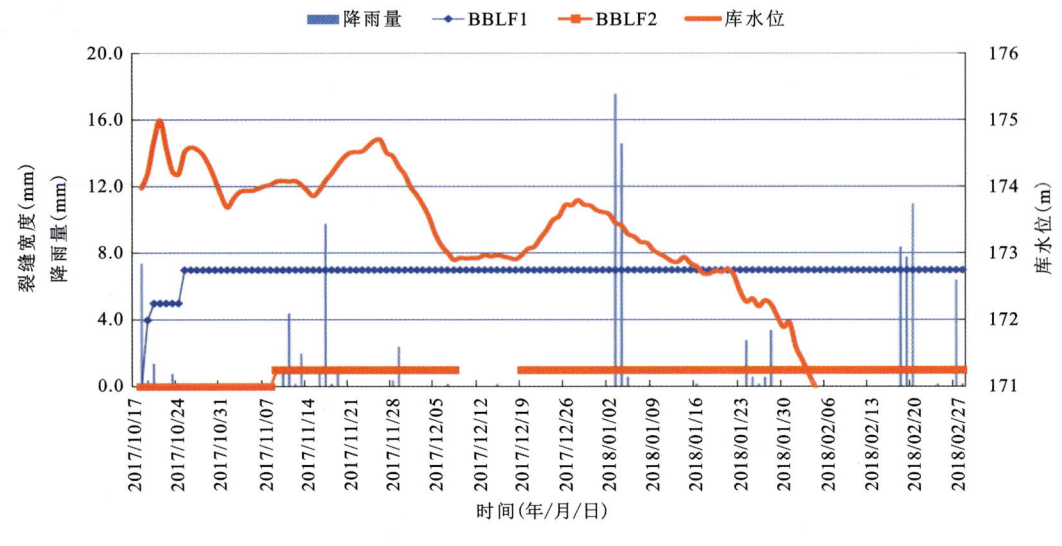

图 3.61 裂缝监测曲线

2. 果断撤离

根据专业监测数据,10 月 13 日滑坡变形加剧。当地政府立即组织受威胁的 6 户 24 人紧急撤离,加强险区管控。

10 月 16 日凌晨,滑坡右侧部分剧烈滑移,右侧冲沟上坡体发生较大变形,坍滑形成次级滑体,导致右侧边界处公路错断破坏,规模 $6×10^4 m^3$。10 月 17—24 日,专业监测(图 3.60、图 3.61)和宏观巡查均表明,滑坡已趋于稳定状态,专家会商确定解除险情。

3.5 成功监测预警处置案例

3.5.1 群测群防,屡创防灾减灾奇迹

2014 年 9 月 2 日 13 时 19 分,秭归县沙镇溪镇三星店村 2 组杉树槽滑坡整体发生滑移,滑坡总体积约 $80×10^4 m^3$,造成大岭电站厂房和五层综合楼、G348 国道 200m 损毁,部分电力、通信线路损坏,直接经济损失达 3220 万元。因群测群防工作到位、发现险情预警及时、应急处置准确果断,在滑坡滑动前 3min,所有人员撤离,未造成人员伤亡。

1. 预警处置过程

(1)发布预警,巡查监测。2014 年 8 月 28 日至 9 月 2 日,秭归县普降大雨,湖北省国土资源厅联合气象部门发布地质灾害气象风险预警,预报发生崩塌、滑坡、泥石流等地质灾害

的风险较高(三级)。秭归县在接到预警信息后,迅速组织全县各乡镇和国土资源部门对地质灾害隐患点进行全面排查,同时安排工作组到各乡镇实地巡查地质灾害隐患。9月2日上午9时,秭归县沙镇溪镇大岭电站滑坡群测群防监测员在巡查过程中发现滑坡体地面冒浑水、电站输水管道破裂渗水等滑坡前兆,随即向村委会、镇政府和国土资源所报告险情。10时,沙镇溪镇党委、镇政府负责同志接报后,一方面要求监测员持续跟踪监测,随时报告监测情况,另一方面将险情向正在其他地质灾害点上巡查的县国土资源局总工程师通报。

(2)准确判断,果断决策。中午12时许,秭归县国土资源局总工程师连同县地质环境监测站站长、工程师及其他地质灾害防治专家在现场会合,迅速开展应急调查。调查发现滑坡体前部房屋地坪正在快速隆起变形[图3.62(a)],调查组马上意识到这是滑坡临滑的8个典型前兆之一,加之该点与2003年发生的千将坪滑坡仅有一河之隔,其岩体性质、岩层产状、斜坡结构等均与千将坪滑坡相同,因此极有可能再次发生类似于千将坪滑坡的顺层岩质滑坡灾害。调查组立即与沙镇溪镇党委政府有关人员会商,果断提出"情况危急,立即启动应急预案,立即封锁险区道路,立即疏散和撤离险区群众",地方政府当即发布红色预警。13时19分,坡体上最后一名群众撤离险区不到3min,$80×10^4m^3$的岩质滑坡整体顺层快速滑动,同时又牵引滑体左侧部分松散堆积物沿下伏基岩面下滑,滑移距离达到200m,将大岭电站厂房和五层综合楼彻底摧毁[图3.62(b)],将200m长的G348国道公路整体推入锣鼓洞河,后缘村村通公路路段也被彻底毁坏(图3.63)。但由于预警及时、决策准确、处置果断,滑坡影响范围内23人撤离及时,未发生人员伤亡,最大限度地降低了损失。

(a)滑坡发生前的地坪隆起变形

(b)滑坡发生后彻底摧毁房屋

图3.62 杉树槽滑坡发生前后典型变形特征

(3)启动响应,四级联动。13时40分,滑坡灾情通过电话上报县政府和市国土资源局。宜昌市、秭归县政府启动应急预案,并向湖北省政府及湖北省国土资源厅报告,湖北省国土资源厅迅速将灾情上报国土资源部;宜昌市市长带领市直相关部门到滑坡现场开展应急处置。国土资源部、湖北省人民政府在接到灾情信息后迅速启动应急预案;省政府领导高度重视,分管副省长批示"立即启动应急调查,采取有效处置和防范措施,确保不出现人员伤亡"。湖北省国土资源厅立即启动突发地质灾害Ⅱ级应急响应;厅党组书记、厅长亲自部署,安排

图 3.63　杉树槽滑坡全貌

厅领导带领厅有关处室(单位)负责人和省地质灾害应急专家库专家组成调查组,迅速赶赴现场,连同国土资源部地质灾害应急技术指导中心专家进行应急调查,指导和协助地方政府开展应急处置,快速实现部、省、市、县四级应急响应联动。

(4)会商研判,及时避险。由部、省、市、县专家组成的联合调查组,按照预案对滑坡周边进行巡查,划定危险区。在联合调查中发现,紧邻杉树槽滑坡左侧也存在公路内侧挡墙外移、外侧坡面土体出现裂缝等变形迹象,直接威胁坡体上部移民新集镇居民和镇中学师生近千人。秉承"以人民为中心"的理念,调查组立即发布橙色预警,将变形区影响范围内的 429 名居民和中学 524 名师生临时撤离。

(5)部门协作,保障应急。灾害发生后,各级各部门按照预案分工,第一时间投入抢险救灾。市、县两级先后调拨应急资金 15 万元用于救灾,为灾民提供 140 顶帐篷、200 床棉被、400 份方便面和矿泉水,组织武警、民兵、公安、镇村干部近 200 人参与应急抢险和救援,抽调机械设备 20 台次连续作业。交通运输部门迅速组织抢通损毁的交通干线,保障物资运输;民政部门积极安抚受灾群众情绪,调配发放应急物资,保障群众基本生活;电力部门抢修供电设施,灾害当日即恢复供电;教育部门组织沙镇溪镇中学师生撤离;公安部门负责维持秩序,确保临时安置点治安。

(6)应急监测,科学处置。湖北省国土资源厅连夜调集部署 10 台应急远程自动监测仪,对 $6\times10^4 m^3$ 的严重变形区,特别是沙镇溪镇中学实行 24h 实时变形位移监测。2014 年 9 月 12 日,根据专业监测情况,除严重变形区内 2 个监测点仍存在少量浅表层变形外,其他监测点已趋于稳定,无整体下滑趋势。组织专家会商后提出由橙色预警降为黄色预警,戒严解除,除邻近滑坡住户外,其他居民可恢复正常生产生活、学校可恢复上课。县政府依据专家会商意见,发出杉树槽滑坡预警降级通知。至此,应急响应结束。后期,湖北省国土资源厅安排了相关人员对该滑坡的工程治理与专业监测工作。

湖北省委、省政府对秭归杉树槽滑坡的成功预警和处置给予了高度肯定。灾害发生后,

《中国国土资源报》《湖北日报》等媒体都进行了跟踪报道。湖北省国土资源厅发文,对宜昌市国土资源局、秭归县国土资源局2个单位和秭归县国土资源局相关人员和沙镇溪大岭电站滑坡监测员等5人进行通报表彰。

2. 经验启示

杉树槽滑坡属新生顺层岩质滑坡,属重大地质灾害。该滑坡的突发性、隐蔽性、破坏性特点十分突出。如何快速、有效地应对征兆不明显、发展十分迅速的滑坡灾害,是基层政府、基层单位需要关注和思考的问题。

(1)领导重视是成功处置重大突发事件的根本保障。杉树槽滑坡发生后,中央领导,湖北省委、省政府主要负责领导先后作出重要指示批示。宜昌市主要领导第一时间赶赴现场指挥抢险救灾。湖北省国土资源厅领导带领专家奔赴现场指导救灾,火速调配GPS全自动实时监测设备,开展应急专业监测。县领导全员上阵,尽锐出征,召开应急抢险工作现场会议,组织、协调应急处置工作。乡镇和村组干部快速反应,主动作为,在极短的时间内到达现场开展紧急救援和险区管控。

(2)坚持以人为本是处置重大突发事件的核心。"人民至上、生命至上"是应对和处置突发事件的本质要求。在地质灾害应急抢险救灾过程中,如何保障人民群众生命财产安全,如何最大限度地减轻灾害损失,也是检验各级干部能力水平的试金石。在应对杉树槽滑坡险情灾情过程中,县委、县政府和沙镇溪镇党委、镇政府以确保人民生命安全为根本,科学判断、果断决策,临危不乱,迅速撤离人员,封锁国道,避免了重大人员伤亡。

(3)适时启动预案是有效应对重大突发事件的关键环节。在杉树槽滑坡变形初期,秭归县国土资源局指导当地政府完善了防灾预案;在险情发生后,当地政府迅速启动应急预案,按照预案规定,有序开展应急处置工作。沙镇溪中学900多名师生按照预案3min内完成避险。整个抢险救灾工作忙而不乱,忙而有序,忙而有效。宜昌市交通局按照国道保通应急预案,迅速在全市范围内调配力量投入道路恢复,仅用6d时间,于9月8日下午1时抢通了G348国道大岭段,减轻了滑坡灾害对经济社会的影响。

(4)广泛的群众参与和严密的监测预报网络是有效预防和处置重大突发地质灾害的基层基础。群测群防是目前技术条件下监测预警滑坡的重要手段,是专业监测工作的重要补充。群测群防需要大量的当地群众参与。只有依靠群众,发动群众,打人民战争,才是夺取防灾减灾胜利的制胜法宝。预防地质灾害的前提是监测。监测不是"三天打鱼,两天晒网",而是要形成严密的网络,覆盖每个地质灾害隐患点和地质灾害风险区,群测群防员的监测范围就是囊括了地质灾害风险区,并将风险区纳入巡视监测的范围,才能及时捕捉到滑坡的征兆。

(5)妥善安置受灾群众是应对突发灾害的首要任务。杉树槽滑坡灾害发生后,各级党委、政府和各相关部门,在保护人民生命安全的目标实现后,以保障受灾群众基本生活为首要任务,千方百计做好受灾群众安置工作。全部受灾人口涉及3个群体,分别是本地居民429人,学校师生524人,倒房户23人,受灾人员数量较多,安置难度极大。当地政府因地制宜地采取了多种方式,确保了每个受灾对象得到较好的安置。

(6)正确的舆论引导是应对重大突发事件成功处置的重要支撑。表面看,地质灾害危害的是险区人民群众生命财产安全,但若不注重信息公开、及时发布、正确引导,极易引发群众恐慌,造成恶劣的社会影响,其危害是难以预料的。杉树槽滑坡灾情发生后,当地政府按照"及时准确、公开透明"的原则,通过广播电视等多种渠道向群众发布灾情信息,实行全过程、全方位公开,自觉维护人民群众的知情权、参与权、表达权和监督权,保持群众诉求渠道畅通,紧张情绪、恐慌心理得以消除,有力地推动了灾害的有效处置,维护了社会稳定。

杉树槽滑坡之所以预警成功,一是发现险情及时,二是专业判断准确,三是应急处置全面果断。

3.5.2 网格管理到位,多方联动防灾

2019年12月10日16时50分,秭归县泄滩乡陈家湾村7组卡门子湾滑坡出现整体滑移(图3.64),约$50×10^4 m^3$的滑坡体沿山坡倾泻而下,005乡道泄牛路垮塌、集镇供水管道及380V高压线中断,近30亩(1亩≈666.67m^2)柑橘园损毁,13个村1.23万人出行受阻,直接经济损失约580万元。滑坡使全乡交通中断,当地主要经济作物柑橘无法外运,间接经济损失达5000万元。

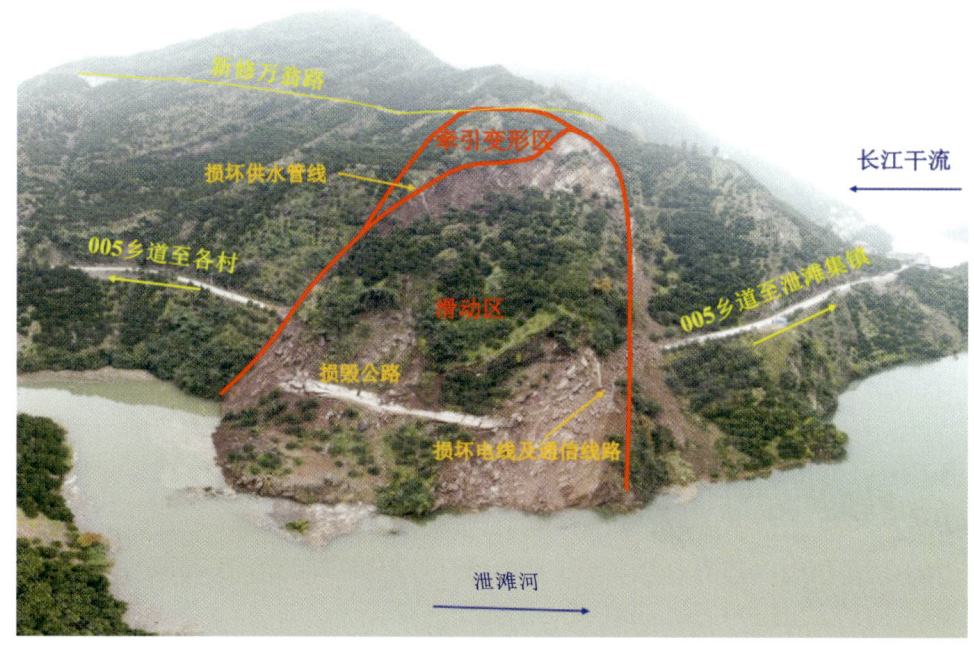

图3.64 卡门子湾滑坡全貌(何钰铭等,2020)

1. 预警处置过程

2019年11月20日,泄滩乡在开展例行巡查时发现该滑坡公路上下区域出现变形裂缝。

秭归县自然资源和规划局相关人员立即赴现场进行调查,并部署了专业监测预警工作,确定了监测人员。

11月29日,滑坡出现初始变形,秭归县自然资源和规划局立即组织技术支撑单位专家,会同泄滩乡人民政府及国土资源所相关人员赶赴现场进行应急调查,编制了应急调查报告。

12月5日,滑坡变形出现加剧趋势,秭归县自然资源和规划局再次组织技术单位和相关部门赶赴现场调查,泄滩乡党委、乡政府对现场采取了交通管制。

12月10日上午,滑坡变形出现加速迹象,宜昌市地质环境监测站会同秭归县自然资源和规划局以及技术支撑单位与乡政府等多个部门的管理和技术人员,召开紧急会商会议,组建工作专班,安排部署相关工作,并迅速发布公告及时封闭道路。16时50分左右,滑坡中下部出现整体滑移,部分滑体滑入泄滩河,造成005乡道、集镇供水管道及380V高压线中断,滑坡区柑橘园损毁。

由于滑坡变形发现及时,群测群防措施有效,临滑处置果断,滑坡影响范围内的渔民、果农、行人及车辆等迅速疏散,成功避免了人员伤亡。

2. 经验启示

坚决落实"四位一体、网格化管理",加强技术力量,对发现的险情及时作出准确判断和避灾防灾处置,避免人员伤亡和经济损失。

群测群防员坚持常规性巡查及在重点时段对重点区域开展多频次的隐患排查工作,第一时间发现滑坡变形前兆,是滑坡成功预警和处置的前提。技术支撑单位专业技术人员多次赶赴现场调查,进行专业的分析研判是掌握滑坡变形动态的关键。当地群众对封闭道路等管控措施的支持和理解是基础。现场处置政府部门不缺席,领导高度重视是成功处置的根本保障。

3.5.3 气象预警有效,巡查撤离及时

2021年8月28日凌晨3时许,秭归县归州镇向家店村5组小岩头滑坡整体滑移,约$4\times10^4 m^3$的滑坡体沿山坡倾泻而下(图3.65),道路滑断、电杆倾倒,地表张裂,3栋房屋瞬间倒塌成为废墟,受威胁的10户32人提前撤离,全部幸免于难。

1. 预警处置过程

2021年8月下旬阴雨绵绵,8月27日下午,湖北省自然资源厅、宜昌市自然资源和规划局先后对秭归县与归州镇发布精细化气象风险预警,提醒当地政府和相关部门按预警等级采取避险防范措施,加强监测预警和巡查排查等防范工作。

接到气象风险预警后,群测群防监测员第一时间对小岩头滑坡开展巡排查。当晚19时30分,群测群防员发现滑坡变形加剧,他敏锐地感觉到灾情即将来临,第一时间向上报告,当地政府组织受威胁居民10户32人连夜转移。28日凌晨3时10分,滑坡发生整体滑移,体积约$4\times10^4 m^3$,造成3栋房屋倒塌,3栋房屋受损,15亩柑橘园损毁,此外,滑坡损坏电力

图 3.65 小岩头滑坡全貌

设施长度 500m、电力变压器 1 个,滑坡范围内村道毁坏导致交通中断,影响 320 人出行,直接经济损失约 456 万元。

2. 经验与启示

小岩头滑坡的成功避险得益于省、市、县地灾气象风险预警信息及时传送到防灾一线,监测员认真负责,巡查到位,当地政府果断决策,及时组织险区群众撤离。该案例入选"2021年度全国地质灾害成功避险十大案例"。

3.5.4 四级预警完善,高效科学决策

鲁尤路马学章段滑坡位于湖北省宜昌市秭归县梅家河乡尤家湾村 2 组,滑坡平面形态呈舌形,滑体总体积约 $12.5 \times 10^4 m^3$,为中型土质滑坡,威胁 3 户 7 人。滑坡上共布设监测设备 3 台(上部、中部、下部各布设 1 台 GNSS),于 2021 年 4 月 8 日开始正常运行获取监测数据。滑坡全貌及监测设备布设见图 3.66。

1. 预警处置过程

2024 年 7 月 2—4 日滑坡区累积降雨达 259.7mm,7 月 4 日 10:16:44、11:16:43、14:16:33和 15:16:47,滑坡 GN2 监测点前 1 天水平位移值分别达到 31.65mm、44.03mm、91.53mm 和127.35mm,触发位移蓝色、黄色、橙色和红色预警,收到预警信息(图 3.67)后,秭归县自然资源和规划局、梅家河乡自然资源和规划所、监测单位迅速核实并进行处置。

3 监测预警 精准防控

图 3.66　鲁尤路马学章段滑坡全貌及监测设备布设

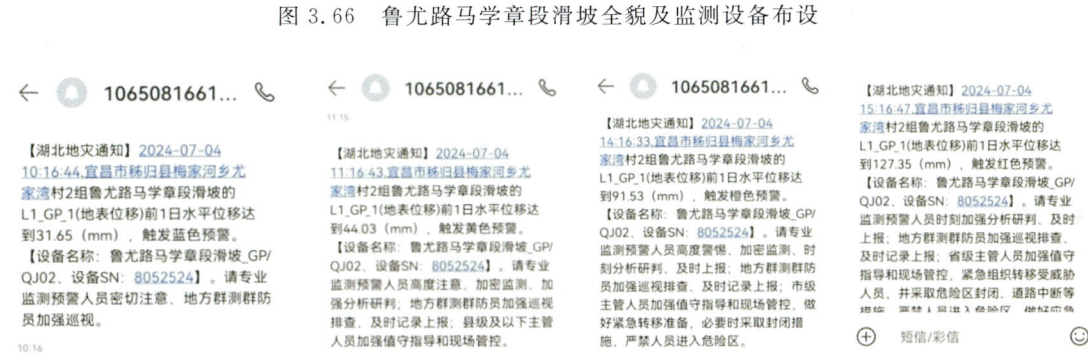

图 3.67　滑坡监测预警短信通知示意图

经核实，滑坡中部 GN2 测点所在区域形成地表坍塌变形体（图 3.68），变形体后缘呈弧形，两侧及后缘弧形裂缝相连，坍塌变形体纵长约 40m，宽约 40m，厚度 3～4m，规模约 5000m³。变形体后侧土体开裂，裂缝宽 5～10cm，裂缝两侧高差 20～50cm，断续向下延伸，沿缝有坍塌现象。

7 月 4—5 日滑坡中部 GN2 测点监测数据显示滑坡有较明显变形，日水平位移 189.89mm（图 3.69）。根据现场调查与监测分析，鲁尤路马学章段滑坡整体处于基本稳定状态，变形部位主要为中部 GN2 测点所在区域变形体，由强降雨诱发，建议在穿越变形体的公路两侧设置警示标志，提醒行人及车辆注意安全。同时要求群测群防人员加强宏观巡视监测，专业监测单位加强监测分析密切关注监测点变形情况，如有较大变形及时通知群众撤离并上报。

图 3.68　GN2 测点所在区域变形照片

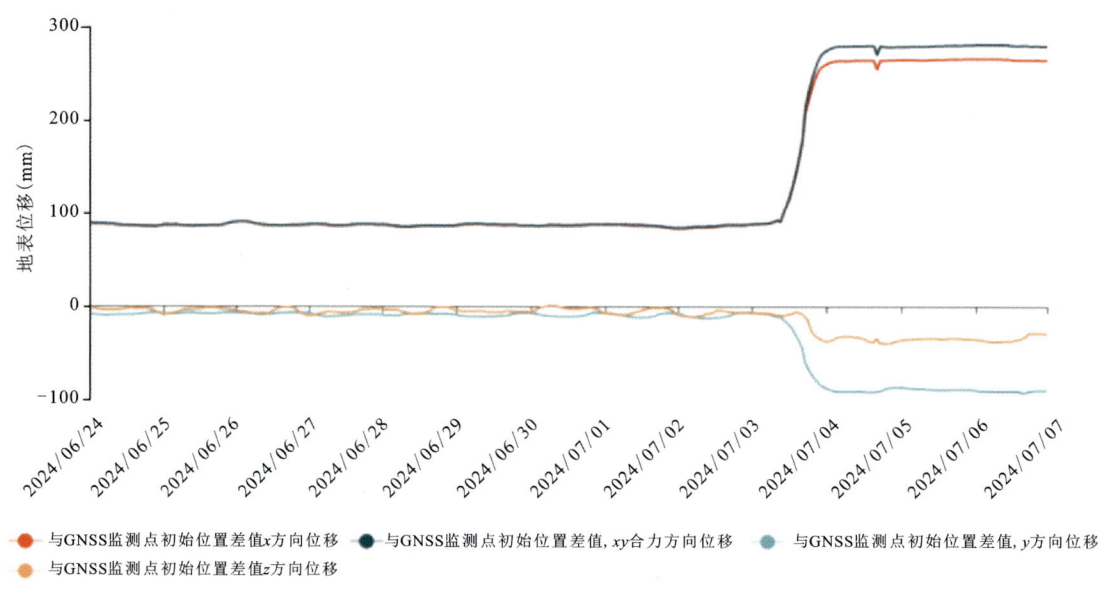

图 3.69　GN2 测点监测设备累计水平位移(2024 年 6 月 24 日—7 月 7 日)

由于监测平台预警及时,接到预警信息后,各部门迅速响应开展调查及处置工作,未造成人员伤亡及财产损失。

2. 经验与启示

地质灾害变形加剧,监测预警系统发出预警信息,专业技术单位连同地质灾害管理部门、当地政府等联合巡查会商,果断决策。专业监测单位在调查评估、专业监测、数据复核、成功预警等多个环节发挥了举足轻重的作用,表明"人防+技防"的联动防控机制是提升重大地质灾害风险防控水平和能力的重要途径。

3.5.5 防灾响应及时,避险意识提升

2022年3月21日18时40分,兴山县南阳镇阳泉村2组彭家院子后山约5000m³危岩从200m高的陡崖崩落,直接砸毁房屋5栋,砸损村道600m,损毁及威胁农田约90亩,直接经济损失约98万元(图3.70)。所幸提前撤离受威胁的13户40人,未造成人员伤亡。

图3.70 兴山彭家院子后山崩塌全貌

1. 预警处置过程

2022年3月20日,兴山县南阳镇遭受强降雨,省、市、县先后发布地质灾害气象风险预警,兴山县自然资源和规划局、南阳镇人民政府立即响应,组织地灾网格员和监测员加强巡查排查。3月21日17时,村民听到屋后有疑似岩石滚落的异常声响,迅速反映给"四位一体"网格员,网格员立即展开巡查,发现后山陆续有块石滚落,立即上报当地自然资源所,当地政府立即组织紧急转移49户106人。18时40分,该处发生崩塌,由于撤离及时,无人员伤亡(图3.71)。

2. 经验与启示

彭家院子后山崩塌的成功避险得益于"四个到位":一是预警到位,省、市、县提前发布地质灾害气象风险预警,预警信息直达基层地质灾害防治"四位一体"网格员和群测群防员;二是责任落实到位,网格员及时响应,加强网格内高风险区巡排查;三是宣传培训到位,兴山县每年定期组织对村民授课培训和演练,群众防灾避险意识不断提高;四是避险响应到位,地方政府和相关单位通力合作,及时组织受威胁群众撤离并妥善安置。该案例入选"2022年全国地质灾害成功避险十大案例"。

图 3.71 彭家院子后山崩塌滚落的大量块石损坏居民房屋、公路等

3.5.6 多级预警联动,强制撤离群众

2023 年 8 月 27 日,夷陵区邓村乡袁家坪村 12 组发生滑坡,摧毁民房 1 栋(图 3.72),因紧急强制撤离受威胁群众,无人员伤亡。

图 3.72 袁家坪滑坡全貌

1. 预警处置过程

2023 年 8 月 15 日,夷陵区自然资源和规划局、邓村乡国土资源所、技术支撑单位等工作人员对袁家坪村开展排查,发现一村民房屋后部坡体有变形迹象,随即向当地村委会和居民

提出遇暴雨预警要及时撤离，确保安全。

8月25日开始，当地出现特大暴雨，省、市、县三级自然资源部门针对强降雨极端天气，及时启动地质灾害防御响应。26日下午，当地自然资源部门电话通知隐患点村民、网格员、村干部等，要求立即撤离受威胁群众。该住户为2名60岁以上老人，不愿撤离。村委会于当晚21时实施强制撤离并用心用情妥善安置。8月27日6时50分，屋后坡体滑动直接将房屋摧毁，避免了人员伤亡（图3.73）。

(a) 滑坡前（2023年8月27日）　　　　　　(b) 滑坡后（2023年8月28日）

图3.73　袁家坪滑坡滑动前后

2. 经验与启示

袁家坪滑坡的成功避险得益于省、市、县三级自然资源部门针对强降雨极端天气及时启动地质灾害防御响应，基层干部职工和网格员严格落实巡查排查制度，提前发现重大隐患，并对高风险区隐患点实施预警响应，以及当地政府防灾意识强，特殊情况能够紧急强行撤离，最终实现成功避险。《地质灾害防治条例》第二十九条明确规定："情况紧急时，可以强行组织避灾疏散。"这条规定在关键时刻能拯救鲜活的生命。该案例入选"2023年8月全国成功避险典型案例"。

3.5.7　巡查发现险情，及时处置隐患

一柱香危岩体位于远安县嫘祖镇盐池村一组，为在册地质灾害隐患点，距离远安县城约36km。危岩体长约35m，高度约52m，最大厚度约29m，体积约$5.32\times10^4 m^3$，为一中型岩质崩塌，主崩方向170°，变形破坏模式为滑移式（图3.74）。

1. 应急处置过程

2022年2月4日上午10时5分，危岩体发生崩塌坠石，严重威胁下方G347国道和临时混凝土拌合站的安全运行。

图 3.74 一柱香危岩体崩塌全貌

2月4日、8日,远安县自然资源和规划局、镇政府会同技术支撑单位先后两次对该处崩塌进行现场调查。在2月4日应急调查期间,崩塌区频繁发生小块石滚落及岩体挤压产生"白烟"现象。调查结果表明,崩塌坠石体积合计约 $1×10^4 m^3$,运动路径主要沿坡面滚落,部分坠石散落于坡面,斜坡坡面停滞两块较大孤石(图3.75)。崩塌堆积体主要堆积于坡脚平地及 G347 国道路面,同时,崩塌区仍残留一块较大楔形危岩体(图3.76),后部裂隙从上至下贯穿,缝宽 5~20cm。2月8日再次调查表明,该崩塌总体处于基本稳定状态,但局部残留危岩体处于欠稳定—不稳定状态,对坡脚 G347 国道和临时拌合站仍构成重大威胁。

图 3.75 坡面孤石

图 3.76 残留危岩体

根据应急调查结果,一柱香危岩体的防治对策和建议如下:

(1)对 G347 国道采取交通管制措施,分时段通行,安排专人专班值守,设立专门的崩塌观察岗,夜间及雨雪天气条件下须封闭道路,暂停通行。告知现场监测或值班人员,加强目视监测,发现较大变形及时封闭道路并立即上报。

(2)对崩塌区残留的较大楔形危岩体,立即进行排危除险工程,首先对崩塌区及周边危岩浮石进行清除,再对楔形体进行除险。主要工程措施为人工清除+静态爆破。

(3)根据《地质灾害防治条例》相关条文,崩塌下方临时拌合站须搬离另外选址,设置于非地质灾害威胁区,待崩塌排危除险工程结束后才可搬回。

根据应急调查建议,当地政府会同远安县自然资源和规划局,迅速组织具有相关资质单位技术单位进行了排危除险及爆破清除专项施工组织设计,并进行了专家审查。

2023 年 3 月,崩塌排危除险工程完成,提前消除了重大隐患。

2. 经验与启示

在地质灾害防治中应重视地质灾害隐患巡排查,树牢"四季防地灾"理念,高度警惕地质灾害风险,扎实开展地质灾害巡查排查工作,及时发现隐患险情;发现重大隐患后,应"急事急办、特事特办",迅速制订方案、提前实施,在发生重大灾害前提前干预,消除重大隐患;应加强现场管控,加密监测,加强会商研判,制订有效防灾措施,从而解除险情。

4 综合治理 保障安全

地质灾害综合治理是消除重大灾害隐患、有效降低灾害风险的主要手段，主要包括工程治理（含排危除险）和搬迁避让。其中，工程治理主要针对险情等级为中型及以上、稳定性较差且难以实施避险搬迁的重大地质灾害隐患点，依据轻重缓急，有计划地分期、分批实施治理工程。排危除险主要针对详查、风险调查等确定的险情紧迫的以及突发的地质灾害隐患点，及时采取快速简单高效的工程措施，以消除威胁。搬迁避让是对区内部分稳定性差、治理不经济的地质灾害隐患点，结合生态功能区人口转移、工程建设和乡村振兴等积极推进的地质灾害避险移民搬迁。

宜昌市地质灾害工程治理与搬迁避让同样始于三峡库区。20世纪90年代，国务院实施了当时国内最大、国际罕见的长江三峡链子崖黄腊石地质灾害防治工程（黄学斌等，2017）。2002—2012年，三峡库区二、三期地质灾害防治工程建设任务完成，实施治理工程项目136个，搬迁避让1678户5418人。2012年三峡工程后续规划地质灾害防治工作启动，宜昌市44个崩滑体、22段库岸纳入工程治理。就宜昌市来看，"十三五"期间，共筹集3.56亿元（中央财政资金2.20亿元、省级财政资金0.85亿元、市县配套财政资金0.51亿元），完成47处（崩塌16处、滑坡31处）工程治理项目，完成五峰新县城整体搬迁避让，累计避险搬迁4700余人，解除受地质灾害威胁3.2万人，保护财产14亿元。

2018—2023年，在地质灾害防治综合体系建设中，利用中央及省级财政资金实施91个工程治理项目（不含三峡库区后续地质灾害防治项目），涉及地质灾害210处（不稳定斜坡92处、滑坡59处、崩塌52处、泥石流5处、库岸2段），投入资金3.747亿元。实施搬迁避让项目7个，涉及地质灾害35处，投入资金2755万元。另外，市、县配套投入资金1.05亿元。

上述地质灾害综合治理项目实施直接保护了8915户35 662人的生命财产安全，彻底消除了威胁9处学校、14处景区、22处住宅楼和商铺的地质灾害隐患，保护了约33km国省干道、7484亩耕地和1049亩林地安全，保障了26 783人的出行安全，避免经济损失20.92亿元。成效极为显著。

更重要的是，地质灾害防治综合体系建设以来的综合治理项目，在结合全市地质灾害防治工作实际的基础上，以山水林田湖草沙生命共同体为指导，大力贯彻落实绿色发展理念，在以保障生态系统质量和地质稳定的前提下，实践并建立了一套"宜治则治、宜搬则搬、生态治理、科学治理"的地质灾害综合治理理念和体系，包括在开展综合治理、全面提高防御工程标准的同时，注重恢复工程治理区生态环境，有效提高土地利用价值；探索地质灾害防治与生态修复、美丽乡村建设等工程融合，强化综合治理工程与周边环境相协调，为人民生命财产安全、地方生态环境改善、社会经济发展等提供全方位地质安全保障。

4.1 工程治理除隐患,融合理念显成效

4.1.1 保城镇安全,筑和谐环境

宜昌市地质灾害防治综合体系建设期间,遵循自然规律和客观规律,统筹推进治理工程与周边环境相协调的综合治理。在市区、县城、集镇共投入资金 6 748.45 万元,对宜昌市高新区港窑路 9 号不稳定斜坡等 15 个威胁城镇居民安全的地质灾害体进行了工程治理。这些治理工程不仅有效地保护了居民生命财产安全,而且明显改善了城镇环境。明显改变城镇环境的典型地质灾害治理工程见表 4.1。

表 4.1 宜昌市明显改变城镇环境的典型地质灾害治理工程统计表

序号	治理地质灾害体	保护对象	主要治理措施	总资金（万元）
1	高新区港窑路 9 号不稳定斜坡	苏家榜社区 96 户居民	锚杆格构、挡墙	280.75
2	宜昌市城区 2022 年地质灾害综合治理工程 5 处地质灾害	西陵区、点军区	挡土墙、排水沟	280.00
3	当阳市文体局小区不稳定斜坡	文体局	挡土墙、排水沟	22.25
4	五峰县杨家冲小区不稳定边坡治理工程	县城居民小区	锚杆格构、混凝土挡墙	216.19
5	五峰县渔洋关镇马岩墩滑坡	县城街道	抗滑桩、挡土墙、格构护坡	1 483.87
6	五峰县五峰镇地税局边坡	集镇街道、地税局	格构护坡、主动防护网	6.29
7	五峰县渔洋关镇三房坪民政园泥石流	县城街道、民政园	拦石坝、排水沟	30.00
8	五峰县渔洋关镇岩湾滑坡	县城街道、金翔茶厂	挡土墙、挂网锚喷	389.86
9	五峰县五峰镇雅来公路崩塌	五峰镇	主动防护网、被动防护网、格构锚固	580.00
10	长阳县财政局不稳定斜坡	县财政局办公楼及居民住房	抗滑桩	420.00
11	秭归县两河口镇砚窝滑坡	集镇集市	抗滑桩	378.93
12	夷陵区小溪塔街道姜家庙村二组杨家湾不稳定斜坡	城区街道、居民楼	挡土墙、被动防护网、主动防护网	644.31
13	夷陵区罗家湾、杨家包不稳定斜坡	城区街道 300m	主动防护网	301.5
14	夷陵区小溪塔大桥桥头崩塌	1 栋办公楼、7 栋居民楼	主动防护网	540.00
15	夷陵区三斗坪镇黄陵庙至南沱塆岸防护工程	三斗坪集镇、重点文物保护单位黄陵庙	混凝土挡墙,浆砌块石挡墙加固、钢筋混凝土面板护坡、植被保护等	1 174.50

1. 高新区港窑路 9 号不稳定斜坡综合治理工程

不稳定斜坡位于宜昌市高新区南苑街办苏家榜社区,长约 25m,横宽约 220m,体积约 $0.72×10^4 m^3$。受降雨影响,坡体出现多处垮塌,坡体植被严重倾斜,严重威胁下方 95 户居民及坡顶 1 户居民的生命财产安全。

采用锚杆格构护坡($1766m^2$、锚杆 85 根)、长 196m 的混凝土挡墙、植被护坡 $2145.5m^2$、排水沟等工程治理措施对该不稳定斜坡进行治理,既清理了坡体上的不稳定物质,又增加了斜坡的稳定性,植被护坡恢复了斜坡的生态环境,排水沟消除了降雨对斜坡稳定性的影响。治理工程总投资 280.75 万元。治理工程的实施不仅消除了安全隐患,为受威胁的 96 户居民提供了地质安全保障,服务 1000 余人安全出行,同时也改善了社区环境,形成了近 $5000m^2$ 的美丽景观(图 4.1),显著提高了居民的幸福感和获得感。

图 4.1 高新区港窑路 9 号不稳定斜坡治理工程

2. 五峰县杨家冲小区不稳定边坡治理工程

杨家冲小区不稳定边坡位于五峰县新县城渔洋关镇曹家坪村,边坡总长约 350m。边坡破坏将严重威胁上方杨家冲小区多幢 6 层住宅建筑物以及下方小区进场道路等安全,后果严重。

采用锚杆格构、混凝土挡墙等治理工程措施对该不稳定边坡进行防护,面积达 $6743m^2$。治理工程不仅稳定了边坡,保护了杨家冲小区居民和道路安全,同时美化了小区环境(图 4.2)。

3. 夷陵区罗家湾、杨家包不稳定斜坡治理工程

罗家湾不稳定斜坡与杨家包不稳定斜坡均位于夷陵区政府所在地小溪塔镇的东城试验区。罗家湾不稳定斜坡位于晓溪塔东湖路金亚 5 号小区北东侧,斜坡高 20~48m,道路两侧多临空岩体,不稳定斜坡沿道路两侧分布,长约 283m;杨家包不稳定斜坡位于晓溪塔晨光路晨光花园小区路段,斜坡坡顶与公路高差 20~50m,总长约 220m。

4 综合治理 保障安全

图 4.2　五峰县杨家冲小区不稳定边坡治理工程

采用"坡面清方＋主动防护网＋护脚墙"的工程治理方案对该不稳定斜坡进行治理,竣工后又在提前设计的绿化槽内种植了爬墙虎等绿色植物,不仅保护了该路段的地质安全,还美化了当地环境(图 4.3)。

图 4.3　夷陵区罗家湾不稳定斜坡主动防护网治理工程

4. 夷陵区三斗坪镇黄陵庙至南沱塌岸防护工程

黄陵庙至南沱塌岸防护工程位于宜昌市夷陵区三斗坪集镇重点文物保护单位黄陵庙及其下游段,三峡大坝下游 7.6km 的长江右岸。三峡大坝泄洪时,长江水位涨落、冲蚀形成塌岸,危及集镇道路安全。

塌岸防护工程总长982m,分3个岸坡段,其中黄陵庙村委会(Ⅰ区)岸坡段长290m[图4.4(a)],三合停车场(Ⅱ区)岸坡段长243m,大浪洪(Ⅲ区)岸坡段长449m[图4.4(b)]。主要防护工程包括混凝土挡土墙、浆砌块石挡墙加固、钢筋混凝土面板护坡、植被护坡、人行步道、护栏、人行阶梯等。该塌岸防护工程实施后,既提高了长江沿岸地质安全等级,保障了集镇道路、建筑物、居民以及游客等的安全,又大大改善了集镇整体环境。

(a) Ⅰ区

(b) Ⅲ区

图4.4 夷陵区三斗坪镇黄陵庙至南沱塌岸防护工程

5. 长阳县财政局不稳定斜坡治理工程

长阳县财政局不稳定斜坡位于长阳县财政局北东侧,宽120m,斜坡面积$6×10^4 m^2$。受2016年7月强降雨影响,坡体上挡土墙有多处开裂,地面也出现裂缝,对县财政局办公楼及居民住宅安全构成严重威胁。

治理工程采用8根微型桩式抗滑桩(1.3m×1.7m)加强职工住宅楼后方斜坡稳定性,采用17根桩径为1.0m×1.5m抗滑桩加强食堂左侧斜坡稳定性。治理工程投资420万元。治理工程的实施彻底消除了不稳定斜坡隐患,有效保护了坡顶居民住宅楼及下方财政局招待所、二栋居民住宅楼、天然气管线、居民进出通道以及位于坡脚的财政局食堂、办公楼及职工住宅楼等共计240人、住宅7200m^2,避免经济损失4850万元,同时也极大地改善、美化了县财政局的办公环境和小区居住环境(图4.5)。

4 综合治理 保障安全

图 4.5 长阳县财政局不稳定斜坡治理工程

4.1.2 保村居安全,助乡村振兴

随着全面推进美丽乡村建设高质量发展战略的提出,改善农村居住生活环境、提升幸福感成为人民群众的迫切需求。为消除地质灾害对乡村道路、供水、农房、耕地等的威胁,以维护人民生命财产安全、保障社会稳定为目标,助推乡村振兴发展,实现乡村"居有所安"。地质灾害防治综合体系建设中,针对农村居住安全共投入1.67亿元,实施了46个工程治理项目,对117个农户房前屋后地质灾害体进行了工程治理,直接保护了1272户6254名村民的生命财产安全。这46个有关农户住房安全的治理工程占宜昌市地质灾害综合防治体系建设工程治理项目总数(81个)的56.79%,而所治理的涉及农户住房安全的117个地质灾害体也占所有治理地质灾害体(210个)的55.71%。可见,宜昌市超过一半的治理工程都是为了保护乡村农民住房安全。保护乡村农民住房的主要地质灾害治理工程详见表4.2。

表 4.2 保护乡村农民住房的主要地质灾害治理工程统计表

序号	县(市、区)	治理地质灾害体	保护村民 户	保护村民 人	主要治理措施	总资金(万元)
1	点军区	联棚乡联棚片区陈家场、王家场1#和王家场2#等3处不稳定斜坡	20	82	被动防护网	260.00
2		土城乡土城村1组危岩体	10	77	危石清理、主动防护网	282.39
3	枝江市	顾家店镇沙碛坪村5组牛头山不稳定斜坡	22	63	削坡减载、挡土墙	105.68
4	当阳市	玉阳办事处友谊路58号不稳定斜坡	8	32	微型桩、挡土墙	98.91
5		玉泉办事处子龙村二组滑坡	25	80	挡土墙	83.02
6		排危除险余某屋后滑坡等2处	24	71	挡土墙、排水沟	50.98

201

续表 4.2

序号	县(市、区)	治理地质灾害体	保护村民户	保护村民人	主要治理措施	总资金(万元)
7	五峰县	牛庄乡圈子泥石流	56	165	抗滑桩、挡土墙、排水沟	1 264.60
8		采花乡白鹤村1组肖家台滑坡	5	17	抗滑桩、排水沟	233.63
9		渔洋关镇马岩墩滑坡	46	180	抗滑桩、格构护坡	1 483.90
10		采花乡宋家湾滑坡	13	43	锚锁格构、挡土墙	945.58
11		渔洋关镇樱桃山不稳定斜坡	63	225	挡土墙、主动防护网、被动防护网	538.02
12		地质灾害排危除险22处	72	260	挡土墙、被动防护网	882.00
13		五峰镇阳晒坡滑坡	49	205	抗滑桩、挡土墙	384.16
14		渔洋关镇溜沙坡不稳定斜坡	2	10	主动防护网、锚索	185.21
15		牛庄乡九里坪村当天坡不稳定斜坡	16	56	排水沟	213.56
16	兴山县	南阳镇阳泉村眉毛坎危岩体	40	290	主动防护网、被动防护网	417.39
17		古夫镇古洞村凹屋岩危岩体	17	75	落石槽、拦石坝、被动防护网	370.00
18		水月寺镇梅坪村不稳定斜坡	5	14	挡土墙、排水沟	175.83
19		地质灾害排危除险2处	2	17	挡土墙、支撑墩	42.67
20		峡口镇李家山村贾家沟崩塌	19	50	挡土墙、主动防护网、被动防护网	360.00
21	宜都市	枝城镇楼子河村华新搬迁小区不稳定斜坡	29	103	石笼挡墙、格构、排水沟	271.41
22		松木坪镇双井寺村2组破岩垴崩塌	5	24	削方、主动防护网、被动防护网	152.65
23		高坝洲镇皓光村5组马岗子不稳定斜坡	7	39	挡土墙、排水沟	385.78
24		高坝洲镇天平山村5组杉帽山不稳定斜坡	23	106	挡土墙、排水沟	199.62
25		地质灾害排危除险10处	34	107	挡土墙、排水沟	159.79
26		王家畈镇古水坪村大风口不稳定斜坡	7	30	锚喷、锚杆格构、挡土墙	111.97
27		聂家河镇邓家桥1组不稳定斜坡和王家畈镇仙女洞不稳定斜坡	16	62	挡土墙、排水沟、被动防护网	440.00
28	远安县	茅坪场镇长荣村白杨坡滑坡	12	35	抗滑桩	476.35
29		嫘祖镇晒旗村2组崩塌	5	18	被动防护网、格宾石笼墙、落石槽	69.38
30		排危除险5处地质灾害		1000	挡土墙、削方减载	292.57
31		洋坪镇余家畈村瓦坡崩塌	20	65	被动防护网	329.59

续表 4.2

序号	县(市、区)	治理地质灾害体	保护村民 户	保护村民 人	主要治理措施	总资金(万元)
32	长阳县	资丘镇柿贝村 3 组石板坨滑坡	6	30	挡土墙、排水沟	197.55
33		渔峡口镇招徕河北滑坡		40	抗滑桩、挡土墙	480.00
34		椰坪镇蒋家湾崩塌		110	落石槽、拦石坝、被动防护网	130.06
35		排危除险 19 处地质灾害	57	194	挡土墙、排水沟、削方	880.00
36		255 省道兴五线阳岔坡不稳定斜坡	188	1023	抗滑桩、石笼挡墙、排水	530.00
37		龙舟坪镇晒鼓坪村梧桐山崩塌	86	280	被动防护网、孤石清理	158.50
38		渔峡口镇招徕河村 3 组不稳定斜坡	8	24	微型桩、挡土墙	116.50
39	秭归县	梅家河乡马鹿岩居民点不稳定斜坡	12	40	微型桩、挡土墙、排水沟	210.00
40		杨林桥镇响水洞滑坡	58	207	抗滑桩、挡土墙、排水沟	1150.00
41		排危除险 4 处地质灾害	25	78	挡土墙、主动防护网	218.24
42		归州镇贾家店村 4 组水田槽滑坡	10	56	抗滑桩、微型桩、挡土墙	488.32
43	夷陵区	三斗坪镇园艺村 1 组黄土包不稳定斜坡	30	150	挡土墙、挂网喷锚	139.65
44		排危除险 10 处地质灾害	36	119	挡土墙、被动防护网、主动防护网	160.20
45		乐天溪镇汪家坡滑坡前缘坍滑	20	48	帘式防护网	250.00
46		小溪塔大桥桥头崩塌	84	336	主动防护网、被动防护网	540.00

1. 宜都市高坝洲镇皓光村 5 组马岗子不稳定斜坡治理工程

马岗子不稳定斜坡位于宜都市高坝洲镇皓光村 5 组居民集中区,斜坡长约 185m,面积约 6674m^2,体积约 $3.4×10^4$m^3。不稳定斜坡多次发生变形,2017 年 6 月村民房前地坪出现裂缝,裂缝逐年加宽并伴随下错,居民房屋也出现变形裂缝;斜坡土体多次发生垮塌变形,2018 年 4 月 1 户居民屋后发生垮塌,垮塌长约 8m,体积约 50m^3,幸未造成人员伤亡;斜坡前部水沟沟壁出现错断变形。

采用的治理工程方案为"削方整形+挡土墙+排水沟+道路恢复",总投资 385.78 万元。治理工程的实施不仅消除了地质灾害隐患,保护了 7 户 39 人的生命财产安全,也为村民提供了更加宽阔整洁的出行道路,增加了坡面绿化面积,美化了乡村环境(图 4.6),进一步改善了百姓生产、生活条件。

2. 宜都市高坝洲镇天平山村 5 组杉帽山不稳定斜坡治理工程

杉帽山不稳定斜坡位于宜都市高坝洲镇天平山村 5 组清江河左侧,距离清江河约 230m,紧邻乡镇道路,斜坡长约 231m,面积约 8316m^2,体积约 $4.2×10^4$m^3。不稳定斜坡多

图 4.6　宜都市高坝洲镇皓光村 5 组马岗子不稳定斜坡治理工程

次于汛期发生坍滑变形。2018 年 4 月强降雨后,该斜坡发生 4 处局部坍滑变形,其中最大一处坍滑体积约 700m³,坍滑体淹埋前部房屋墙角,堵塞排水沟约 30m,虽然未造成人员伤亡,但造成 5 万元的直接经济损失。

杉帽山不稳定斜坡位于居民住宅密集区,该区多分布商户。治理工程方案为"混凝土挡墙+排水工程",总投资 199.62 万元。治理工程的实施不仅消除了地质灾害隐患,保护了 23 户 106 人的生命财产安全,而且大幅改善了当地居民生产、生活环境条件(图 4.7),群众满意度达到 100%。

3. 枝江市顾家店镇沙碛坪村 5 组牛头山不稳定斜坡治理工程

牛头山不稳定斜坡位于枝江市顾家店镇沙碛坪村 5 组,斜坡最大高度 20m,表面常有土体剥落和小方量垮塌,对坡下居住房屋及农田造成持续威胁。

不稳定斜坡采用"削坡整形+挡土墙+截(排)水沟+植被护坡"的工程治理方案,按 1∶0.8 坡率进行放坡,削坡整形成两级斜坡,中间马道宽约 3.5m。第一级斜坡坡度 35°～45°,坡高 10～12m;第二级斜坡坡度约 50°,坡高 6～8m。斜坡前缘设置长 242m、高 1.5m 的布洛克自

图 4.7　宜都市高坝洲镇皓光村 5 组马岗子不稳定斜坡治理工程

嵌式挡土墙支挡;斜坡表面采用植草护坡;斜坡前缘挡墙前设置长 297m 的截排水沟。该治理工程不仅有效保护了斜坡下方 22 户 63 位村民的生命财产安全,也大大改善了周边环境(图 4.8)。

图 4.8　枝江市顾家店镇沙碛坪村 5 组牛头山不稳定斜坡治理工程

4.1.3　保航道安全,促库区繁荣

在三峡库区地质灾害后续防治规划项目中,对威胁长江干流航道安全的树坪滑坡(体积 $1575 \times 10^4 m^3$、变形位移 4.30m)和白水河滑坡(体积 $645 \times 10^4 m^3$、变形位移 4.13m)进行了削方压脚工程治理,保护了长江航道航运安全。在宜昌市地质灾害综合防治体系建设中,又陆续争取三峡库区劣化带防治资金 620.08 万元、476.45 万元、571.72 万元,分别对兴山峡口码头库岸、秭归九畹溪镇棺木岭危岩、秭归老屈原祠库岸 3 个危害长江航运的地质灾害体

实施了防治工程,保护了近4km的长江干流及一级支流岸坡,并为兴山峡口码头、秭归九畹溪旅游码头等关乎社会经济发展的重要设施建设和运行提供了安全保障。

1. 兴山县峡口码头库岸防护工程

峡口码头位于兴山县峡口镇香溪河右岸。受香溪河河水冲刷和三峡水库水位升降影响,该段库岸岩土体出现了局部冲刷、掏蚀、垮塌等裂化变形现象,尤其是南侧游客缆车斜坡道基础部位遭到库水掏蚀,导致基础外露,悬空高达2.5m,深度约2m,库岸北侧台阶两侧排水沟断裂变形,库岸上部混凝土硬化层出现多条裂缝。峡口旅游码头年中转、集散中外游客50万人次,日人流量最大可达8500人次。因此,塌岸一旦大规模发生,将严重危害旅游码头和游客生命财产安全以及过往船只与航道正常通行,产生重大经济损失,造成巨大的社会负面影响。为此,在综合防治体系建设三峡岸坡劣化带防护工程中立项开展了峡口码头库岸防护工程。

防护工程采用削坡整形清除岸坡上的淤积、危石,并平整坡面;采用微型桩稳固坡脚,提供施工空间;采用格构护坡、封边梁、挡土墙和喷锚支护等加固库岸斜坡,提供稳定性。防护工程投资620.08万元,护坡面积$2.1\times10^4 m^2$,不仅对香溪河峡口码头岸坡整体进行了有效的安全防护,确保了岸坡的安全稳定,而且在项目建设过程中充分结合旅游码头整体布局进行了细部优化,进一步提升了码头的整体外观形象,为促进当地社会经济快速发展提供了坚实保障(图4.9)。

图4.9 兴山县峡口码头库岸防护工程

2. 秭归县九畹溪镇棺木岭危岩治理工程

棺木岭危岩位于秭归县九畹溪左岸棺木岭陡崖处九畹溪漂流终点旅游码头对面,距离河口长江主航道仅1.2km。棺木岭危岩为一近南北向展布的长条形岩体[图4.10(a)],陡峭壁立,危岩高耸,北、东两面临空,北部为80～120m高的陡崖,北壁呈近东向展布,总体积约$1.33×10^4 m^3$。危岩一旦发生突发性崩塌变形,将直接危害危岩对面的九溪旅游码头。该码头高峰时期漂流船只每3～5min一趟,每船66人,一旦发生较大规模崩塌,产生的涌浪将直接危害九畹溪码头(趸船2条、游船10条)、工作人员、渔船和游客安全,直接经济损失估算达1500万元,一旦长江封航,间接经济损失上亿元。

危岩治理工程采取水下岩腔填充措施[图4.10(b)(c)],总投资427.78万元。治理工程的实施消除了危岩崩塌产生的涌浪危害,有效保障了游客、码头设施、停靠船只和长江航道安全。

(a)危岩全貌

(b)治理前　　　　　　　　　　　　　　(c)治理后

图4.10　秭归县九畹溪镇棺木岭危岩治理工程

4.1.4　保师生安全,除校园隐患

消除地质灾害对学校的威胁,始终是地质灾害防治工作的重点。宜昌市自地质灾害综合防治体系建设以来,共对9个威胁学校安全的地质灾害体实施了工程治理(表4.3),主要集中在西部五峰县、长阳县、秭归县、兴山县等山区县以及宜昌城区,总投资约1595万元,保护了9所学校超过5000名师生的安全。

表 4.3　保护校园的地质灾害治理工程统计表

序号	县（区）	地质灾害体名称	保护人数（人）	主要治理措施	总资金（万元）
1	宜昌城区	宜昌市外国语高中后山崩塌	800	混凝土挡墙＋排水沟	280
2		点军区青少年实践学校不稳定斜坡		混凝土挡墙＋排水沟	
3	五峰县	渔洋关镇县职业教育中心不稳定斜坡	2000	锚杆格构＋挡土墙	330
4		渔洋关镇县高级中学不稳定斜坡	760	抗滑桩＋锚杆格构	420
5		采花乡白鹤村1组肖家台滑坡（采花中学）	200	抗滑桩	220
6	长阳县	椰坪镇中心学校不稳定斜坡	600	石笼挡墙＋混凝土挡墙＋被动防护网	250
7	秭归县	梅家河乡梅家河中学不稳定斜坡	396	混凝土挡墙＋微型桩	150
8	兴山县	高桥乡中心学校宿舍楼后山不稳定斜坡	400	微型桩＋主动防护网＋被动防护网	225
9		水月寺镇高岚中心小学危岩边坡		主动防护网＋被动防护网	

1. 五峰县渔洋关镇县职业教育中心不稳定斜坡治理工程

该不稳定斜坡位于五峰县职业教育中心南侧及西侧，边坡总体平面呈"M"形，横宽422m，纵长5～80m，面积约$1.4×10^4 m^2$。

不稳定斜坡治理工程方案：采用削坡减载减轻减小灾害体的体积；采用挡土墙和格构护坡加固斜坡，提高整体稳定性；采用植被护坡恢复生态环境；采用截排水沟防止水体进入斜坡，减轻诱发因素对斜坡的影响。治理工程不仅消除了不稳定斜坡的安全隐患，而且与校园环境充分融合（图4.11）。

(a)治理后局部　　　　　　　　(c)治理后全貌

图 4.11　五峰县渔洋关镇县职业教育中心不稳定斜坡治理工程

全通行,保障了谭家河社区 2000 余户近 7000 人及艾家镇居民的出行安全,同时也恢复了沿线斜坡满眼绿色的美好生态环境[图 4.13(b)],与宜昌市打造的磨基山森林公园融为一体,成为长江两岸美丽的风景线。

(a)治理前的"三条泪痕"

(b)治理后的满眼翠绿

图 4.13　点军区谭艾路沿线不稳定斜坡治理工程(局部)

2. 兴山县王家河塌岸防护工程

王家河岸坡位于兴山县城古夫镇古夫河左岸,长约 2694m。岸坡上为北斗坪社区,居民共 74 户,房屋 350 间,复建 S312 省道公路从坡体上部穿过,郑(州)-万(州)高铁的兴山高铁站、铁路、站前广场也在岸坡上部。区内山高坡陡,遇强降雨后河流易形成洪水,冲刷下切强烈,坡面堆积厚度大,松散岸坡前缘在冲刷、卸荷作用下不断产生塌岸。特别是中间超过 500m 长的岸坡内侧正是兴山高铁站的地下停车场,致使地下停车场与河床之间犹如只隔一道土坝。因此,该段岸坡灾害不仅危及居民生命财产安全,而且严重威胁兴山高铁站、铁路及站前广场安全,威胁资产约 2650 万元。

为使该塌岸防护工程充分发挥综合效益,避免做"无用功"(简单的护坡工程不能发挥作用,需投资金重新修建更加牢固的工程),兴山县自然资源和规划局提前谋划,要求塌岸防护工程设计单位提高地下停车场段塌岸防护工程等级。因此,该段工程采取了"桩基+承台+钢筋混凝土挡土墙"的综合防护措施,不仅满足了塌岸防护需求,同时也满足了高铁站地下停车场的建设要求。防护工程的实施不仅完成了国家规划任务,消除了塌岸对岸坡上居民、单位、高铁站等构成的威胁,同时也与高铁站地下停车场、站前广场建设等进行充分结合(图4.14),使得地质灾害防治工程的效益最大化。

图4.14 兴山县王家河塌岸防护工程

3. 兴山县水月寺镇黑沟崩塌棚洞防护工程

黑沟崩塌位于兴山县水月寺镇石柱观村1组杉树坪—大田池公路上方。公路内侧斜坡高陡,岩体裂隙发育,受长期自然风化、降雨等影响,岩体呈块裂状,形成大面积危岩崩塌区,崩落碎石常沿坡面滚落至坡脚公路,对交通及行人安全构成严重、持续的威胁。

鉴于斜坡高差大、危岩分布面积大,彻底清除和单独治理危岩体均无法有效实现防治目的,故采用以钢筋混凝土棚洞为主的防护措施(图4.15)。棚洞长230m,棚洞顶采用废旧轮胎和回填碎石土作为缓冲层以防崩塌块石冲击,总投资700万元。该棚洞防护工程的实施彻底消除了该段山区公路长期面临的崩塌滚石威胁,为当地村民出行安全和地方社会经济快速发展提供了重要保障。

4. 秭归县两河口镇砚窝滑坡治理工程

该滑坡位于秭归县两河口镇集镇内,体积约$23\times10^4 m^3$,为中型土质滑坡。滑坡治理工程方案:采用抗滑桩和挡土板加强滑坡体的稳定性,消除失稳风险;拆除失效挡墙,新建挡土墙加固坡脚,锚喷护坡防止危岩崩落;最后采用植被护坡恢复生态。治理工程投资378.93万元。治理工程不仅有效保护了100m长的G348国道公路过往车辆及行人以及集镇内37户居民、1家乡镇医院、1个邮政局、5家商铺等的安全,而且结合城镇环境对抗滑桩等防治工程进行了美化处理(图4.16),同时修建了人行步道,为村民提供了休闲娱乐场所。

图 4.15　兴山县水月寺镇棚洞防治公路上方黑沟崩塌

图 4.16　秭归县两河口镇砚窝滑坡治理工程

4.1.6　保景区安全，促文旅兴旺

宜昌旅游资源丰富、旅游景点众多。截至2023年底，宜昌市仅A级旅游景区就多达67家。这些旅游景区主要分布在西部山区，多以沟壑纵横、奇峰异石等自然景观吸引游客。与这些美景相伴的是大量的危岩、崩塌、滑坡等地质灾害隐患，对游客和景区设施等的安全构成持续性威胁。因此，在地质灾害综合防治体系建设中，共实施14处与景区安全相关的地质灾害工程治理项目（表4.5），有效保障了文化旅游产业的发展兴旺。典型的有夷陵区杨家湾不稳定斜坡治理工程，保护了当地居民的正常出行和三峡欢乐谷景区的正常经营活动，维护了当地的经济发展和社会稳定；秭归县老屈原祠库岸防治工程，有效保护了屈原祠等历史古迹安全；三峡库区地质灾害后续规划中的昭君村滑坡治理工程，不仅保护了景点游客安全，还为景区升级提档、历史文化古迹保护等提供了重要支撑。

1. 秭归县老屈原祠库岸防治工程

老屈原祠库岸位于长江干流左岸、秭归县归州镇屈原庙村。库岸平面形态总体为凹凸形,总长758.26m,上游以山脊为界,东侧以一小型冲沟为界,后缘直抵高程212m的S363省道公路,前缘没入长江。屈原祠库岸在库水涨落、冲刷等因素作用下,消落带岩土体产生塌岸,导致上部坡体后移,对老屈原祠、碑廊、佰德混凝土搅拌站、柑橘打蜡厂等构成威胁,并影响土地45亩以及后缘S363省道,直接损失超过2000万元。此外,库岸还对归州镇夏明翰故里红色文化研学基地建设造成影响。

表 4.5 与景区相关的地质灾害治理工程统计表

序号	县(区)	治理地质灾害体	景点	主要治理措施	总资金(万元)
1	点军区	联棚乡文佛山林场凉亭子岗公路不稳定斜坡	文佛山景区	挡土墙、主动防护网、被动防护网	600.00
2	点军区	土城乡车溪景区危岩体	车溪景区	被动防护网	40.00
3	点军区	土城乡车溪景区娘娘泉危岩体	车溪景区	被动防护网	40.00
4	五峰县	五峰镇中咀崩塌	后河国家级自然保护区	主动防护网	234.81
5	兴山县	峡口码头塌岸	旅游码头	微型桩、挡土墙、格构护坡	620.08
6	远安县	花林寺镇木瓜铺村龙潭河危岩体	太清洞旅游区	主动防护网	158.00
7	长阳县	清江画廊游客中心往下渔口方向200m处崩塌	清江画廊	被动防护网	23.00
8	秭归县	九畹溪镇棺木岭危岩	旅游码头	溶腔充填支撑	476.45
9	秭归县	归州镇老屈原祠塌岸	老屈原祠	挡土墙、格构护坡、格宾石笼护坡	571.72
10	夷陵区	小溪塔街道姜家庙村2组杨家湾不稳定斜坡	三峡欢乐谷景区	主动防护网、被动防护网、挡土墙	1060.00
11	夷陵区	黄花镇香炉山村地质灾害	大瀑布	主动防护网	356.30
12	夷陵区	冯家湾社区神仙湾公园不稳定斜坡	神仙湾公园	挡土墙	10.00
13	夷陵区	乐天溪镇王家坪村三峡人家停车场坍滑	三峡人家	挡土墙、被动防护网	61.62
14	夷陵区	三斗坪镇石牌村梯子岩崩塌	石牌保卫战遗址	主动防护网	450.00

利用综合防治体系建设中三峡库区斜坡劣化带防治项目资金,对该段库岸进行了防护,总投资571.72万元。防治措施包括:对库岸坡面进行整形,平整坡面;采用格宾石笼压脚稳定坡脚,提供足够施工空间;然后采用格宾石笼护坡、干砌混凝土块护坡和挡土墙加强坡体,提高稳定性。防治工程不仅消除了塌岸等地质灾害隐患,更为后续历史文化古迹恢复和建设提供了坚实基础,综合效益显著(图4.17)。

(a)全貌　　　　　　　　　　　　　　　(b)局部

图 4.17　秭归县老屈原祠库岸防护工程

2. 夷陵区小溪塔街道姜家庙村 2 组杨家湾不稳定斜坡治理工程

杨家湾不稳定斜坡位于长江一级支流下牢溪左岸陡崖地带夷陵区小溪塔街道姜家庙村。斜坡顶部高程 90～133m，底部高程 85～105m，相对高差 5～28m，走向东南—西北，西南侧临空，坡度上缓下陡，下部为陡崖，坡度为 60°～80°，局部内凹，长度约 600m，面积约 $1.60 \times 10^4 m^2$，主要威胁姜家庙村 2016 人的居民出行以及三峡欢乐谷景区众多游客的安全。

根据不稳定斜坡灾害的发育特征，充分考虑公路交通通行安全以及与景区旅游环境相融合的要求，治理方案如下：对坡体上的危石进行清理，消除直接威胁；采用主动防护网罩住坡面，防止危岩崩落；采用被动防护网防止后方山体危岩崩塌形成的滚石；设计支撑墙撑住较大且不易清理的危岩体，提高其稳定性。治理工程不仅消除了地质灾害隐患，还有效保障了村民出行和旅游安全，并与沿线旅游景观实现了有机融合（图 4.18）。

图 4.18　夷陵区小溪塔街道姜家庙村 2 组杨家湾不稳定斜坡治理工程

4.1.7 既治地质灾害,又增建设用地

近年来,占宜昌市70%面积的山区县县域经济快速发展,人类活动空间范围快速扩张,与土地资源匮乏的矛盾日益突出。在地质灾害工程治理过程中,充分结合城镇规划和土地利用需求,实现既有效防治地质灾害隐患,又合理新增造地,可以缓解人地矛盾,提升地质灾害防治综合效益,这在三峡库区后续规划地质灾害防治工程中尤为突出。近5年来,先后实施了兴山县古夫镇王家坡滑坡治理工程、秭归县水田坝乡集镇塌岸防护工程、秭归县沙镇溪镇综合港塌岸防护工程以及夷陵区黄陵庙至南沱塌岸防护工程4个治理工程项目,在县城、集镇共新增建设用地230余亩。

1. 兴山县古夫镇王家坡滑坡治理工程

王家坡滑坡位于兴山县古夫镇古夫河左岸县城中心正对面,G209国道公路于滑坡前缘通过。滑坡南北宽约170m,东西纵长约190m,体积$38.8\times10^4 m^3$,为一中型土质滑坡。2017年5月出现滑坡险情,造成一栋民房毁坏,直接威胁滑坡前的居民小区。

考虑该滑坡位于兴山县城主城区,结合用地规划,治理工程方案如下:采取"削方压脚"措施,以降低后部下滑力、增大前部阻滑力;在滑坡前缘采用抗滑桩(桩板墙)支挡压脚土体,以提高整体稳定性;在后缘对削方后的坡体采用格构护坡,以稳固坡面;在滑坡外围修建地表截水沟、中部修建排水沟。治理工程既消除了滑坡隐患,保护了前部居民小区安全,又"寸土寸金"的山区新县城新增建设用地70余亩(图4.19),据估计可至少实现2000万元以上土地财政收入,社会经济效益非常显著。

图4.19 兴山县古夫镇王家坡滑坡治理后新增70余亩建设用地

4 综合治理 保障安全

2. 秭归县水田坝乡集镇塌岸防护工程

水田坝乡集镇岸坡位于秭归县水田坝乡集镇，长江北岸的一级支流吒溪河右岸，长约1622m。该区段为水田坝乡集镇拓展区，水陆交通较为便利，水田坝集镇至秭归县城、兴山县城的公路从岸坡顶部通过，为连接宜昌、兴山和巴东等地的交通要道，公路沿线移民迁建人口较为集中，房屋密集。

三峡大坝蓄水至175m水位后，岸坡的稳定性受到严重影响，治理前岸坡完整性差，库岸冲蚀、剥蚀、坍塌变形时有发生，岸坡变形导致公路开裂、房屋局部变形。塌岸和滑坡变形破坏一旦发生，将危及该段库岸40余户100余居民、4000m² 房屋建筑、超过1km的沿江公路，以及输电线路、通信电缆、有线电视传输线等公用设施的安全，潜在直接经济损失超过6000万元。

利用国家三峡库区后续规划阶段地质灾害防治资金分两期对该段库岸实施了塌岸防护工程。其中，2016年先实施了加油站至复合肥厂段（一期）防护工程，2021年又实施了东风桥至加油站（二期）防护工程。鉴于大部分岸坡段淹没在175m水位之下，水位退落后岸坡十分凌乱和荒芜，塌岸防护设计采用挡土墙截弯取直、格构护坡抬高防护高程、砂卵石回填增加用地的方式进行。塌岸防护工程与水田坝集镇建设有机结合，新增建设用地120.8亩（图4.20），现已成为滑翔伞训练降落地，并新建了宾馆酒店、超市、商业门面等一批设施，在保护集镇安全的同时，也大大促进了当地城镇建设和社会经济发展。

(a) 一期工程竣工后全貌　　　　　　　(b) 施工中的二期工程

图4.20　秭归县水田坝乡集镇塌岸防护工程

3. 秭归县沙镇溪镇综合港库岸防护工程

综合港库岸位于秭归县沙镇溪镇北部锣鼓洞河与青干河交汇处，总长430m。库岸分为两段，Ⅰ段为土质库岸，长305m，Ⅱ段为岩土混合库岸，长125m，以滑移型塌岸为主。该库岸塌岸预测宽度 17.91～18.82m,塌岸高程最高可达 189.5m。该库岸变形直接威胁沙镇溪镇综合港口库岸码头及其附属设施安全,并危及青干河、锣鼓洞河的航运安全。

结合城镇规划发展和移民建设用地需求,防护工程方案如下:对Ⅰ段库岸后缘斜坡进行削方,利用削方减载的土石方,对库岸中部沟道和Ⅱ段库岸下部进行回填压脚至高程 176m;对库岸回填压脚区临水面边坡布设干砌石护坡,护坡工程底部设置浆砌石护脚墙,护坡工程顶部及周边设置浆砌石封边墙;在护坡工程顶部、马道内侧及坡面共设置 7 条截排水沟。防护工程总费用 1902 万元。防护工程不仅有效防护了沙镇溪镇综合港的库岸安全,同时也为沙镇溪镇发展新增建设用地 45.64 亩(图 4.21)。

图 4.21　秭归县沙镇溪镇综合港码头塌岸防护工程

4.2　工程措施手段全,因灾施策抓关键

在宜昌市地质灾害治理工程中,支挡工程(抗滑桩、挡土墙、支撑墩)、锚固工程(预应力锚索)、拦挡工程(主动防护网、被动防护网、棚洞)、护坡工程(挂网喷锚、锚杆格构石笼护坡)、截排水工程、削方工程、压脚工程等措施均有应用。针对宜昌市地质灾害类型和特点,滑坡与不稳定斜坡治理主要采用抗滑桩、微型桩、挡土墙以及格构锚索等工程措施,崩塌治理则主要采用锚固工程以及主动网、被动网、棚洞等防护工程。宜昌市对 210 处地质灾害采用的不同工程治理措施如图 4.22 所示。

图 4.24　长阳县田家坪滑坡抗滑桩治理工程

300mm 的桩孔,再下入外径 273mm(壁厚 8mm)的无缝钢管,施工 200mm 的桩孔则下入外径 133mm(壁厚 6mm)的无缝钢管,对于直径稍大(如外径 273mm)的无缝钢管,有的还会在钢管中间下入工字钢作为构造筋。

2. 工程管理

通过对上述各微型桩工程施工管理过程进行总结分析认为,微型桩施工过程中必须注意以下几点。

1)微型桩成孔

(1)微型桩系采用钻机成孔,不应集中施工微型桩桩孔,应跳钻施工桩孔。

表 4.7 采用微型桩的地质灾害治理工程统计表

序号	县（市、区）	地质灾害体名称	根数（根）	桩直径（mm）	钢管直径（mm）	最大桩长（m）	混凝土方量（m³）	构造钢筋（t）
1	点军区	青少年实践学校不稳定斜坡	270	200	133	10	102.60	21.60
2	当阳市	玉阳办事处友谊路58号不稳定斜坡	210	200	133	8	80.60	30.16
3	兴山县	高桥乡中心学校宿舍楼后山不稳定斜坡	60	200	133	10	27.89	5.02
4	长阳县	财政局不稳定斜坡	40	200	113	15	108.86	10.08
5		鸭子口乡静安村4组滑坡	52	200	133	10	34.40	钢管9.99
6		渔峡口镇岩松坪县道外侧滑坡	46	200	133	10	40.90	钢管13.40
7		贺家坪镇青岗坪村4组滑坡	71	200	133	8.7	37.01	钢管11.31
8		资丘镇淋湘溪村偏山不稳定斜坡	128	200	133	10	68.80	钢管17.70
9		都镇湾镇重溪村4组不稳定斜坡	33	200	133	10	16.80	钢管5.12
10		磨市镇多宝寺村2组不稳定斜坡	27	200	133	10	16.54	钢管4.42
11		渔峡口镇招徕河村3组不稳定斜坡	367	200	133	15	123.12	46.35
12	秭归县	梅家河乡马鹿岩居民点不稳定斜坡	64	—	245	15	61.78	工字钢14.97
13		梅家河乡梅家河中学不稳定斜坡	31	300	273	11	21.78	工字钢9.52
14		归州镇贾家店村4组水田槽滑坡	22	300	273	5	7.77	工字钢3.07

(2)必须严格控制微型桩成孔偏差。桩位偏差不得大于桩径的1/6,且不大于100mm;垂直度偏差不得大于1%;孔深和孔径不得小于设计值。

(3)成孔施工应取芯,宜实施小孔取芯,扩孔成桩,当穿过潜在滑动面或滑带时,应留取芯样并做好地质编录。

2)下置微型桩受力筋

(1)采用钢筋笼型的微型桩,钢筋笼外必须绑扎预制混凝土块(图4.25),以确保混凝土保护层厚度。钢筋宜采用钢套筒螺纹机械连接,接头位置应避开滑带。

(2)采用钢管或型钢、钢轨替代钢筋笼时,钢管宜采用无缝钢管,不得采用卷焊管。钢管接头可采用外套钢管焊接,应避免在滑带范围内设置连接接头。钢管桩都应以进入冠梁0.5m的形式与冠梁浇筑连接。

(3)桩孔完成后应迅速安装受力筋,减少塌孔风险。下置的无缝钢管必须保证钢管外保护层厚度达到设计要求。

3)灌注水泥砂浆

(1)微型桩成桩宜选用在孔内投入碎石后压注水泥浆或水泥砂浆成桩,也可直接压注水

图 4.25　微型桩钢筋笼外绑扎预制混凝土块

泥砂浆或水泥浆。投入微型桩孔内的碎石粒径宜小于 20mm，且不超过桩径尺寸的 1/10。

（2）注浆管宜选用硬质 PVC 塑料管或钢管，置于钢筋笼内侧或钢管内、外侧，同时下入桩孔内。

（3）孔内注浆自下而上进行，边注浆边拔注浆管，注浆管埋入浆液深度不小于 3m，注浆至孔口返出浆液为止。

（4）出现大量漏浆时，应停止注浆，采取护壁措施后注浆，防止漏浆后，微型桩形成地下水帷幕，地下水位抬升影响坡体稳定性。

3. 工程实例

1）秭归县梅家河乡梅家河中学不稳定斜坡治理工程

梅家河中学不稳定斜坡位于秭归县梅家河乡鲁家湾村，其中 1# 斜坡位于学校东侧，为长约 32.16m 的土质斜坡，坡顶为梅家河中学。该不稳定斜坡一旦变形破坏，将直接威胁坡顶 400 余名师生和学校操场、教学楼、实验楼、教师宿舍楼以及坡脚省道公路的安全。

对 1# 斜坡采用了 31 根钢管微型桩、桩顶用帽梁连接的支挡工程进行治理。钢管桩水平间距 2.0m，纵向间距 1.0m，呈梅花型交错布置。

该工程施工过程中重要工序如下：

（1）使用的原材料水泥、砂、碎石、钢筋、钢管工字钢等，按材料进场批次对其材质化验单、生产许可证、产品合格证进行核对检查，在检验合格的基础上，由监理工程师见证采样送试验检验。

（2）微型桩孔钻进。采用 ZG420E-2 钻机进行微型桩桩孔的钻进，桩孔径 300mm。按照桩位偏差控制在 20mm 以内、垂直偏差不超过 1% 的技术要求进行施工钻进。微型桩设计长度 11m。安排专业人员对每根桩钻孔过程实施跟踪，做好详细地质编录，并核对基岩嵌固长度是否满足设计要求,经监理验收合格后再进入下道工序。

(3)钢管及工字钢安装。采用汽车吊车沉放外径273mm、壁厚8mm的钢管及20a工字钢骨架,吊放工字钢骨架时对中孔位,确保混凝土保护层厚度。

(4)钢管桩混凝土灌注。钢管桩芯浇筑混凝土强度为C30。监理工程师在现场进行混凝土坍落度检测试验,合格后,再由溜槽将混凝土传输到钢管中,混凝土自由下落高度不超过2m。填灌混凝土一次性浇筑完成,并振捣密实。

(5)对浇筑31根钢管桩桩身混凝土进行试块强度检测,检测结果全部合格。

(6)对高出地面0.5m的微型桩头进行冠梁钢筋制作安装(图4.26),然后浇筑冠梁。

图4.26 微型桩钢管桩头冠梁钢筋制作安装

4.2.3 挡土墙支挡,排危除险利器

1. 工程特点

挡土墙指支承填方陡坎、开挖明堑或斜坡岩土体,保证填土或岩土体稳定而修筑的结构物,是地质灾害治理中常用的支挡工程措施。挡土墙的形式较多,根据墙体(浇筑)材料可分为浆砌或干砌块石挡墙、毛石混凝土挡墙、现浇素混凝土挡墙、钢筋混凝土挡墙及预制混凝土块体挡墙、格宾石笼挡墙等。由于挡土墙不像抗滑桩那样具有嵌固段,因此所能支挡的土压力(推力)比抗滑桩要小,但其施工工艺简单,造价相对较低,多用于居民房前屋后不稳定斜坡的排危除险。

地质灾害综合防治体系建设以来,在宜昌市已实施的81个工程治理项目中,已有50个项目针对119处地质灾害体采用了挡土墙(表4.8),占治理地质灾害体总数(210处)的56.67%。

表 4.8 采用挡土墙的地质灾害治理工程统计表

序号	县（市、区）	地质灾害体名称	挡土墙长度(m) 石笼	浆砌石	混凝土	舒布洛克	墙高(m)	底宽(m)	顶宽(m)
1	宜昌高新区	港窑路9号不稳定斜坡	—	—	196.0	—			
2	宜昌城区	2022年地质灾害综合治理工程4处	—	—	334.3	—			
3	宜昌城区	排危除险7处地质灾害体	138.4	46.0	57.0	—	4.0	3.0	0.5
4	枝江市	沙碛坪村5组牛头山不稳定斜坡	—	—	—	242.0	1.5	—	0.3
5	当阳市	玉阳办事处友谊路58号不稳定斜坡	—	—	196.0	—	2.5	1.5	1.5
6	当阳市	玉泉办事处龙子村2组滑坡	112.0	—	70.0	—	5.5	3.0	2.0
7	当阳市	排危除险 王店村余某屋后滑坡	—	—	39.0	—	3.0	1.9	1.0
		枣林村宋某成屋后滑坡	—	—	25.0	—	2.5	1.4	0.6
8	五峰县	牛庄乡圈子泥石流	—	—	345.0	—	3.0	—	1.0
9	五峰县	渔洋关镇马岩墩滑坡	—	886.6	238.4	—	6.5	3.7	1.3
10	五峰县	渔洋关镇县职业教育中心不稳定斜坡	—	—	179.0	—	3.0		1.2
11	五峰县	采花乡宋家湾滑坡		60	—				
12	五峰县	渔洋关镇樱桃山3处不稳定斜坡	—	—	318.0	—	4.0	2.8	1.4
13	五峰县	排危除险20个地质灾害体	—	110.0	892.7	—	6.5	2.7	0.8
14	五峰县	五峰县阳晒坡滑坡	—	—	206.0	—			
15	五峰县	县高级中学不稳定斜坡	—	—	32.9	—	3.6	2.0	1.1
16	五峰县	渔洋关镇岩湾滑坡	—	—	259.4	—			
17	五峰县	牛庄乡九里坪村当天坡不稳定斜坡							
18	兴山县	水月寺镇梅坪村不稳定斜坡	—	—	290.0	—			
19	兴山县	排危除险2处地质灾害体	—	33.1	234.3	—			
20	兴山县	峡口镇岩岭村寨岭崩塌	175.3	—	—	—			
21	兴山县	峡口镇李家山村贾家沟崩塌	—	—	97.7	—			
22	宜都市	枝城镇华新搬迁小区不稳定斜坡	301.3	—	—	—	5.0	3.0	1.0
23	宜都市	王家畈镇尖岩子崩塌	—	—	75.0	—			
24	宜都市	高坝洲镇马岗子不稳定斜坡	—	—	514.0	—	9.4	3.3	0.5
25	宜都市	高坝洲镇杉帽山不稳定斜坡	—	—	247.7	—	6.0	2.4	0.6
26	宜都市	排危除险9处地质灾害体	—	—	318.3	—	3.0	1.4	0.5
27	宜都市	王家畈镇古水坪村华家湾滑坡和大风口不稳定斜坡2处	—	—	184.6	—	7.0		

续表 4.8

序号	县（市、区）	地质灾害体名称	挡土墙长度(m)				墙高(m)	底宽(m)	顶宽(m)
			石笼	浆砌石	混凝土	舒布洛克			
28	远安县	旧县镇北沟村鸽子洞崩塌	—	18.00	—				
29		嫘祖镇晒旗村二组崩塌	200.0				3.0	2.0	1.0
30		花林寺镇龙潭河危岩体	—	—	120.0				
31		排危除险6处地质灾害体	—	227.0	80.0		3.0	1.8	1.0
32		花林寺镇高楼村7组洪家崖崩塌		90.0			1.9	0.8	0.6
33	长阳县	资丘镇柿贝村3组石板坨滑坡			233.5		3.0	1.4	0.8
34		县财政局不稳定斜坡		—	20.0		4.0	2.1	1.0
35		渔峡口镇招徕河北滑坡			72.5		5.0		
36		排危除险16处地质灾害体	—	406.0	643.7		4.5	1.9	0.8
37		S255省道兴五线阳岔坡不稳定斜坡	73.0						
38		椰坪镇中心学校不稳定斜坡	88.7		93.9		4.0	1.6	0.8
39		渔峡口镇招徕河村3组不稳定斜坡			143.0		2.5	1.4	
40	秭归县	两河口镇砚窝滑坡			15.0				
41		梅家河乡马鹿岩居民点不稳定斜坡			65.0		1.5	1.0	0.5
42		梅家河中学不稳定斜坡			58.4		1.7	1.5	1.0
43		归州镇老屈原祠塌岸			270.4				
44		杨林桥镇响水洞滑坡	214.0	—	568.3		3.0	2.0	0.5
45		排危除险2处地质灾害体		—	180.4		3.1	1.4	0.6
46		归州镇贾家店村4组水田槽滑坡			79.0		5.0	2.2	0.5
47	夷陵区	小溪塔街道杨家湾不稳定斜坡			18.4		2.0	1.2	0.7
48		三斗坪镇黄土包不稳定斜坡			126.0		3.5	1.7	1.0
49		排危除险8处地质灾害体		65.0	285.0		3.5	1.7	0.8
50		乐天溪镇汪家坡滑坡前缘坍滑		28.3	33.5		2.0	1.0	0.5

注：若一个治理工程中的挡土墙高、顶宽、底宽有两种以上尺寸时，表中选填墙高最大对应的组合尺寸。

具体来看，在采用挡土墙措施的119处地质灾害中，有滑坡53处、不稳定斜坡51处、崩塌11处、泥石流3处、库岸1处。可见，挡土墙是治理小型滑坡和不稳定斜坡最常用的工程措施。在崩塌治理工程中，挡土墙则多用于坡脚，然后在挡土墙上布设被动防护网。此外，119处地质灾害的挡土墙工程中，94处灾害采用了混凝土挡土墙，累计长8 264.33m；25处地质灾害采用了浆砌石挡土墙(其中有8处既采用混凝土挡土墙，又采用了浆砌石挡土墙)，累计长约2 179m；11处地质灾害采用格宾石笼挡墙(其中3处既采用混凝土挡土墙，又采用了石笼挡土墙),累计长1 103.2m;1处采用舒布洛克挡土墙,长约242m。可见,绝大多数地质灾害(占比79%)采用混凝土挡土墙。据统计,85%以上的挡土墙高度为2.5~4m。

同时,对2020年对宜昌城区和8个县(市、区)开展的地质灾害排危除险项目进行统计(表4.9,图4.27),结果表明在105处实施排危除险的地质灾害中,有72处地质灾害采用了挡土墙工程措施,占比68.6%;除兴山县外,其余县(市、区)占比均达到或超过了50%。由此可见,在排危除险治理滑坡、不稳定斜坡的治理措施中,挡土墙这种既简单适用又经济可行的支挡工程得到了广泛应用。

表4.9 2020年采用挡土墙工程实施排危除险的地质灾害体统计表

县(市、区)	排危除险地质灾害体		占比(%)
	总数(处)	采用挡土墙工程的数量(处)	
五峰县	24	20	83.3
长阳县	24	16	66.7
夷陵区	15	8	53.3
宜都市	13	9	69.2
宜昌城区	9	7	77.8
远安县	9	6	66.7
兴山县	5	2	40.0
秭归县	4	2	50.0
当阳市	2	2	100.0
合计	105	72	68.6

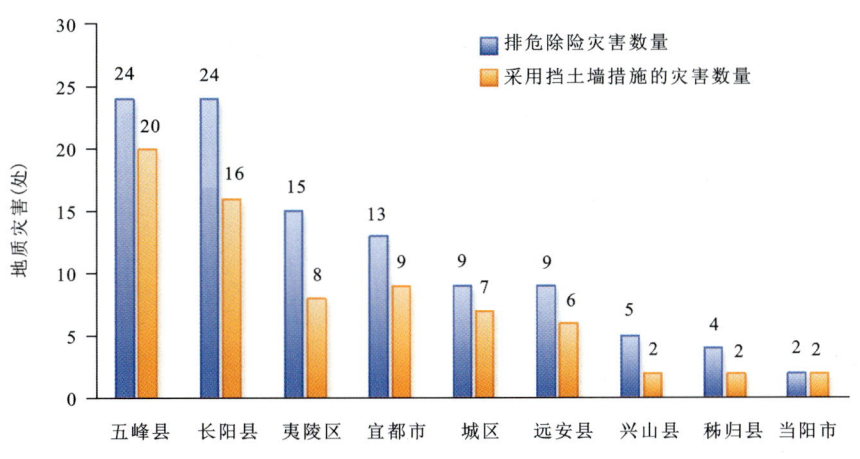

图4.27 采用挡土墙工程实施排危除险的地质灾害体

2. 工程管理

1）混凝土挡墙

在滑坡治理中，混凝土挡土墙基础应置于滑带以下。滑带埋深较大，挡墙基槽开挖难度较大时，可采用微型桩基础。挡墙基槽开挖对滑坡稳定性不利，应分段开挖、分段砌筑，并严格落实施工期间安全监测要求。

排水孔、反滤层是挡土墙施工质量的薄弱环节。排水不好，挡土墙成了水坝，要承受比土压力大得多的水压力，致使挡墙易开裂变形。监理单位必须在反滤施工现场旁站监理，规范反滤层石料级配、厚度。对于地下水丰富的滑坡，不能仅在排水孔后用土工布包裹碎石作为反滤层，而要在整个墙体后施工贯通式的反滤层，以较好地输出地下水。挡土墙排水孔孔径不宜小于100mm，排水管壁厚必须大于2mm，底部排水孔高度不得高于墙脚0.5m。

2）格宾石笼挡墙

格宾石笼挡墙是一种用热镀锌低碳钢钢丝蜂巢形格宾网片组装成箱笼，箱笼中填充块石等材料的结构系统，利用石笼捆绑、堆码在一起产生的摩擦力阻挡墙背土体压力。格宾石笼挡墙具有柔性、透水性，可以适应地基变形，抵抗冲刷，适用于治理地下水丰富的小型滑坡（不稳定边坡）。

格宾石笼挡墙施工时需注意以下几点：

（1）进入施工场地的格宾网，必须具有产品合格证书和质量证明书，并且应委托具有专业检测资质的单位对格宾网材料进行检测。

（2）格宾石笼网组装。通过垂直相交的方式将每一个独立的格宾石笼网箱连接，石笼网必须错缝码放（图4.28）。

（3）绑扎格宾石笼网。用与石笼网相同的扎丝将相邻石笼网之间绑扎连接，每个绑扎间距15~20cm，必须双股绑扎绕3圈（图4.29）。

图4.28　格宾石笼错缝码放

图4.29　石笼绑扎示意图

(4)格宾石笼网块石填装。格宾石笼靠土侧可以铺设土工布,防止墙背土粒流失,堵塞石笼中空隙影响排水效果。填装石料为耐风化的岩石,抗压强度不小于30MPa,块径以150~300mm为宜(外侧周边石料粒径须大于网孔孔径),严禁使用易风化岩块,石材码放应平整、稳固。

在宜昌市地质灾害治理工程中,这种措施已经成熟应用并取得了良好的治理效果。长阳县S255省道兴五线阳岔坡不稳定斜坡、长阳县榔坪镇中心学校不稳定斜坡、夷陵区陈家湾滑坡、当阳市玉泉街道办事处子龙村2组滑坡、秭归县杨林桥镇响水洞滑坡5处治理工程中都采用了格宾石笼挡墙。

3. 工程实例

1)五峰县渔洋关镇樱桃山不稳定斜坡混凝土挡土墙

樱桃山不稳定斜坡位于五峰县渔洋关镇三房坪社区,沿公路分布共计6处不稳定斜坡(编号1#~6#),总长853m,主要威胁樱桃山63户225人以及公路交通与行人安全,潜在经济损失3600万元。

不稳定斜坡主要治理工程措施为危岩清除、主动防护网、挡土墙、排水沟、锚杆格构护坡等。其中,在2#、3#、4#三个不稳定斜坡的坡脚公路内侧实施混凝土挡土墙工程(图4.30),挡土墙总长318m,墙高2.5m,地面墙高1.5m,墙地下基础深1m,墙顶宽1m,墙背坡率1:0.1,墙面坡率1:0.25。混凝土强度为C25。每隔5~10m设一杉木沥青麻筋伸缩缝。挡墙浇筑前在挡墙中预埋一排直径为100mm的PVC排水管,水平间距2m。墙后布设反滤砂层。

图4.30 五峰县渔洋关镇樱桃山3#不稳定斜坡的混凝土挡土墙

2)兴山县秀龙村不稳定斜坡板肋式锚杆挡墙

秀龙村不稳定斜坡位于长江一级支流香溪河右岸兴山县秀龙村。斜坡长约42m,宽约170m,最大高差约58m,坡度在33°~37°之间,下伏基岩为中侏罗统沙溪庙组(J_2s)泥岩、页岩与厚层状长石砂岩互层,属逆向坡。

在不稳定斜坡Ⅱ区,由于顺坡向节理发育,倾向与坡面基本一致,贯穿性好,受坡底修建公路开挖,坡脚临空,易沿该组节理面发生滑移式崩塌。同时,由于泥岩层差异风化剥蚀形成凹腔,上部砂岩层受裂隙切割,也易发生崩塌。考虑Ⅱ区坡脚即为村级公路,空间有限,且临空面高度最大在10m以上,故对Ⅱ区选用混凝土板肋式锚杆挡墙措施(图4.31、图4.32),有效防止坡体的进一步变形。

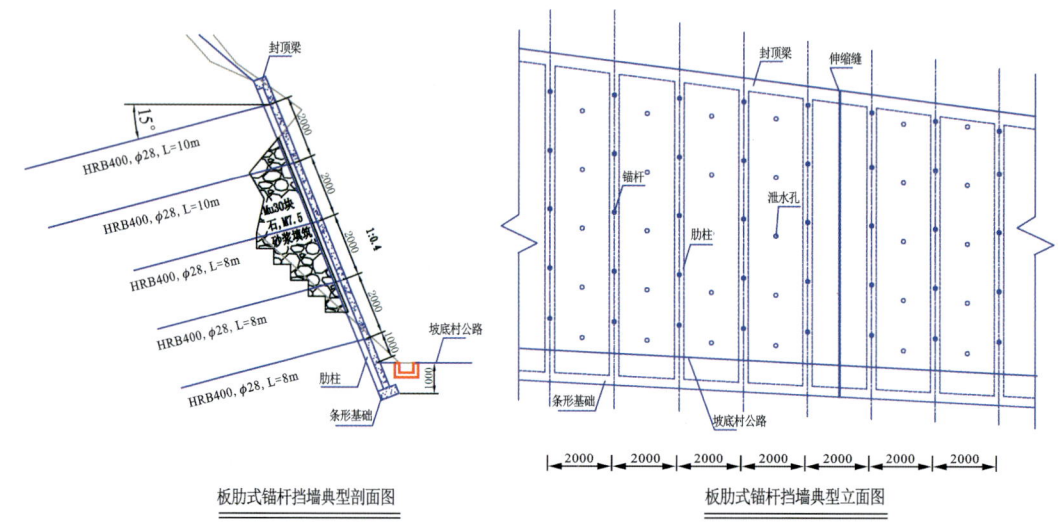

图 4.31　混凝土板肋式锚杆挡墙结构图

(a)治理工程全貌

(b)板肋式锚杆挡墙

图 4.32　兴山县秀龙村不稳定斜坡治理工程

3)当阳市玉泉街道办事处子龙村2组滑坡格宾石笼挡土墙

子龙村2组滑坡位于当阳市玉泉街道办事处子龙村2组。滑坡横宽约110m,纵长约113m,相对高差为47m,地形坡度40°~50°。滑体物质成分主要为粉质黏土。由于滑坡前缘为河流,河流侧蚀与饱水使滑坡前缘阻滑力减小,滑坡变形失稳。

在河边采用既防侧蚀又透水的格宾石笼挡墙对岸坡进行防护,并支挡滑坡。格宾石笼挡墙采用长1m、宽1m、高1m的格宾石笼网,绑扎堆码3层,总高5.5m,基础埋深2.5m,顶宽2m、底宽3.5m,形成总长112m的格宾石笼护岸挡墙(图4.33)。格宾石笼护岸挡墙不仅防止了滑坡变形破坏,而且对库岸进行了有效防护,避免了河水冲刷。

图4.33 当阳市玉泉街道办事处子龙村2组滑坡格宾石笼挡土墙

4.2.4 预应力锚索,锚固陡峭坡体

1. 工程特点

预应力锚索加固工程将锚索的锚固段设置在滑动面(或潜在滑动面)以下的稳定地层中,在地面通过反力装置(格构、地梁、锚墩)将滑坡推力传入锚固段以稳定滑坡体,是滑坡治理的重要方法之一。

宜昌市已实施的综合防治体系建设工程治理项目中,有2个采用了预应力锚索加固工程。

2. 工程管理

预应力锚索加固工程在施工中需注意以下关键工序。

(1)试验锚索施工。在施工锚索前,必须在与锚固段同样的工程地质岩体中施工不少于3根的试验锚索。

(2)先施工格构梁,以便早日施加预应力。①格构梁打垫层。在开挖的格构梁基槽内铺设厚度不小于5cm强度C10~C15的混凝土垫层,以防止格构梁底部钢筋无保护层直接与土体接触。②格构梁钢筋制安。格构梁底部主筋应用混凝土块、块石垫起,保证达到设计的保护层厚度,不得用土块垫钢筋。③预留孔。浇筑混凝土格构梁时,应在格构梁交叉处用埋管法预留锚索孔。④浇筑混凝土。浇筑每一单元结构物时,每100m^3一工作班应制取2组混凝土抗压强度试件。格构梁钢筋布置大样如图4.34所示。

(3)锚孔施工。记录每个锚孔孔深、孔径、倾斜角度实测数据。

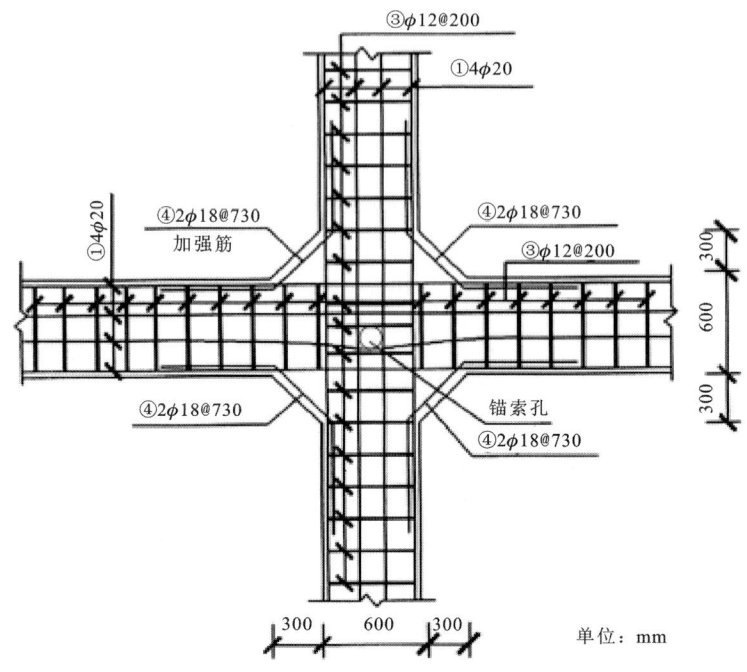

图 4.34 格构梁钢筋布置大样图

（4）正确把握二次注浆。一次注浆，将一根钢管和胶皮管作为导管。随着水泥砂浆的注入，逐步往外拔出注浆管，但管口要始终埋在砂浆中。当用压缩空气注浆时，注浆压力在 0.4MPa 左右，至注满锚固段。张拉后二次注浆，对锚固段进行张拉后，再注入自由端，使锚固段与自由端界限分明。

（5）预应力锚索验收检测。锚索验收试验的目的是检验施工质量是否达到设计要求。验收一般采用承载力抗拔试验，对于重要工程尚宜进行锚固深度无损检测。锚索加固工程验收数量不少于总量的 5%。

3. 工程实例

1）兴山县昭君镇昭君村昭君宅次级滑坡预应力锚索格构

昭君宅次级滑坡属于兴山县昭君镇昭君村滑坡中的次级滑坡。滑坡厚度约 23m，体积 $129 \times 10^4 m^3$。滑坡位移较大，稳定性差，直接威胁文物保护建筑——昭君宅的安全。

对昭君宅次级滑坡采用预应力锚索格构进行治理（图 4.35）。预应力锚索锚固段为粉砂岩，共布置预应力锚索 192 束，锚筋采用 10 根 $7\phi5$ 钢绞线，单根锚索长 60～85m。其中，60m 长的预应力锚索 82 束、70m 长的 51 束、80m 长的 18 束、85m 长的 44 束。锚孔孔径 168mm，锚固段 15m。设计锚固力 1500kN。锚索采用 OVM15A-10 锚具，配套千斤顶 YCW250。格构锚固钢筋制作安装 251.38t，C20 锚固注浆混凝土 262.46m³，C30 格构梁混凝土 892.33m³。

4 综合治理 保障安全

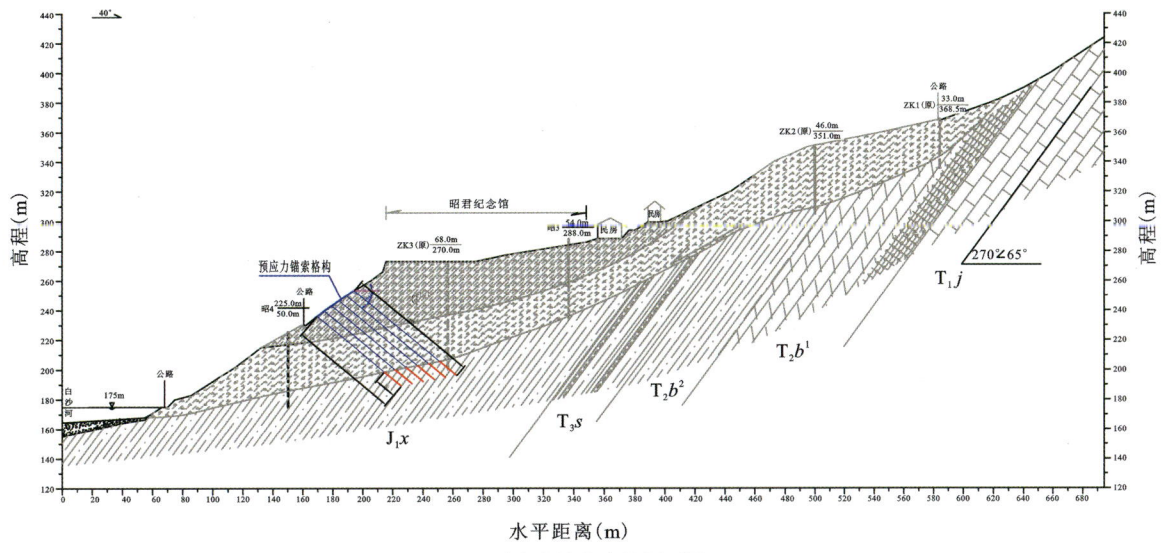

(a)预应力锚索布置剖面图

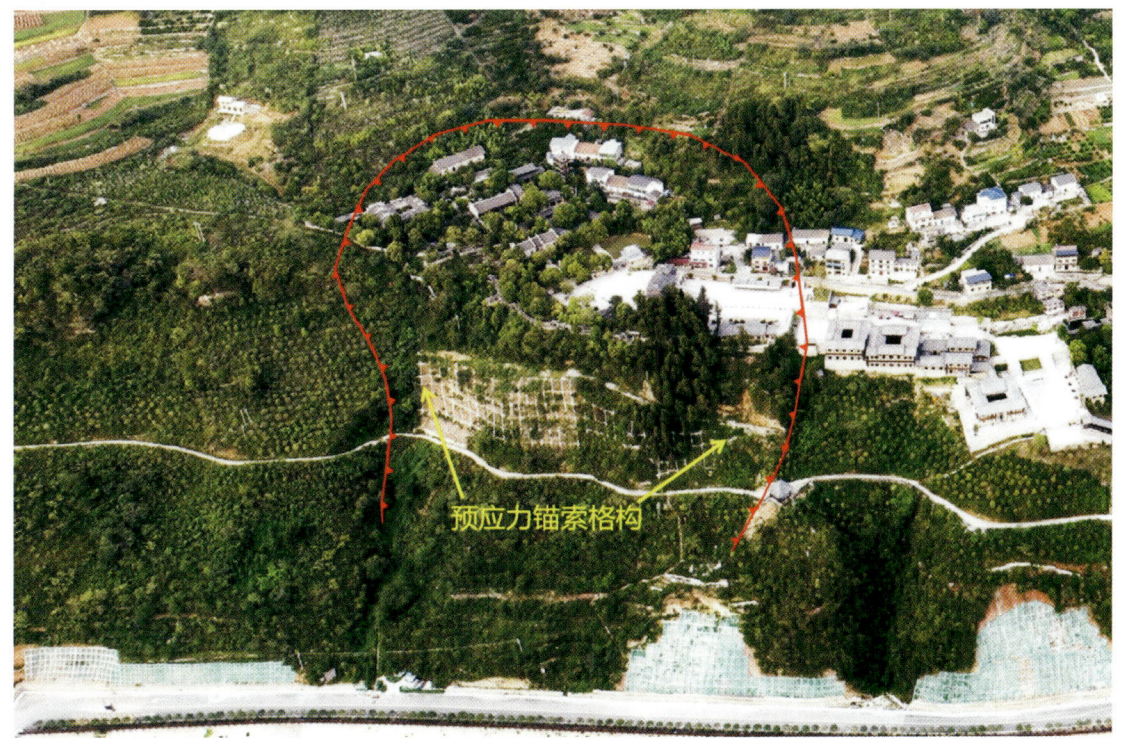

(b)工程外观

图 4.35 兴山县昭君镇昭君村昭君宅次级滑坡预应力锚索格构工程

昭君宅次级滑坡预应力锚索格构工程关键工序如下：

(1)在相同锚固段岩层进行了3根锚固段为15m的试验锚索拉拔破坏性试验检测。检测结果显示，试验锚索破坏极限拉力为2897kN，比设计锚固力1500kN大1397kN。

(2)格构钢筋制安。按照设计尺寸 500mm 宽、700mm 深（埋置广场地坪下的加深）进行格构梁抽槽、铺设 C15 垫层后,制作安装钢筋（图 4.36）。钢筋搭接点错开放置,焊接头每截面不超过 50%。格构梁底部钢筋下垫石块,以保证底部钢筋有 50mm 的保护层。钢筋绑扎完成后,现场质检员自检合格后报监理工程师验收,验收合格后浇筑混凝土。

图 4.36 格构钢筋制作安装

(3)混凝土浇筑。浇注前,准备好所需材料并严格按照配合比搅拌混凝土,将混凝土各材料用量标示挂牌在施工现场,所准备的材料均应满足一个班次混凝土用量。浇筑混凝土时分段分层进行,C30 混凝土灌注前由当班技术员检查混凝土的坍落度,满足技术要求后才能浇筑。浇筑中随机进行坍落度检测,依此调整水的用量,并按要求制备试块（每 100 盘 1 组或每班 1 组）,标准养护 28d 后进行抗压试验。同时,安排专人轮流换班旁站监督混凝土浇筑和振捣,保证混凝土连续浇筑。

针对构格梁的特点采取一次浇筑,采用插入式振动器振捣,振捣时要做到：

(1)振捣时振动棒与混凝土表面垂直或斜向振捣,当采用斜向振捣时要使振动棒与混凝土表面成 40°～50°。

(2)振捣时要做到"快插慢拔",在振捣过程中,宜将振动棒上下略微抽动,以使上下振捣均匀。

(3)应掌握好每一插点的振捣时间,时间过短不易捣实,时间过长可能引起离析。每点振捣时间一般为 20～30s,使用高频振动器时,最短不小于 10s,但应以表面呈水平,不再显著下沉和出现气泡且泛出灰浆为准。

(4)振动器插点要均匀排列,可采用行列式或交错式的秩序移动,不应混用,以免造成混乱而发生漏振。每次移动位置的距离应不大于振动棒作业半径的 1.5 倍。

(5)振动器使用时,振动器距离模板不应大于振动器作用于半径的 0.5 倍,并不宜紧靠模板振动,应尽量避免碰撞钢筋。

(6)锚索成孔。本工程预应力锚索最大成孔深度达 85m,孔径为 168mm,属大口径超深锚索,配备了大扭矩的 MD-80 锚索钻机、21m³ 柴油空压机和拔管机,并采用套管护壁跟进施工钻进工艺,确保钻孔顺利穿过易垮塌的松散破碎地层直至锚固岩层。施工中应严格按照设计要求控制成孔深度,要求成孔深度大于设计深度30~50cm,施工人员应对每孔做好详细地质编录,并核对入岩深度是否满足设计要求。钻孔过程中严格控制孔位偏差、倾斜度及孔深,同时在施工日志中做好测量原始数据记录。应严格执行终孔五方验收制度,确保成孔质量。

(5)锚索安装与灌浆。预应力锚索体由锚梁、自由段、锚固段和安全段4个部分组成。拉力分散型锚索由3个单元锚索组成,每个单元锚索分别由3~4根无黏结钢绞线组成,当钢绞线在锚孔内被浆体固结后,形成均布于锚固段的3个承载体。

钢绞线采用公称直径15.2mm、抗拉强度1860MPa的高强度低松弛无黏结预应力钢绞线。锚索制作时,将钢绞线顺直排列在加工台上,按不同单元确定钢绞线长度,按照图纸装配结构进行制作。锚索安装前应彻底除锈、除油污并逐根检查,表面应顺直无扭转、排列均匀,对存在死弯、机械损伤及锈蚀缺陷的钢绞线须应整根剔除。沿锚索体轴线方向每隔1.0~1.5m安装定位环(或支架环),定位环宜采用工程塑料或钢筋焊制,其内径应比锚索体外径大5~8mm,确保锚固段保护层厚度不小于20mm。

安装锚索体前再次认真核对锚孔编号,确认无误后用高压风吹孔,人工缓缓将锚索体放入孔内,用钢尺测量孔外露出的钢绞线长度,计算孔内锚索长度(误差控制在50mm范围内),确保锚固长度。

注浆采用水泥砂浆,经试验比选后确定施工配合比。实际注浆量一般要大于理论注浆量,或以锚具排气孔不再排气且孔口浆液溢出浓浆为注浆结束的标准。如一次注不满或注浆后产生沉降,要补充注浆,直至注满。注浆结束后,将注浆管、注浆枪和注浆套管清洗干净,同时做好注浆记录。

(6)锚索张拉。锚索张拉应在格构梁和注浆体达到设计强度后进行。通过现场张拉试验,确定张拉锁定工艺。为保证锚索在工作荷载状态下受力均等,正式张拉前,应对自由段较长的单元锚索进行预张拉,以消除相同荷载作用下因自由段长度不等而引起的弹性伸长差,再同时张拉各单元锚索并锁定。锚索的张拉及锁定应分级进行,严格按照操作规程执行。在设计张拉完成6~10d后再进行一次补偿张拉,然后加以锁定。补偿张拉后,从锚具量起,留出长5~10cm钢绞线,其余部分截去,须用机械切割,严禁电弧烧割,最后用水泥净浆注满锚垫板及锚头各部分空隙,采用不低于C30的混凝土对锚头进行封锚,防止锈蚀,兼顾美观。

(7)锚索验收检测。验收数量不少于总量的5%。采用分级循环张拉验收试验,最大试验荷载取锚索轴向拉力设计值的1.5倍,荷载级数大于5级,加荷速度宜为50~100kN/min,卸荷速度宜为100~200kN/min。验收试验结果的合格标准包括两个方面:一是最大试验荷载条件下,在10min持荷时间内锚索的位移量应小于1.0mm,若不能满足,则在持荷至60min时,锚索位移量应小于2.0mm;二是验收结果满足设计和规范要求。

4.2.5 被动网防护,拦挡危岩滚石

1. 工程特点

被动防护网是治理危岩崩塌和滚石的重要措施之一。它由约3m高的钢丝绳网或环形

网(需拦截小块落石时附加一层铁丝格栅)、固定系统(锚杆、拦锚绳、基座和支撑绳)、减压环和钢柱4个主要部分构成。钢柱和钢丝绳网连接组合构成一个整体,对所防护的区域形成面防护,从而阻止崩塌岩石、土体下坠,以保护边坡下方居民、行人、车辆等免遭被砸伤害。不同型号被动网可吸收和分散传递150～3000kJ以内的落石冲击动能,特殊防护网可达5000kJ。

宜昌市地质灾害综合防治体系建设中,已有40余处地质灾害治理工程采用了被动防护网(表4.10),累计长度9 400.37m,面积48 885.3m²。其中被动防护网高度为5m,占比50%,其次为3m。被动防护网平均工程单价为230～400元/m²。

表4.10 采用被动防护网的地质灾害治理工程统计表

序号	县(市、区)	地质灾害体名称	防护网长(m)	防护网面积(m²)	防护网高度(m)
1	点军区	谭艾路(夷陵长江大桥-宜万铁路桥段)沿线不稳定斜坡	28.8	144	5
2		联棚乡文佛山林场凉亭子岗公路不稳定斜坡	1102.0	5510	5
3		联棚乡长岭村闵家墩公路不稳定斜坡	300.0	1500	5
4		联棚乡陈家场不稳定斜坡	160.0	800	5
5		联棚乡王家场1#不稳定斜坡	220.0	1100	5
6		联棚乡王家场2#不稳定斜坡	160.0	800	5
7		桥边镇上峰尖村干溪滑坡	70.0	210	3
8		谭艾路沿线1#不稳定斜坡	15.0	75	5
9		土城乡土城村1组危岩体	39.0	195	5
10		土城乡车溪景区危岩体	45.0	225	5
11		土城乡车溪景区娘娘泉危岩体	113.0	565	5
12	当阳市	庙前镇山峰村鹰子岩崩塌	110.0	550	5
13	五峰县	渔洋关镇樱桃山不稳定斜坡	36.0	180	5
14		傅家堰乡古锣洞不稳定斜坡	?	?	—
15		五峰镇雅来公路崩塌	345.0	1035	3
16	兴山县	南阳镇阳泉村眉毛坎危岩体	324.0	1620	5
17		峡口镇石家坝村黑槽危岩体	160.0	800	5
18		古夫镇古洞村凹屋岩危岩体	462.0	2310	5
19		水月寺镇高岚中小学危岩边坡治理	195.0	585	3
20		峡口镇岩岭村寨岭崩塌	162.0	810	5
21		峡口镇李家山村贾家沟崩塌	90.0	450	5

续表 4.10

序号	县（市、区）	地质灾害体名称	防护网长(m)	防护网面积(m²)	防护网高度(m)
22	宜都市	松木坪镇双井寺村2组破岩垴崩塌	188.0	940	5
23		聂河镇白家淌村熊渡水库旁不稳定斜坡	406.8	2034	5
24		王家畈镇夏家湾村5组尖岩子崩塌	60.0	300	5
25		姚家店镇过路滩村季永洪屋前不稳定斜坡	76.0	380	5
26		枝城镇余家桥村危岩体	100.0	300	3
27		枝城镇纸坊冲村王家垴XP4不稳定斜坡	20.0	80	4
28		松木坪镇观音桥村和双井寺村危岩崩塌	78.0	550	
29	远安县	花林寺镇高楼村洪家崖崩塌	88.0	390	
30		嫘祖镇晒旗村2组崩塌	—	600.0	
31		花林寺镇宝华村1组柳树沟崩塌	192.0	960	5
32		洋坪镇余家畈村瓦坡崩塌	690.0	2530	—
33		花林寺镇高楼村7组洪家崖崩塌	140.0	420	3
34		嫘祖镇望家村阳岩河崩塌	400.0	2000	5
35	长阳县	榔坪镇蒋家湾崩塌	190.0	950	
36		龙舟坪镇清江画廊游客中心下渔口方向200m处崩塌	78.0	233.31	3
37		磨市镇磨市村5组滑坡	20.0	60	3
38		龙舟坪镇晒鼓坪村1组危岩体	200.0	800	4
39		龙舟坪镇晒鼓坪村梧桐山崩塌	1058.0	3593	
40	秭归县	梅家河乡马鹿岩居民点不稳定斜坡	—	180	
41	夷陵区	小溪塔街道杨家湾不稳定斜坡	600.0	3000	5
42		雾渡河镇西北口村杨家墩集中安置点边坡	150.0	448	3
43		樟树坪镇殷家坪村高尖寨不稳定斜坡	100.0	298	3
44		乐天溪镇王家坪村三峡人家停车场坍滑	80.0	240	3
45		乐天溪镇方某林屋后不稳定斜坡	80.0	206	3
46		乐天溪镇汪家坡滑坡前缘坍滑	50.0	7594	

2. 工程管理

（1）立柱弯曲、上拉绳被拔出是被动网失效的最常见现象，因此，设计过程中应注意立柱及其基础与拉绳之间的协同作用。为防止设计时计算的崩塌块体体积偏小、冲击能量偏小或崩塌弹跳高度不足等问题导致被动网失效，勘查时应调查已有落石的分布位置、粒径大小，崩塌源物质特征，地表覆盖物、地形、坡度等，设计时应加强落石轨迹分析。对于地形复杂、危害性大的重大危岩体，应采取三维落石轨迹分析，科学设计被动网布置区域、能级、拦截块石粒径和高度。

(2)经验表明,现有防护网无法有效拦截体积大于 $2m^3$ 的崩塌落石。因此,在地形条件允许的情况下,宜采取落石槽+被动网的综合措施或其他措施拦截体积大于 $2m^3$ 的崩塌岩石。

(3)帘式防护网是被动网的一种,宜根据实际情况布设。有条件或崩塌规模比较大时,可适当悬空布设,形成预留通道,防护网下部末端可设置落石槽,防护效果尤佳。

(4)施工中,必须委托具有国家认证资质的单位参照《边坡柔性防护网系统》(JT/T 1328—2020)中检测规则的相关规定,对被动防护网的主要金属构件质量进行检测。

(5)参照相关规定,进行拉锚绳锚杆的验收检测。

3. 工程实例

1)夷陵区乐天溪镇汪家坡滑坡前缘坍滑张口式帘式防护网

汪家坡滑坡前缘坍滑位于乐天溪镇莲沱村 3 组,发生坍滑的山体坡度 45°~55°,坡表多见块石外凸于坡表,坍滑区距坡脚约 120m。仅 2020 年 7 月就发生过两次大规模坍滑,坍滑区横宽 20~30m,纵长 15m,厚 1~2.5m,此滑坡总体积 400m³,导致坡脚一处农户鸡圈、一座蓄水池以及部分农田损毁,并对坡脚居民 20 户 48 人的生命财产和三峡专用公路交通安全构成严重威胁。

由于落石块径大,崩塌源区地形陡峻,紧邻三峡专用公路等重要设施,工程措施主要采用张口式帘式防护网+落石槽+被动防护网。其中,针对上部坍滑源、中部坍滑路径、下部坍滑物质堆积的整个斜坡采用张口式帘式防护网,并适当悬空,形成预留通道,在张口式帘式防护网末端地形相对平缓位置修建落石槽,再沿落石槽外侧挡墙上部布设一排被动网(图 4.37)。上述 3 项工程措施组合实施,取得了很好的防护效果。

2)兴山县峡口镇石家坝村黑槽危岩体被动防护网

2017 年,兴山县峡口镇石家坝村黑槽发生体积约 200m³ 的岩质崩塌,造成约 100m 的 S312 省道及村级公破损、道路护栏损坏等。调查发现,黑槽危岩体后缘裂缝基本贯通,稳定性较差,且部分区域岩体较为破碎,对坡脚 S312 省道和村级公路产生较大威胁。

危岩体主要防治措施为凹腔支撑+钢丝绳捆绑+随机锚杆+主动防护网(岩体破碎区)+被动防护网+坡面清理+道路修复。其中,采用 GPS2 主动防护网面积 5 115.25m²,3m 锚杆 204 根,16mm 钢丝绳索 1300m,11m 锚杆注浆加固 165 根;采用 RX-150 型被动防护网一排,总长 160m,高 5m,面积的 800m²,防护最大冲击力 1500kJ。采用立柱间距 10m,基础 C25 混凝土基础,截面尺寸为 1600mm×1600mm×2000mm(深)。每根立柱有 2 根锚绳,锚绳总数为 34 根,拉绳锚杆处增加锚墩基础,截面尺寸与被动防护网基础相同。使用的水泥、碎石、砂等原材料由施工单位自行采购,均在监理监督下进行抽样送检,其中水泥送检 2 批次、砂送检 2 批次、碎石送检 2 批次、钢筋送检 2 组、C25 混凝土试块送检 7 组、C30 混凝土试块送检 6 组、M30 砂浆送检 6 组,均检测合格;M30 锚杆 588 根(其中 11m 长的 165 根、4m 长的 219 根、3m 长的 204 根),检测 28 根,全部满足规范和设计要求。上述被动网+主动网工程措施组合实施(图 4.38),取得了良好防治效果,大大降低了危岩体风险。

(a)后部及坡面上布设的张口式帘式防护网

(b)防护后全貌

(c)前部落石槽及其外侧挡墙上的被动网

图 4.37 夷陵区乐天溪镇汪家坡滑坡前缘坍滑张口式帘式防护网工程

(a)治理前全貌　　　　　　　　(b)治理后全貌

(c)主动网防护　　　　　　　　(d)被动网防护

图 4.38 兴山县峡口镇石家坝村黑槽危岩体被动防护网

4.2.6 主动网防护,钢网罩住危岩

1. 工程特点

主动防护网是以钢丝绳网为主的各类柔性网覆盖包裹在所需防护斜坡或岩石上,限制坡面岩石土体的风化剥落或破坏以及危岩崩塌,将落石控制于一定运动范围内以保护斜坡下方安全的拦挡工程措施。它采用系统锚杆固定,并根据柔性网的不同,分别通过支撑绳和缝合张拉或预应力锚杆来对柔性网部分实现预张拉,主要适用于坡体整体稳定,但因浅表裂隙切割易发生小规模块石崩落的硬岩质坡体,不宜在泥页岩、砂泥岩互层等易风化或差异性风化显著的软岩边坡上使用。

宜昌市综合防治体系建设中,已有52处地质灾害体的治理工程采用了主动防护网,防护面积约 $24.25 \times 10^4 m^2$,平均单价约140元$/m^2$。部分采用主动防护网措施的地质灾害治理工程见表4.11。

表4.11 采用主动防护网的地质灾害治理工程统计表

序号	县 (市、区)	地质灾害体名称	防护 面积(m^2)	系统 锚杆(根)	锚杆长 (m)	随机 锚杆(根)
1	点军区	谭艾路(夷陵长江大桥-宜万铁路桥段)沿线不稳定斜坡7处	35 559	1756	3、5	—
2		联棚乡文佛山林场凉亭子岗公路不稳定斜坡	21 683	1400	—	—
3		联棚乡长岭村闵家墩公路不稳定斜坡	1802	130	—	—
4		排危除险谭艾路沿线1#不稳定斜坡	5568	214	3、5	—
5		土城乡土城村一组危岩体	5520	303	3	298
6	城区	宜昌市外国语高中后山崩塌	972	—	—	—
7	当阳市	庙前镇山峰村鹰子岩崩塌	1500	167	3	16
8	五峰县	渔洋关镇樱桃山不稳定斜坡	6752	1779	4、6	277
9		五峰镇中咀崩塌	3510	348	3	—
10		地质灾害排危除险3处地质灾害点	2299	251	3	—
11		渔洋关镇县高级中学、溜沙坡不稳定斜坡	6240	262	3	198
12		五峰县林业局西侧崩塌、东侧崩塌	10 247	624	—	—
13	兴山县	南阳镇阳泉村眉毛坎危岩体	11 150	1350	3	120
14		峡口镇石家坝村黑槽危岩体	5115	369	3	165
15		水月寺镇高岚中小学危岩边坡	266	36	—	—
16		水月寺镇黑沟崩塌	1265	140	3	—

续表4.11

序号	县(市、区)	地质灾害体名称	防护面积(m²)	系统锚杆(根)	锚杆长(m)	随机锚杆(根)
17	兴山县	峡口镇平邑口村羊子岩不稳定斜坡	2652	295	3	145
18		峡口镇岩岭村寨岭崩塌	12 115	200	—	
19		峡口镇李家山村贾家沟崩塌	7554	840	3	
20	宜都市	松木坪镇双井寺村2组破岩垴崩塌	1153	158	4、6	
21		聂河镇白家淌村熊渡水库旁不稳定斜坡	4102	456	3	
22		王家畈镇夏家湾村5组尖岩子崩塌	476	53	3	
23		五眼泉镇龙口子村七子拐不稳定斜坡	592	54	3	
24		枝城镇纸坊冲村王家垴XP3不稳定斜坡	384	33	3	
25		松木坪镇观音桥村和双井寺村危岩崩塌	1153	158	3	
26	远安县	旧县镇北沟村鸽子洞崩塌	5989	316	3	
27		花林寺镇高楼村洪家崖崩塌	3928	499	3、5	
28		花林寺镇木瓜铺村龙潭河危岩体	2065	135	3	
29		河口乡漳沐村村委会以南300m处崩塌	2030			
30		花林寺镇高楼村7组洪家崖崩塌	10 915	651	3	
31		嫘祖镇望家村阳岩河崩塌	9280	1032	3	104
32	长阳县	资丘镇淋湘溪村偏山不稳定斜坡	106	—		
33		磨市镇磨市村5组滑坡	500	—	3、5	
34	秭归县	梅家河乡马鹿岩居民点不稳定斜坡	3369	275	3	
35		沙镇溪镇双院村王家咀新居名点崩塌	1265	72	3	
36	夷陵区	小溪塔街道杨家湾不稳定斜坡	14 830	1158	3	
37		黄花镇香炉山村地质灾害	6076	525	4、5	
38		东城实验区罗家湾、杨家包不稳定斜坡	12 692	689	2、4	
39		龙泉镇吕家河不稳定斜坡	2429	309	3	
40		张家口村陈维秀屋后崩塌	600	51	3	
41		乐天溪镇汪家坡滑坡前缘坍滑	738	86	3	
42		三斗坪镇石牌村梯子岩崩塌	19 298	1283	3	—

2. 工程管理

1)进场送检

进场的每批柔性主动防护网必须委托具有专业检测资质的单位,参照《边坡柔性防护网系统》(JT/T 1328—2020)中的检测规则进行检测。

2）试验锚杆

按照与工程锚杆相同的锚固段地质条件、相同长度与杆径的锚杆材料、相同的施工工艺（孔径、锚固段长）等，进行不少于3根锚杆的基本试验。试验荷载为锚杆轴向拉力 N_{ak} 的2倍。

3）坡面清理与放线

（1）清除、处理坡面防护区域内的浮土及浮石，遇坡面凹腔或负地形时，尽可能采取削坡处理或进行回填支撑。坡体中如果存在不适宜清除的较大危岩块体时，可设置随机锚杆加固，随机锚杆应单独作为分项设计，并应特别注意系统锚杆与随机锚杆的协调。清表时尽可能"斩草不除根"，保留植物根系，或防护网与植生袋、植生槽联合使用，便于生态恢复。

（2）放线测量确定锚杆孔位，并按照设计要求在每一个孔位处凿一深度不小于锚杆外露环套长度的凹坑。

4）锚杆施工

（1）按设计深度钻凿锚孔。施工日志必须记录当日施工的每个锚孔编号、孔深、孔斜、岩性、垮孔情况以及施工人员姓名等。监理日志必须记录当天施工锚孔深度、孔斜测量原始数据。锚孔可按照如下方式编号：1-1、1-2、1-3、…；2-1、2-2、2-3、…；3-1、3-2、…。

（2）下锚杆浇筑。当主动防护网的锚杆长度大于4m时，单用2根钢丝绳制成的锚杆一般很难保证能下至锚孔底部，这时常采用形成环套的2根钢绳与ϕ20的螺纹钢筋绑扎制成锚杆。为了避免螺纹钢筋露出地面因没有水泥砂浆保护而氧化锈蚀，达不到使用年限，应绑扎的螺纹钢筋距孔口约10cm，在地面不得见到螺纹钢筋，仅外露钢丝绳环套，且其顶端紧贴地表。

（3）锚杆注浆时，每30根锚杆注浆砂浆必须送检1组试件样，进行注浆砂浆强度检测。

（4）锚杆验收检测。验收试验锚杆的数量取每个危岩体中每种类型锚杆总数的5%，且均不得少于5根。验收试验荷载为锚杆轴向拉力 N_{ak} 的1.5倍。

5）防护网铺设

（1）主动网防护顶部设置封边墙。

（2）安装纵横向支撑绳，张拉紧后两端用绳卡与锚杆外露环套固定连接。

（3）从上而下铺挂钢丝网。在钢丝网铺设的同时，用缝合绳缝合钢丝网与纵横向支撑绳，严格控制缝合绳间距不得大于设计控制数。

3. 工程实例

1）远安县花林寺镇高楼村洪家崖崩塌主动防护网

洪家崖崩塌位于远安县花林寺镇高楼村，该斜坡体展布方向284°转320°，平面延伸长度约215m，平均坡高35m，平面面积约4200m²。坡体下部近直立，上部稍缓，为一灰岩坡体，现状整体稳定，但坡面存在危岩块体崩塌掉落现象。

采用危岩清除＋被动防护网＋主动防护网＋支撑墙等工程防护措施治理该崩塌（图4.39）。其中，整段斜坡采用GPS2型SNS主动防护系统以及柔和性钢绳网系统ϕ16纵向支撑绳和

ϕ12横向支撑绳纵横交错,与 4.5m×4.5m 正方形模式布置的锚杆相联结,支撑绳构成 4.5m×4.5m 的网格,网格内铺设一张 4m×4m 的 D0/08/300 型钢绳网,每张钢绳网与四周支撑绳间以缝合绳缝合联结并进行预张拉,同时在钢绳网下铺设小网孔的 S0/2.2/50 型格栅网,阻止小尺寸岩块坠落。主动防护网的锚杆间距为 4m×4m,锚孔直径为 75mm,呈 3m、5m 长度分排布置,锚杆为 2ϕ16 钢绳锚杆,共 651 根,其中钻孔深度 3m 的 642 根、5m 的 9 根。注浆材料采用 M30 水泥砂浆,锚固角为 15°,抗拔力不小于 50kN。被动防护网面积 420m²,挂网高度 3m;立柱每 10m 布置一根,共 17 根;立柱基础高 2m,截面 1m×1m,基础采用 C25 混凝土浇筑,体积共 7m³,拉绳锚杆施工钻孔 ϕ50mm,钻孔深度 2m。

图 4.39 远安县花林寺镇高楼村洪家崖崩塌主动防护网工程

2)夷陵区三斗坪镇石牌村梯子岩崩塌主动防护网

梯子岩崩塌位于宜昌市夷陵区三斗坪镇石牌村,地处长江三峡第一湾的明月湾南岸,紧邻三峡人家风景区,共分 3 段边坡,总长约 310m。其中崩塌区裂隙发育密度较大,岩体受斜交裂隙切割逐渐破碎剥离形成危岩体,局部临空。崩塌区坡脚外侧为旅游步道,人流量较大,已发生过崩落岩石损毁旅游步道的事件。

治理工程主要为削坡整型、主动防护网、被动防护网。其中,对Ⅰ段边坡实施 3 847.5m² 的主动防护网防护;对Ⅱ段边坡实施 5427m² 的主动防护网防护;对Ⅲ段边坡实施 10 023.75m² 的主动防护网防护。该治理工程施工严格执行了相关规程规范,具有以下特点。

(1)严格把好原材料进场关。对施工中所用水泥、钢筋、防护网等材料,在进场时除必须有"三证",除生产许可证、产品合格证(图 4.40)、材料质量检测报告(必须对应进场材料的出厂时间)以外,还应送检测机构进行检测。特别是防护网材料,由于宜昌市内没有相应的防护网质量检测机构,专门送四川省内具有国家检测资质的机构——四川省工业环境监测研究院,按照《边坡柔性防护网系统(JT/T 1328—2020)》要求进行第三方检验检测(图 4.41)。

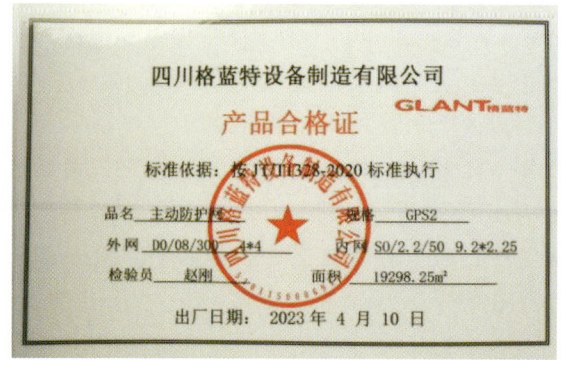
图 4.40　与进场时间、数量一致的产品合格证

图 4.41　主动防护网检验检测报告

（2）试验锚杆。施工前,分别进行了长 3m、6m 的试验锚杆抗拔力现场检测。试验检测结果表明,试验锚杆拉拔力达到了 2 倍设计值,满足设计要求,报监理审核通过后,才开始进行大面积锚杆施工。

（3）施工过程中保留了边坡上的较大灌木(图 4.42),既防护了坡面,又保留了自然植被。

图 4.42　主动防护网施工时保留大灌木

（4）锚杆注浆时,按照同一坡面、同一型号每 30 根锚杆注浆砂浆送检 1 组砂浆试块,进行注浆砂浆强度检测。1283 根锚杆共送检 49 组。

（5）对 1283 根锚杆,按同一坡面、同一型号锚杆 5% 的比例,进行了 72 根抗拔力验收检测,均满足设计及规范要求。需要特别指出的是,验收检测分别按照 3 个不同序号边坡、2 种型号锚杆组合的各自 5% 进行(表 4.12),并未错误地直接按 1283 根锚杆总数的 5% 进行检测。

够的砂浆保护层。

（5）验收试验锚杆的数量取每个坡体、每种类型锚杆总数的5%，且均不得小于5根。验收试验荷载为锚杆轴向拉力 N_{ak} 的1.5倍。

2）格构梁施工

（1）在开挖的格构梁基槽内铺设厚度不小于5cm、强度为C10～C15的混凝土垫层，以防止格构梁底部钢筋无保护层直接与土体接触。

（2）注意格构梁底部主筋用混凝土块、块石垫起，保证达到设计的保护层厚度，不得用土块垫钢筋。

（3）浇筑每一单元结构物时，每100m³一工作班应制取1组混凝土抗压强度试件送检。

3. 工程实例

1）宜都市王家畈镇古水坪村大风口不稳定斜坡锚杆格构

大风口不稳定斜坡位于宜都市王家畈镇古水坪村，因坡底修建旅游公路在公路内侧形成高陡边坡，其中岩质边坡常发生崩塌掉块，土质边坡坡底挡墙则向外鼓凸变形。

工程治理方案为：岩质边坡喷锚支护、格构植被护坡、坡脚挡土墙支挡（图4.46）。格构梁为2.5m×2.5m的正方形单元，横截面宽0.3m、高0.4m，嵌入土层25mm，浇筑C25混凝土174.42m³，格构梁之间植草护坡。在格构梁纵横梁交叉节点处布设全黏结螺纹钢筋锚杆，锚杆直径25mm，长9m锚杆50根、长12m锚杆110根。锚孔孔径100mm，锚杆与水平线夹角15°，M30砂浆全黏结。格构纵横梁钢筋采用8ϕ18HRB400螺纹钢筋，箍筋为ϕ10HRB335钢筋。设计锚杆最大抗拔力为88kN。50根9m长锚杆取5根进行验收试验，110根12m长锚杆取10根进行验收试验，试验荷载为锚杆轴向拉力 N_{ak} 的1.5倍，锚杆试验结果全部满足验收要求。

图4.46　宜都市王家畈镇古水坪村大风口不稳定斜坡格构锚杆护坡

2）兴山县峡口镇峡口旅游码头库岸钢筋混凝土格构护坡

峡口旅游码头位于兴山县峡口镇香溪河右岸。岸坡在145～175m高程段，地形坡度25°～40°。受三峡水库水位升降冲刷、掏蚀，岸坡岩石劣化，出现垮塌变形。

对该段劣化库岸采用以钢筋混凝土格构梁+混凝土预制生态砖为主的岸坡防护措施（图4.47），防护工程处于145.6～175m段（吴淞高程），面积为17 905.8m²。格构梁单元为

3m×3m 的正方形,格构梁横截面宽 0.3m、高 0.4m(地面以下 0.2m)。格构纵横梁钢筋采用 10ϕ22HRB400 螺纹钢筋,箍筋为 ϕ12HRB335 钢筋。浇筑混凝土强度为 C25。格构梁最下端(吴淞高程 145.6m)处的护脚墙由微型桩加冠梁承担。

图 4.47 兴山县峡口旅游码头库岸钢筋混凝土格构加预制混凝土块护坡工程

其中,钢筋混凝土格构在施工过程中应注意以下事项:

(1)格构梁钢筋制作安装前,应先在拟安装格构梁钢筋的坡面刻槽内铺设厚度 5cm 的 C15 混凝土垫层(图 4.48),在混凝土垫层之上制作安装格构梁钢筋。

(2)格构梁底部钢筋用预制混凝土块垫高(图 4.49),以确保底部钢筋保护层厚度达到规范与设计要求。

图 4.48 混凝土垫层之上的格构梁钢筋

图 4.49 格构梁底部钢筋用混凝土块垫起

(3)浇筑的C25格构梁混凝土是商业混凝土,在原供货商对每一进场批次混凝土检测的基础上,在每一单元(即4个格构梁区、11个格构梁小区)12批次进场的782m³浇筑混凝土中送检12组混凝土强度抗压检测试件样品(表4.14),检测结果全部达到要求。

表4.14 兴山县峡口镇峡口库岸防护工程格构梁浇筑C25混凝土送检样统计表

使用数量(根)	进场批次	送检样组数(组)	检测结果	使用部位
80	1	1	合格	1-1区格构梁
80	1	1	合格	2-1区格构梁
50	1	1	合格	3-1区格构梁
100	1	1	合格	4-2区格构梁
20	1	1	合格	4-2区格构梁
72	1	1	合格	4-4区格构梁
30	1	1	合格	3-2区格构梁
80	1	1	合格	2-2区格构梁
100	1	1	合格	1-2区格构梁
40	1	1	合格	1-2区格构梁
80	1	1	合格	4-1/4-3区格构梁
50	1	1	合格	4-0区格构梁

4.2.9 挂网喷锚护坡,防风化防滚石

1. 工程特点

喷锚护坡工程又称挂网喷锚,是采用锚杆与喷射水泥混凝土对不稳定斜坡、边坡浅表层岩土体进行加固的技术。喷锚支护适用于整体稳定的泥页岩等薄层、软层、易风化地层等构成的斜(边)坡,目的是封闭岩体,防止岩体进一步风化,以确保岩土体稳定。

宜昌市地质灾害综合防治体系建设中,已对9处地质灾害采用了挂网喷锚支护(表4.15),累计挂网锚杆2101根面积$1.18 \times 10^4 m^2$。实施挂网喷锚工程的地质灾害体以岩质不稳定边坡或崩塌为主,挂网锚杆长度多为6m,也有根据坡体地质结构采用梅花形交替布设的6m与9m的锚杆,锚杆间距多为3m×3m,喷射的混凝土强度多为C25或C30,喷射厚度多为15cm。

2. 工程管理

挂网喷锚施工主要工序包括坡面清理、锚杆钻孔、锚杆制安、钢筋网片制作与安装、喷射混凝土施工、养护等。施工前要对坡体进行清理,包括浮土、残坡积土体和危岩等,保证坡体整体稳定。

表 4.15 采用挂网喷锚的地质灾害治理工程统计表

序号	县(市、区)	地质灾害体名称	挂网喷锚面积(m²)	喷混凝土厚度(cm)	锚杆间距(m×m)	锚杆长度(m)	锚杆数量(根)
1	五峰县	渔洋关镇岩湾滑坡	908.12	12	—	6、9	89
2		采花乡星岩坪村8组二叉口崩塌	573.22	—		3、6、9	451
3	宜都市	王家畈镇古水坪村大风口不稳定斜坡	834.00	15	3×3	6、9	92
4	远安县	花林寺镇高楼村6组花横公路鹰儿根崩塌	3904.00	15	2.5×2.5	3、6	596
5	长阳县	都镇湾镇龙潭坪村2组青木坳不稳定边坡	4363.00	12	3×3	3、6	379
6		县财政局不稳定斜坡	410.50	25	3×3	5	71
7	秭归县	两河口镇砚窝滑坡防治工程	243.00	12	—	3、6	40
8		东城实验区罗家湾不稳定斜坡	47.10	10	3×3	3	56
9	夷陵区	三斗坪镇园艺村1组黄土包不稳定斜坡	560.00	12	2×2	3、6	327

挂网喷锚施工所用钢筋、喷射混凝土等材料质量及检验,以及施工机具、设备检定等应符合设计要求,必须按要求进行进场检测。

1)锚杆施工

(1)试验锚杆。为确定锚固段变形参数和应力分布,应做不少于3根的试验锚杆。

(2)施工锚孔。施工日志必须记录当日施工的锚孔编号、孔深、孔斜、岩性、垮孔情况以及施工工人姓名等。监理单位必须记录当天施工锚孔的深度、孔斜等原始测量数据。锚孔可按照如下方式编号:1-1、1-2、1-3、…;2-1、2-2、2-3…;3-1、3-2、3-3、…。

(3)锚杆注浆砂浆强度检测。每30根锚杆注浆砂浆必须送检1组样品。

(4)锚杆验收检测。验收试验锚杆的数量取每段边坡或每个危岩体中每种类型锚杆总数的5%,且均不得少于5根。验收试验荷载为锚杆轴向拉力N_{ak}的1.5倍。

2)钢筋网片与喷射混凝土施工

(1)喷护前应采取措施对泉水、渗水进行处治,并按设计要求设置泄水孔。

(2)为了保证喷混凝土厚度达到设计要求,每次喷射前在坡体各个部位预设一定高度的标志。

(3)喷射底层混凝土。铺设钢筋网前,先在岩面喷射一层混凝土,钢筋网与岩面的间隙多为设计喷射混凝土厚度的1/2。

(4)钢筋网片制作与安装。底层喷射混凝土终凝后,在其上铺设钢筋网。相邻铺设的钢筋网应搭接,搭接时纵横钢筋网必须对应,搭接长度不应小于200mm。钢筋网应与锚杆连接牢固。

(2)变形监测。地表位移监测、深部位移监测和建筑物变形监测多在治理工程安全监测的基础上,增加治理工程的位移监测,如在抗滑桩顶、挡土墙上、护坡工程上和地质灾害体上布设位移监测墩。

(3)水文气象监测。降雨(雪)量、地表水水位、流量、地下水水位、孔隙水压力、泉水流量等的监测。

(4)应力应变监测。崩塌和滑坡推力、支挡工程土压力、锚固工程锚固力、防治工程结构应变等的监测。

2)监测单位

宜昌市综合防治体系建设中的治理工程效果监测部分是在招投标时明确任务,由治理工程施工单位同时承担施工安全监测和施工效果监测,部分是治理工程单位委托第三方统一开展所在县(市、区)的治理工程效果监测。

施工单位按照治理工程设计中的施工效果监测方案要求进行监测点的建设施工,作为治理工程初步验收内容之一。

3)监测数据采集

(1)手动采集数据时,应详细检查数据并校正明显错误,或重新量测有问题数据,以消除明显错误和明显误差。

(2)自动采集数据时,在用计算机处理之前应对数据进行筛选和检查,以消除明显错误。

(3)发现监测值异常时应及时复测或增加监测频次。

4)监测资料整理分析

(1)应做好各种监测数据整理。

(2)每次监测后应对原始记录的准确性、完整性及可靠性进行检查检验,并根据地质灾害治理工程施工安全监测值做初步分析。

(3)应整理各类监测资料及绘制相应监测图件。正常情况下,治理工程上的效果监测点在监测期间一般不会出现大的明显位移,因此在分析监测数据时,切记不要把监测数据的误差值错误累计成变形位移曲线值,一定要增加变形监测点的位移矢量图,以分析监测值是与主滑方向一致的真实位移值,还是呈随机方向的误差值。

(4)应分析监测资料中各监测物理量的大小、变化规律、趋势及效应量与原因量之间的关系和相关程度,总结监测对象监测量的变化规律。

5)监测报告编制

(1)监测报告。分为周报、月报、季报、年报、专报和总结报告等。监测报告应有监测数据统计结果、单因素历时曲线、多因素关系曲线等,对地质灾害体的稳定性及发展趋势进行综合分析评价。在治理工程竣工最终验收时,必须按要求编制相应的监测总结,并有治理工程效果的明确结论。

(2)监测图件。包括监测控制网平面图、变形监测点点位平面图、变形监测点位移矢量图、变形监测点累计水平位移和垂直位移图、变形监测点地面位移-时间关系图、变形监测点相对位移及分布图等。

4.3　搬迁避让模式活,因地制宜成效多

搬迁避让是宜昌市地质灾害综合防治体系建设的重要措施之一,也是直接涉及受威胁群众切身利益和后续发展的最为复杂的系统工程。为做好全省地质灾害搬迁避让工作,湖北省自然资源厅专门发布了《湖北省地质灾害避险搬迁工作指南(试行)》,对地质灾害搬迁避让目的任务、总体要求、工作程序、避险搬迁选址、安置方式、实施方案等进行了规定。

(1)目的。按照"政府主导、全面评估、科学选址、群众自愿、分步实施、有序推进"的总体思路,遵循行政逻辑与技术支撑相结合,政府主导与群众自愿相结合,集中安置与货币补偿相结合,以威胁大、治理难、较紧迫地质灾害隐患点为避险搬迁安置工作的优先原则,以"愿意搬、搬得出、搬得稳、能致富"为安置工作的基本原则。

(2)总体要求。避险搬迁应坚持遵循"政府引导、分级负责、群众自愿、因需制宜、安稳致富、集约高效"的原则,高效、规范推进地质灾害综合防治体系建设项目,鼓励群众集中避险搬迁安置,将地质灾害防灾避险搬迁工作与新农村建设、助推脱贫攻坚紧密结合,最大限度保障人民群众生命财产安全,促进社会经济效益和环境效益的协调发展。

(3)避险搬迁对象的确定。在全方位调查评估、界定地质灾害点威胁范围后,根据地质灾害的危险性和避险紧迫性,将受地质灾害威胁不能采取工程治理或应急排危解除对居民的威胁而需要采取避险搬迁措施的居民,实行全部避险搬迁,不漏一户、不落一人。

2018—2023年,宜昌市共实施7项搬迁避让项目,涉及197处地质灾害隐患点,搬迁安置受威胁居民759户2433人。在遵循工作指南要求下,相关县(市、区)充分结合各地实际情况,因地制宜,积极探索和践行了包括工作机制、安置方式、补偿方式等在内的各种灵活搬迁避让模式,不仅完成了稳妥安置受地质灾害隐患威胁人民群众的任务,而且确保实现搬迁群众"搬得出、稳得住、能致富",获得实实在在的安全感和幸福感。

4.3.1　政府部门高度重视

地质灾害搬迁避让任务下达后,各县(市、区)人民政府高度重视,按照省地质灾害避险搬迁工作指南,结合宜昌市地质灾害防治五年行动方案,根据各地实际情况,在扎实做好前期工作调研和设计的基础上,专门印发了地质灾害避险搬迁工作实施方案,明确了搬迁避让工作目标、原则、政策和实施主体、工作安排、组织实施以及检查验收等,制定了补助标准、认定标准与工作要求等。五峰等县市还成立了由相关职能部门构成的避险搬迁工作领导小组,由分管副县长任组长,为搬迁避让工作的顺利实施提供了重要的组织和制度保障。

4.3.2　前期工作扎实到位

在编制地质灾害综合防治体系搬迁避让项目申报材料时,宜昌市各县(市、区)自然资源部门均委托专业技术单位,全面完成了拟实施搬迁避让地质灾害隐患点的现场调查,并编

制了项目设计方案与实施方案，明确了指导思想和原则、地质灾害隐患点分布发育特征、补助标准与安置方案，进行了投资预算和效益评价，提出了进度计划安排以及保障措施等。部分县市还对涉及群众进行了信息收集和签字确认，对分散安置点等开展了初步选址工作。因此项目申报材料扎实，依据充分。为后续的快速高效有序实施提供了重要基础信息保障。

4.3.3 安置方式结合实际

宜昌市各县（市、区），尤其是西部各山区县，按照群众自愿与政府主导相结合、分散安置与货币化补偿相结合的原则，充分结合各地实际情况，因地制宜，灵活采取多种安置方式，主要包括以下几个方面。

（1）货币安置。鼓励群众购买住房，把地质灾害避险搬迁与脱贫攻坚成果巩固、乡村振兴、推动城镇与产业集中高质量发展等紧密结合。

（2）分散安置。灾害点附近有安置条件的就近选址自建房安置。

（3）集中安置。按照移民搬迁集中安置相关政策，通过进城入镇（县城或集镇新建房或购买商品房）、新建农村集中安置点等统一安置。

（4）自主安置。通过补偿货币异地购房或投亲靠友等自行搬迁安置。

例如，宜都市采用货币安置方式；五峰县主要采用分散安置和自主安置方式；远安县采用分散安置货币补偿与集中安置方式；兴山县制定了"整体搬迁优先、部分搬迁次之""县城购买商品房优先、集镇购买商品房次之、自建安置靠后、投靠子女最后"的安置方式；长阳县则提出了更加多样化的安置方式，包括进县城购买商品房、进移民搬迁集中安置点、进乡镇集镇安置（购房或新建）、分散就近安置（购房或新建）、县外自主安置、投靠亲属入户等。

4.3.4 补偿标准公开透明

制定明确合理的补偿标准，让老百姓"搬得出、稳得住"，是顺利实施搬迁避让的基础性保障。各县（市、区）同样根据实际情况因地制宜，充分参照易地扶贫搬迁等类似标准，通过深入调研、精细测算、广泛征求意见及建议等，由当地政府制定统一的补偿政策和补偿标准。如秭归县在参照三峡库区蓄水影响搬迁避险标准的基础上，明确了地质灾害综合防治体系搬迁避让项目的补助内容，包括房屋补助、拆迁补助、基础设施费、过渡期补助等，并制定了补偿标准。五峰县根据项目下达资金，结合《县易地扶贫搬迁分散安置十项规则》，测算确定了每户的货币化补偿安置基数，以及根据搬迁人数提供的包含搬迁费、临时搭建费、宅基地基础设施建设费等在内的补助金额，明确了单人户到五人户的补助资金总额。远安县针对搬迁房屋的具体用途（如住房、附属屋等）和不同类型（如砖混、砖木、土木等），分级制定了不同的补助标准，建立了能让老百姓普遍接受的一致、合理的房屋补偿标准。长阳县分别针对进县城购买商品房、进移民搬迁集中安置点、进乡镇集镇安置（购房或新建）、分散就近安置（购房或新建）、县外自主安置、投靠亲属入户等不同安置方式制定了对应的补偿标准。兴山县则针对搬迁后需占用农村宅地基（含新建或购买农村安全住房）、不再占用农村宅基地以及在县城城区范围内购买新建商品房的,均制定了对应的补偿标准,既鼓励受威胁群众主动搬迁避让,又积极引导群众向城镇转移。

同时,各县(市、区)均建立了公开、透明的补偿机制。项目批复后,由乡镇人民政府组织搬迁避让项目所在村(居)委会编制避险搬迁方案,按照实物指标测算搬迁补偿费用,召开村民代表和搬迁安置群众会议,并对搬迁方案(包括搬迁补偿标准、补偿资金及安置小区设计等)进行公示。经公示无异议后,乡镇人民政府将搬迁方案报县自然资源部门备案后组织实施。实施过程中,及时兑付补偿资金,全程接受群众监督,做到公开透明。

4.3.5 实施过程周全有序

搬迁避让安置工作由县(市、区)政府统一安排,相关镇(乡)政府作为组织管理主体,以专门印发的地质灾害避险搬迁工作实施方案为依据,快速、高效、规范、有序地推进搬迁避让工作。主要流程如下:

(1)由搬迁对象向当地乡镇人民政府提交避险搬迁申请书,乡镇人民政府、村委会与搬迁农户签订搬迁协议书、旧房拆除复垦承诺书等,乡镇人民政府或村委会对搬迁方案进行公示,无异议后建立避险搬迁农户档案并上报领导小组或工作专班。

(2)按照不同安置方式进行搬迁安置。需要自行建房的按建房审批程序申请,新建房屋需严格按照农村村民住房建设的相关规定实施。隐患点房屋拆除后,搬入安置点前,对搬迁避让群众进行预安置。预安置提供两种方式:一是发放租房补贴款由群众自行暂时解决;二是由镇政府或村委会租赁地点进行集体预安置。农户搬迁完成后,由乡镇人民政府组织开展旧房拆除和土地复垦。

(3)针对不同安置方式,按照搬迁进度开展补助资金拨付。如五峰县针对分散建房户,在办理合法建房手续,新房开工建设后拨付补助资金总额的60%;新房按协议约定竣工入住且原宅基地全部拆除复耕后拨付余下40%。购房户在原宅基地拆除复耕后,凭房屋购买合同和不动产登记证书一次性拨付补助资金。

(4)完成避险搬迁工作后,由县领导小组或工作专班组织相关部门进行检查验收。同时,按照省、市地质灾害综合防治体系建设中综合治理项目的相关验收规定进行验收。

4.3.6 典型搬迁避让案例

1. 当阳市武安山地质灾害搬迁避让

武安山位于当阳市西北部庙前镇和育溪镇交界处,为当阳市主要的产煤地,20世纪50年代以来大量的无序开采形成的老采空区面积达12.68km²,采空塌陷造成武安山山体开裂、房屋拉裂、地面沉降,且有进一步发展扩大的趋势,严重威胁区内58户206人的生命财产安全。2014—2015年,湖北省财政厅、湖北省国土资源厅联合下发了200万元的补助经费,实施了搬迁避让(一期)工程。因经费有限,仅实施了险区内18户居民搬迁。

2019—2020年,在地质灾害综合防治体系建设支持下,当阳市获批中央财政支持资金500万元,分别由庙前镇、育溪镇政府组织实施了当阳市武安山地质灾害搬迁避让工程(二期),采取购置房产、集中安置两种方式对险区内的39户127人全部予以搬迁。截至2020年11月,武安山地质灾害搬迁避让及配套基础设施建设工作已全部完成(图4.53)。

(a)搬迁前

(b)搬迁后

(c)搬迁前

(d)搬迁后

图4.53 当阳市武安山地质灾害搬迁避让

2. 秭归县归州镇小岩头滑坡搬迁避让

小岩头滑坡位于三峡库区香溪河右岸斜坡,滑坡体前缘高程300m,后缘高程360m,坡体中有村道穿过。滑坡整体纵长约120m,横宽70～80m,面积约$0.9\times10^4 m^2$,厚度5～15m,总体积约$9\times10^4 m^3$。滑坡初始变形发生在2017年秋汛,2020年7月受强降雨影响变形加剧。2021年8月28日凌晨3点10分,滑坡中部发生整体滑移,直接损毁房屋3栋、橘园15亩、电力设施500m、电力变压器1个,并且造成交通中断,影响320人出行。

2022年3月,秭归县政府批复小岩头滑坡搬迁避让项目资金250万元,依据《秭归县地质灾害防治五年行动实施工作指南》与县政府统一制定的补偿政策和补偿标准,按照群众自愿与政府主导相结合、安置与货币化补偿相结合的原则,由项目所在地归州镇政府组织村委会编制并公示了避险搬迁方案以及按照实物指标测算的搬迁补偿费用,公示无异议后,搬迁方案报县自然资源部门备案后开始实施。最终,针对受小岩头滑坡威胁的10户50人,有序完成了居民搬迁、旧房拆除、新房安置、宅基地复垦等工作。该搬迁避让项目的实施,让受威胁居民得到妥善安置,确保了社会稳定,群众满意度高。同时,搬迁工程的产出与投入比约为5.3:1,取得了良好的综合效益。搬迁前后对比见图4.54。

(a)搬迁前全貌　　　　　　　　　　　(b)搬迁后全貌

(c)搬迁前旧房拆除　　　　　　　　　(d)搬迁后安置新房

图4.54　秭归县归州镇小岩头滑坡搬迁避让项目实施前后对比

3. 远安县茅坪场镇朱家淌滑坡搬迁避让

朱家淌滑坡是远安县15处县级重点在册地质灾害点之一。受历年来强降雨影响,滑坡多次出现不同程度的变形破坏。滑坡平面形态呈矩形,剖面呈直线形,主滑方向85°,纵长360~480m,横宽250~300m,面积约$12.46\times10^4m^2$,滑体平均厚10m,总体积约$124.6\times10^4m^3$,属大型土质滑坡。滑坡直接威胁23户46人生命财产安全。

2021年,技术单位对朱家淌滑坡搬迁避让方案进行了设计,对23户46人实施搬迁避让,主要采用分散安置货币补偿加集中安置措施。2022年,中央财政专项补助资金230万元到位,完成23户46人搬迁任务,集中安置点已基本建成房屋4栋(图4.55)。

4 综合治理 保障安全

(a) 房屋拆前

(b) 房屋拆后

(c) 集中安置点施工

(d) 集中安置点竣工后

图 4.55 远安县茅坪场镇朱家淌滑坡搬迁避让前后对比

4. 五峰县地质灾害搬迁避让

位于西部山区的五峰县地质灾害极为发育。虽然该县多年的地质灾害防治工作取得了显著成效,然而仍有部分灾害点变形明显,已严重威胁群众生命财产安全,但这些灾害点不适宜采取工程治理措施。为此,在地质灾害综合防治体系建设中,五峰县自然资源部门于 2020 年 3 月委托专业技术单位编制了地质灾害搬迁避让项目实施方案等申报材料,对项目拟实施的 22 处地质灾害隐患点进行了详细的现场调查,对涉及搬迁的 7 个乡镇 39 户 130 人完成了的信息收集、签字确认工作及 8 处分散安置点的选址工作。

2020 年 10 月,该搬迁避让项目获批资金 650 万元。2021 年 5 月,五峰县人民政府印发了《全县 2021 年度地质灾害综合防治体系避险搬迁工作实施方案的通知》,并成立工作领导小组,负责避险搬迁专项工作的组织、协调和实施。项目在实施不到一年的时间内就顺利完成了 39 户 130 人的搬迁避让工作。

该搬迁避让项目将地质灾害避险搬迁工作与脱贫攻坚成果巩固和乡村振兴紧密结合,不仅使 39 户 130 人免受地质灾害威胁,而且对原宅基进行地复垦复绿,既整治、修复了生态环境,又恢复了部分农田,取得了显著的生态环境效益(图 4.56)。

(a)分散安置新居

(b)复垦前　　　　　　　(c)复垦中　　　　　　　(d)复垦后

图 4.56　五峰县地质灾害搬迁避让前后对比

续表 5.2

成员单位	工作职责
宜昌市文化和旅游局	负责督促指导 A 级旅游景区基础设施建设引发的地质灾害防治工作；组织对 A 级旅游景区、文化旅游节庆活动人群聚集场所周边地质灾害隐患的排查和防治工作；组织和督促所辖行业人员地质灾害防治宣传培训；督促工程建设主体将地质灾害防治工作纳入安全生产责任制，健全完善防灾方案和应急预案，加强施工作业人员地质安全知识培训
宜昌市应急管理局	负责督促指导全市非煤矿山尾矿库、石油（炼化、成品油管道除外）行业工程建设引发的地质灾害防治工作；会同相关部门开展矿山地质灾害隐患排查整治工作；负责组织地质灾害应急救援；健全地质灾害灾情信息共享机制，依法统一发布灾情；负责受灾群众救助和救灾物资储备；负责地震相关基础资料和信息共享，协助防范地震引发次生地质灾害；督促矿山企业将地质灾害防治工作纳入安全生产责任制，健全完善防灾方案和应急预案，加强施工作业人员地质安全知识培训
宜昌市气象局	主要负责降水监测和预警预报；负责气象信息发布和共享
宜昌市水文局	负责水情监测和预警预报；负责水情信息发布和共享

表 5.3 宜昌市公路沿线地质灾害防治工作领导小组成员单位工作职责

成员单位	工作职责
宜昌市发展和改革委员会	将符合条件的项目纳入三峡水运新通道项目库；支持公路航道防灾减灾分析系统升级项目的立项；指导县（市、区）优化流程，开展地质灾害项目立项；负责争取相关资金
宜昌市财政局	负责为市本级公路沿线地质灾害防治、公路航道防灾减灾分析系统升级改造等工作提供必要财政经费支持
宜昌市自然资源和规划局	会同交通运输部门督促指导各县（市、区）编制实施公路沿线地质灾害防治计划，指导协调公路沿线地质灾害隐患的排查和风险评估工作；督促指导各县（市、区）开展群测群防、专业监测、预报预警和地质灾害工程治理工作；争取上级自然资源主管部门的地质灾害防治资金；指导县（市、区）在公路沿线地质灾害点设立标识牌；指导各县（市、区）在公路沿线地质灾害点设立标识牌；指导各县（市、区）开展地质灾害防治知识的宣传培训
宜昌市住房和城乡建设局	督促指导县（市、区）住房与城乡建设部门做好道路沿线地质灾害风险隐患排查和治理工作

续表 5.3

成员单位	工作职责
宜昌市交通运输局	负责全市公路沿线地质灾害防治的组织、协调、指导和监督工作;承担市公路沿线地质灾害防治领导小组办公室日常工作;督促指导各县(市、区)编制实施公路沿线地质灾害防治计划,指导协调公路沿线地质灾害隐患排查和风险评估工作;督促各县(市、区)对因普通国省干线建设引发的地质灾害的防治工作;争取上级交通主管部门的公路地质灾害补助资金;负责升级公路航道防灾减灾分析系统;指导各县(市、区)交通运输部门开展普通国省干线沿线巡查、监测预警预报工作;指导各县(市、区)开展地质灾害防治知识的宣传培训工作
宜昌市水利和湖泊局	负责山洪监测预警工作,承担防御洪水应急抢险的技术支撑工作;争取上级水利部门与地质灾害防治相关的资金和三峡后扶资金
宜昌市农业农村局	争取上级部门与地质灾害防治相关的资金
宜昌市文化和旅游局	督促 A 级旅游景区企业做好旅游公路沿线地质灾害风险隐患排查和治理工作
宜昌市应急管理局	督促矿山企业做好矿山公路沿线地质灾害风险隐患排查和治理工作
宜昌市气象局	负责降水监测和预警预报、气象信息发布和共享
宜昌市水文局	负责水情监测和预警预报、水情信息发布和共享
宜昌市三峡坝区工作委员会	争取三峡集团相关专项资金;协调有关部门将符合条件的项目纳入三峡水运新通道项目库;协助水利部门争取三峡后扶资金
宜昌市政务服务和大数据管理局	支持公路航道防灾减灾分析系统升级项目建设,协调保障自规、水利、水文、气象、公安、应急、文旅等行业部门实时数据和历史数据整合共享
宜昌市公安局	配合开展公路沿线地质灾害防治工作;保障公路沿线地质灾害排查治理通行安全,在必要时采取交通管制措施
湖北省地质局第七地质大队	承担全市公路沿线地质灾害风险隐患的排查和评估工作;会同县(市、区)政府对风险隐患进行分类定级,提出防治措施建议;形成公路沿线地质灾害季度分析评估报告;参与各县(市、区)地质灾害治理的建库工作;参与工程治理方案评审及验收工作

  自然资源部门多次联合文旅、交通、住建、水利等部门开展排查整治,地质灾害防治由自然资源部门单线作战逐步转变为由政府主导,各部门多方参与,协同作战,职责划分清晰,联动机制顺畅,实现从"各自为政"向"协同发力"转变。

5.1.3 统筹常态防范和应急防治

宜昌市地质灾害成因复杂,隐蔽性、突发性极强,呈动态变化,但管理部门始终坚持以人民为中心,常态减灾和非常态救灾相统一,用心用情用力做好防灾减灾救灾工作。

1. 常态化防范

非紧急状态条件下,常态化防范是依据地质灾害和自然灾害相关法律法规、部门规章、规程规范及相关要求,政府各部门及企事业单位组织实施避免地质灾害或者降低化解地质灾害风险的事前预防行动。地方政府主体责任、职能部门工作责任、建设单位防治责任、企事业单位和公民社会责任主要内容包括规划和预案管理,隐患风险调查(隐患识别)、日常巡查排查、"四位一体、网格化管理"、人防+技防、监测预警响应、宣传培训演练、值班值守,信息报送、应急调查与应急监测、会商与复盘评估、监督管理等,组织体系见图5.1。

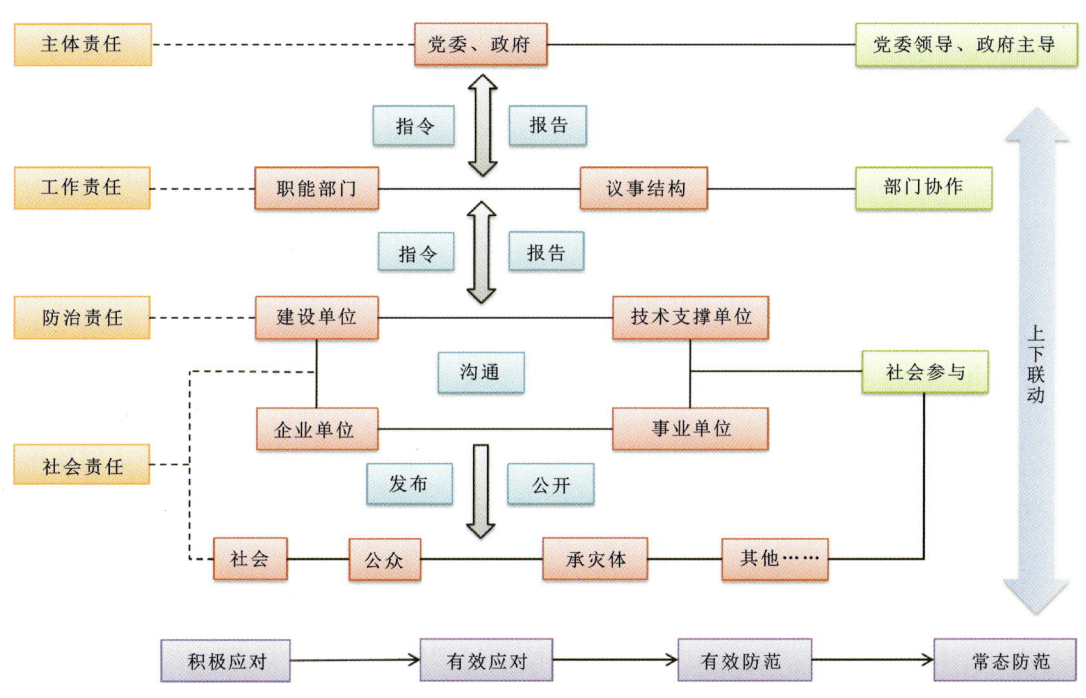

图 5.1 常态化防灾组织体系运行图

2. 应急防治

紧急状态条件下,应急防治是依据地质灾害和自然灾害相关法律法规、部门规章、规程规范及相关要求,政府组织协调各相关部门,采取超出正常工作程序而应对突发地质灾害事件的紧急行动。实施人文应急,常态防灾与非常态应急快速转换,无缝对接,体现应急管理的各项具体职能。各部门组织和协调各方面的资源和能力防范和处置突发地质灾害事件,主要包括预防准备、监测预警、应急处置(信息报告、决策指挥、危机沟通、社会动员、调查评估、应急保障)、恢复重建等,组织体系见图5.2。

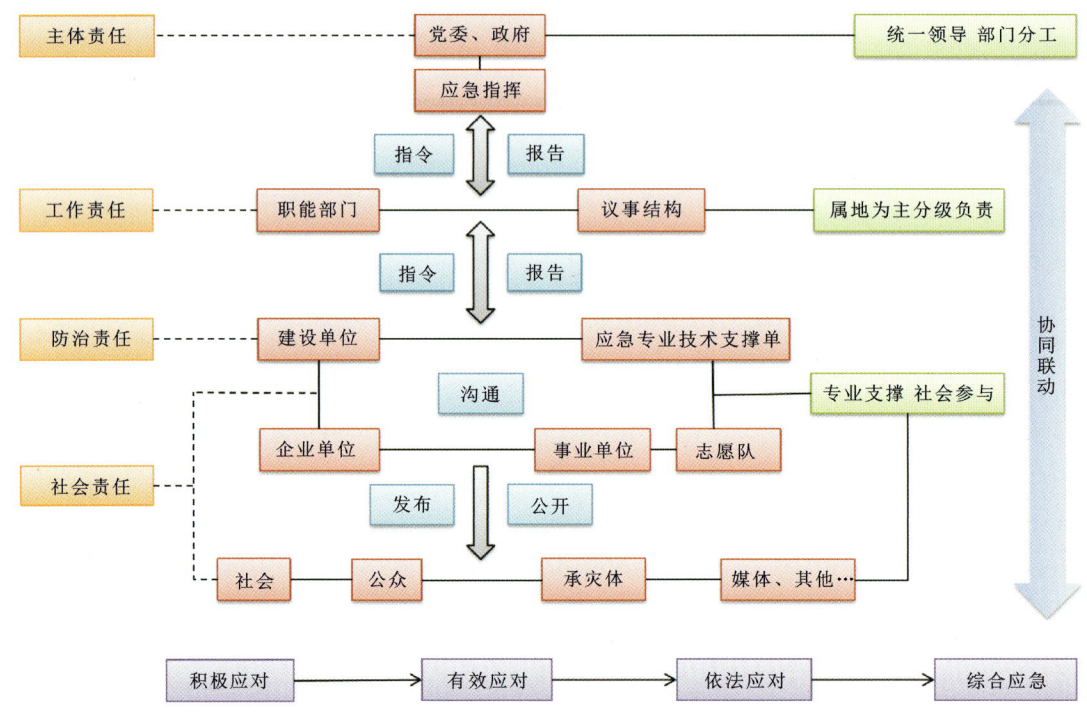

图 5.2 非常态化应急组织体系运行图

5.2 创新机制,健全技术支撑体系

健全技术支撑体系是推动地质灾害防治高质量发展的必由之路,为适应新时代地质灾害防治新要求,与时俱进,创新管理模式,依托技术单位健全技术支撑体系。

5.2.1 完善管理体制模式

1. 健全管理机构

自然资源部门作为地质灾害防治的综合协调管理部门,肩负地质灾害防治组织、协调、监督、管理工作职责。市县自然资源部门分级负责地质灾害防治管理工作。目前全市已建立1个市级(正科级事业单位,编制9人)、8个县级(副科级事业单位,每个编制3~4人)地质环境监测站(或地质灾害防治中心),技术力量全省领先,形成了管理机构健全、责任明晰、上下联动、覆盖全面的地质灾害防治管理网络。

宜昌市自然资源部门负责统筹实施全市地质灾害综合防治体系建设,依托市地质环境监测站(地质灾害防治中心)指导各地日常防控、防治项目申报与实施、编制年度项目实施方案,协助湖北省自然资源厅进行项目申报审核和过程管理、组织防治项目验收。

县(市、区)级自然资源部门,承担各自辖区地质灾害日常防治的各项工作,作为项目业主组织实施辖区综合防治项目,组织项目初步验收。

2. 创新管理模式

(1)日常管理。制定地质灾害防治专项规划,明确工作目标、思路、原则及重点任务、重大工程和责任分工。每年编制年度地质灾害防治方案和工作要点,预判地质灾害趋势,明确工作重点,压实各级政府和相关部门责任。深化"四位一体、网格化管理",明确网格员和群测群防员责任,对受威胁群众逐户发放避险明白卡,隐患点宣传培训演练全覆盖,落实隐患区群众知晓预警信号发布、撤离路线、安全场所等,力求及时转移避险。建立健全预警响应闭环机制,常态化开展地质灾害会商研判,及时发布和响应地质灾害气象风险预警信息,努力做到提前防范。落实"汛期三查"和"雨期三查"的巡排查制度,对发现的地质灾害隐患落实避险撤离等防控措施,及时消除风险隐患。在雨期、汛期,组织对三峡库区、西部山区等重点区域和重大工程建设区,开展常态化巡排查,最大程度降低隐患风险和危害。

(2)项目管理。坚持谋划在先、规划引领,科学制定全市年度实施方案,统筹实施调查评价、监测预警、治理与搬迁、能力建设、信息化建设等项目,有序推进地质灾害综合防治体系建设。依托湖北省地质局水文地质工程地质大队、湖北省宜昌地质环境监测保护站、湖北省地质环境总站、三峡大学、中国地质大学(武汉)等技术单位专业优势,加强实施项目研究论证,科学合理地推动综合防治体系建设项目实施。严格遵循省自然资源、财政等部门制定的项目管理要求,建立健全项目管理、资金管理、信息化管理等制度。严格执行"五制"(项目法人制、招标投标制、建设监理制、合同管理制、质量验收和责任追究制)、"三专"(专人管理、专户储存、专账核算)和"四按"(按计划、按预算、按程序、按工程进度)管理,确保防治工程建设质量和专项资金使用安全。对项目实施进度、质量、安全和资金使用情况开展不定期检查督办、评估调度和整改。严格项目验收,细化项目验收实施细则,对验收总结报告编写和装订都做了明确要求。落实项目绩效评价制、进度拨款制、项目决算制、跟踪审计和决算审计制,严把项目实施和资金使用关口。

5.2.2 搭建技术支撑体系

围绕地质灾害综合防治体系建设目标,通过政府购买服务的方式,依托专业技术队伍,为地质灾害防治决策咨询、实施监管、审查验收等提供了强有力的智力支持。

1. 落实分县驻守制度

为确保汛期地质灾害防控快捷高效、科学有序,各地聘请技术单位选派技术人员驻守一线。按照湖北省地质局统一部署,湖北省地质局水文地质工程地质大队三峡院负责三峡库区(秭归县、兴山县、夷陵区)的技术支撑;湖北宜昌地质环境监测保护站负责五峰、长阳、远安等非库区县(市、区)技术支撑。三峡大学等单位技术人员紧密配合,开展日常防灾、监测预警、应急调查、会商研判等工作。

按照"四位一体、网格化管理"要求,技术支撑单位每县安排2~3名技术人员驻守,确保在汛期及重要时间节点,配合各地开展地质灾害巡排查、宣传演练和应急处置等工作,增强基层"技防"能力。

2. 提升技术支撑能力

自2018年起,全市持续加强技术支撑能力建设,汇聚了湖北省地质局第七地质大队、湖北省水文地质工程地质大队、三峡大学、中南冶金地质研究所、中国地质调查局武汉地质调查中心等科研院所的技术力量,驻宜地质灾害防治专业技术人员达到215人,其中省级以上专家52人,技术力量稳居全省地市州前列。

组建地质灾害应急分队,成立80余人的市级地质灾害防治专家库,为全市地质灾害防治工作提供全方位的应急支撑和技术指导,专家服务涵盖项目立项论证、实施、成果验收等全过程。

各县(市、区)、各单位更新和增配了无人机、三维激光扫描仪、北斗数据采集终端等高精尖调查监测设备,同时丰富了GPS、测距仪等常规监测测绘设备,升级了应急指挥车、单兵等应急通信设备,积极探索并应用InSAR、光学遥感、倾斜摄影、三维激光扫描等新兴测绘技术,以及"5G+"北斗、物联网等新兴定位、传输技术,为地质灾害防治工作提供了更加精准、更高效的技术支持。

5.2.3 建立数智防灾体系

提升地质灾害防治能力,关键是要激发科技创新活力,积极培育和发展新质生产力。2018年以来,全市强力推进地质灾害数据信息上下互联、左右互通,数字赋能增智,构建地质灾害智治场景,依托宜昌城市大脑形成了风险动态"一张图",基本实现"一屏总览、一键调度、一体联动、一网共治"的防灾体系。

1. 以硬件为基础,建成两个中心

1)地质灾害应急会商指挥中心

2016年,湖北省国土资源厅联合湖北省地质局及宜昌市国土资源局、秭归县国土资源局首次开展"监测预警、远程会商、应急指挥"三大系统平台的省、市、县和灾害现场四级响应应急演练并取得圆满成功,为全省构建地质灾害实时监测预警、远程会商、应急指挥三大平台乃至地灾防治信息化系统建设奠定了坚实的基础。

2018年,在全省率先建成地质灾害市级应急会商指挥中心,初步构建监测预警、远程会商、应急指挥三大平台系统,基本建成纵到底、横到边的信息化网格体系。

该中心通过业务专网视频会议终端、互联网视频会议终端、视频会议摄像机以及会议话筒、会议扩音、音视频切换控制等设备,建立可靠的音视频网络通信系统,将省、市、县各级地质灾害防治主管部门人员、技术单位专家、隐患点现场人员及监测预警通信指挥车辆,通过业务专网或互联网实时远程接入,实现相关单位之间使用通用移动端设备的实时数据收发、音视频调度、无人机图像直播回传等,辅助地质灾害会商决策指挥。同时,与宜昌市气象局合作,打通防灾部门间数据孤岛,在全省率先实现地质灾害隐患点和雨量站点数据实时共享,实现一个系统平台预警。

为检验全市地质灾害群专结合监测预警、远程会商工作,2020年5月8日,宜昌市自然资源和规划局联合省地质环境总站、湖北省水文地质工程地质大队、宜昌市气象局等相关单位,在秭归县泄滩乡卡门子湾滑坡现场,开展"群专结合—四级联动—远程会商"地质灾害防控演练(图5.3)。演练不预设场景,不规定台词,以真实的降雨情况、监测数据和现场实景为背景,以现场调查、无人机直播、专家远程会商相结合,既是演练又是实战。演练内容涵盖专业监测设备预警、信息报送、群测群防员现场复核、技术协管员现场调查、专家远程会商、应急调查处置等环节。湖北省自然资源厅、宜昌市直相关部门、各县(市、区)自然资源和规划局(分局)、相关技术单位共计100余人通过视频观摩。

图5.3 地质灾害群专结合监测预警、远程会商

此次演练达到全面检验地质灾害群专结合、市、县、乡、村四级联动、"四位一体、网格化管理"体系、专家远程会商和应急处置目的。

2)地质灾害监测预警调度中心

通过"一室""一屏""一车""一网"的建设,搭建全市地质灾害监测预警调度中心,实现7×24h海量监测预警信息实时收发、常态化监测预警指挥调度、突发地质灾害现场与调度中心双向实时多媒体沟通,以及应急监测预警指挥调度等功能。调度中心主要构成见图5.4。

图 5.4　宜昌市地质灾害应急指挥中心与监测预警调度中心

（1）调度中心室（图 5.5）。以满足全天候持续运行的监测预警分析调度与防御指挥为目的，对宜昌市自然资源和规划局机关办公楼会议室进行改造建设，设置席位 60 个，其中会议圆桌席位 16 个、外围列席 44 个。

图 5.5　宜昌市地质灾害监测预警调度中心

（2）调度显示屏。用于地质灾害监测信息、预警信息、调度信息、实时视频及数据文档展示等，主要设备包括 150 寸（1 寸≈3.33cm）小间距高清全彩 LED 显示屏 1 套、86 寸液晶副屏 2 台及相关支持设备等。

(3)调度指挥车。配备地质灾害监测预警通信指挥车及相应车载通信设备,满足突发地质灾害监测预警及调度指挥需求。配备车载移动应急保障箱一套,设备以多种无线接入技术为依托,可为单兵工作、应急指挥车、无人机之间提供无线接入能力,满足语音、数据、视频等综合指挥调度服务要求,系统还可结合卫星、4G/5G等无线传输、云计算、音视频采集处理等技术,组成功能更加完备的云视频应急指挥中心,为指挥人员与现场人员提供音视频实时互动、直播录像等功能。配备卫星电话一台,实现灾害现场和调度中心联动可靠的通信保障。

(4)数据通信网。利用4G/5G技术将监测设备采集的数据无线传输到数据处理中心,实现自动化监测预警。

(5)数据处理中心。作为系统的核心,负责接收、存储、处理和分析监测数据,运用数学模型和算法对监测数据进行深入挖掘和分析,实现对地质灾害的预警和预测。

(6)监测设备。截至2024年8月,宜昌市已建成地质灾害群专结合监测预警点2100个,安装包括GNSS地表位移计、裂缝计、倾角计、雨量计等6600余台套,这些设备能够实时监测地质灾害动态变化,自动发送预警提示。

2. 以系统为支撑,构建三大平台

以基于互联网的天地图为底图,以1∶5万地质灾害详查数据为基础,结合更新和日常巡排查,建立全市地质灾害隐患数据库,形成隐患点一张图。综合运用云计算、大数据、物联网、人工智能、GIS等技术,接入全市地质灾害专业监测及气象雨量站等实时数据,实时更新监测员、"四位一体、网格化管理"人员数据。实现地质灾害"一张图"综合展示监测预警、调查评价、基础数据、综合治理、值班值守、人员管理等功能,通过对监测数据"实时采集、及时传输、在线分析、智能预警",总体实现了对地质灾害隐患的动态管理和精准防控。

系统平台的核心建设内容包括:面向全市地质灾害专业监测预警业务应用需求,在已有数据和标准的基础上,统一数据接入标准及规范;定制开发各专业监测仪器设备厂商的数据接口并整理为规范统一的数据格式;开展专业监测点基础信息和动态监测数据入库工作;构建数据动态更新管理机制;实现全市各类地质灾害专业监测数据的一体化存储、管理和服务,为地质灾害防治相关业务应用系统、专业软件和工具提供统一的数据服务。系统部署于三峡云平台,数据统一存储于市政务云平台,网络资源使用市电子政务网,系统平台用户主要为全市地质灾害防治人员、监测人员和群测群防人员,针对人员角色分工,分别制定用户权限。

截至2024年8月底,系统整合并接入全市2100个群专结合监测预警点共计6600台套监测设备,与市气象局合作接入全市317个气象雨量站的实时雨量数据。每天汇集实时监测数据30万余条,生成各类监测数据曲线近2万条,已发送预警提示短信累计4万多条/次。整理入库全市地质灾害在册隐患点2841处基础数据,隐患点核查调查表11 364张,隐患点全貌图和警示牌各2841份。监测成果月报、季报、年报、专报等报告421份,其中专报41份;更新"四位一体"及群测群防人员数据3349人;叠加地质灾害"易发分区图""防治规划图""防治分区图""风险区划图"等GIS图层,见图5.6。

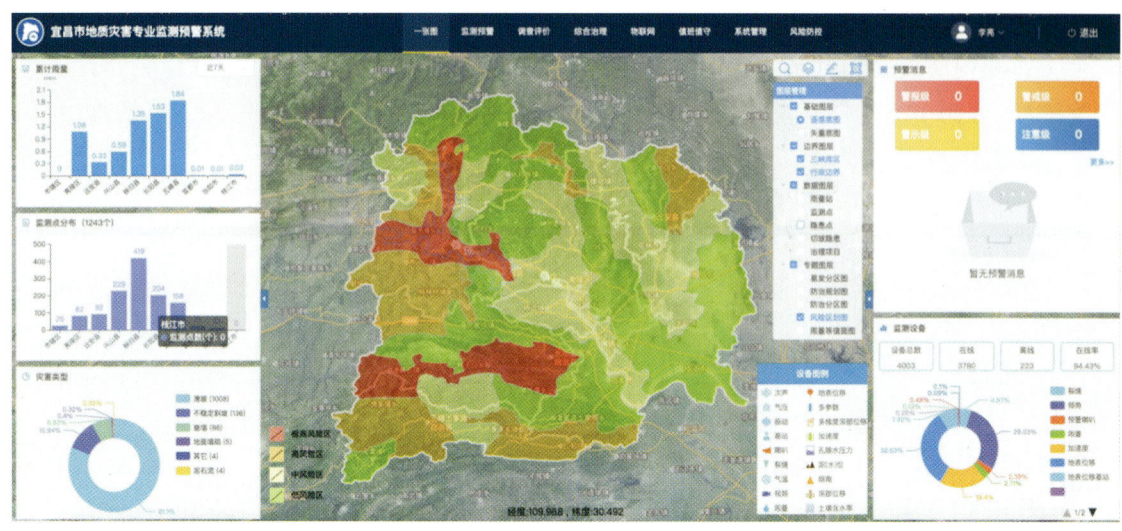

图 5.6　宜昌市地质灾害风险区划图页面展示

1) 构建地质灾害监测预警平台

基于全市统一的地质灾害专业监测数据资源体系,构建地质灾害专业监测预警平台,实现地质灾害专业监测点实时及历史数据快速查询、分析、展示和自动化风险提示等功能(图 5.7)。

数据处理方面。目前,系统每天接收全市布设的各类型专业监测设备实时数据 30 余万条,并可以直观方便查询展示 GNSS 地表位移计、倾角计、加速度计、裂缝计、雨量计、声光报警器等各类专业监测设备的实时和历史数据,生成曲线变化趋势图形。同时,将实时气象数据引入地质灾害专业监测数据,进行地质灾害专业监测大数据综合智能分析。

实现监测数据超阈值主动推送、会商研判、风险定级和预警信息审核发布等功能,为全市各级政府和防灾部门决策提供技术支持。

预警发布方面,预警发布是地质灾害监测预警关键环节,主要包括以下 3 种方式。

(1) 预警短信。通过"智慧宜昌"短信平台进行推送,以保障平台及数据安全性,并实现与宜昌城市大脑的全量数据交换共享。

(2) 微信小程序。基于微信服务平台,定制开发宜昌市智慧防灾微信小程序,通过移动互联网和微信小程序实现信息的双向交互传递,实现地质灾害风险提示信息主动精细化推送,为地质灾害防治相关人员在监测点现场巡排查和应急调查、信息上报及视频会议系统接入提供工具支撑。

(3) 智能信息终端。向全市地质灾害"四位一体"网格管理人员和地质灾害重点隐患点监测人员配发"小度"智能物联网触屏终端 2500 台套(图 5.8)。针对该终端定制开发地质灾害预警模块及预警发布后台,通过互联网推送方式,实现地质灾害防治多媒体宣传和实时预警信息播报等功能。推送内容主要包括地质灾害防治科普类、新闻类相关资讯、图文、视频等的定期推送;极端天气、地质灾害预警消息的实时定向推送和播报;智能终端原有音视频、图文资讯及生活服务信息等。

5 强基固本 提升能力

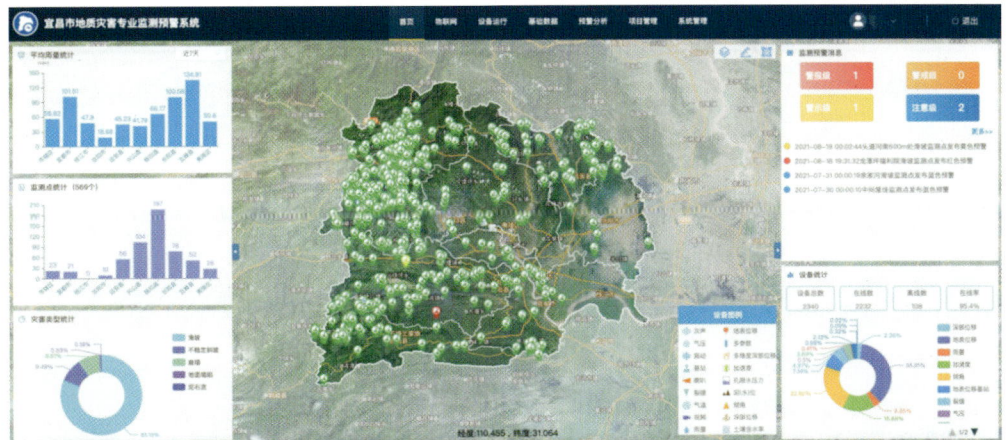

(a) 首页

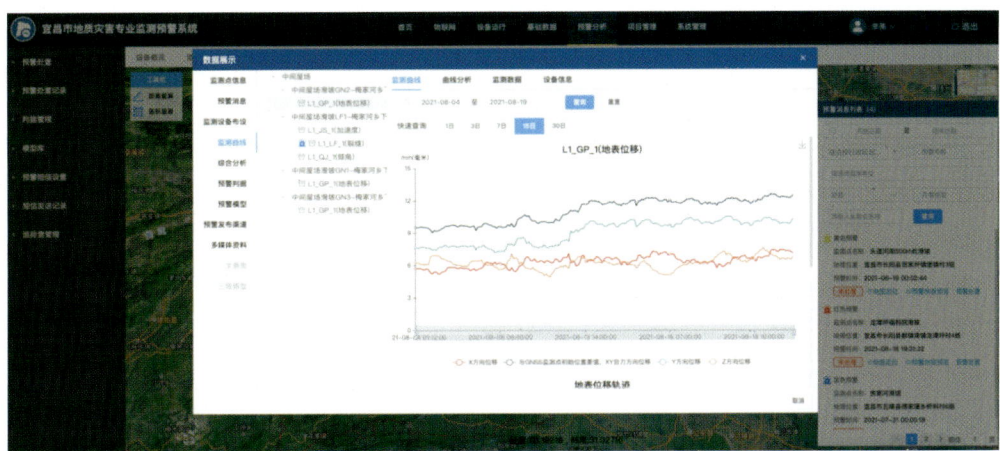

(b) 专业监测数据展示

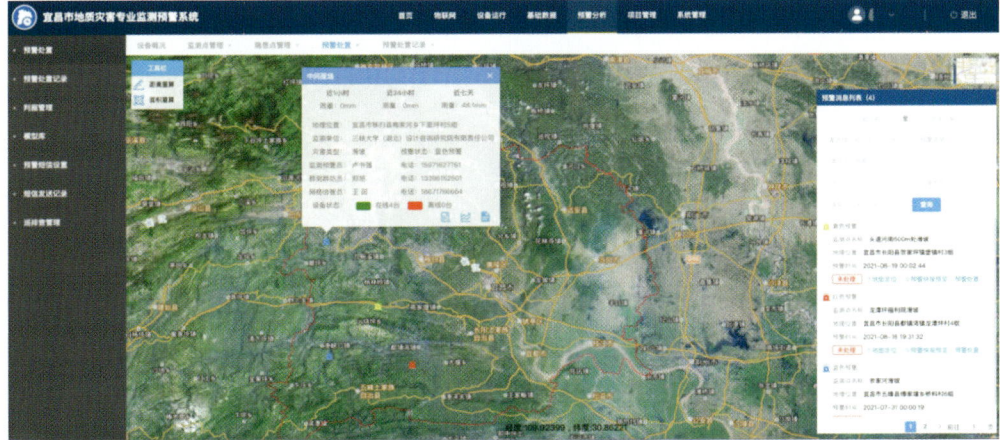

(c) 预警分析

图 5.7 宜昌市地质灾害监测预警平台页面展示

283

图 5.8 "小度"智能物联网触屏终端页面展示

2)完善气象地质灾害精细化风险预警平台

宜昌市地质灾害气象风险预警工作起步较早,2013年与宜昌市气象局合作,建立了国土资源部门、气象部门密切合作机制和应急联动机制,初步建立了地质灾害数据库、气象监测信息网,构建国土气象地质灾害防治信息平台,在宜昌市电视台发布气象地质灾害预警信息。

2018年以来,宜昌市自然资源部门根据全省安排部署,与湖北省地质环境总站、市气象局深度合作,进一步打造精细化地质灾害气象风险预警预报平台,构建气象地质灾害风险预警制作、发布、响应、信息反馈闭环管理的精细化预警系统(图5.9)。

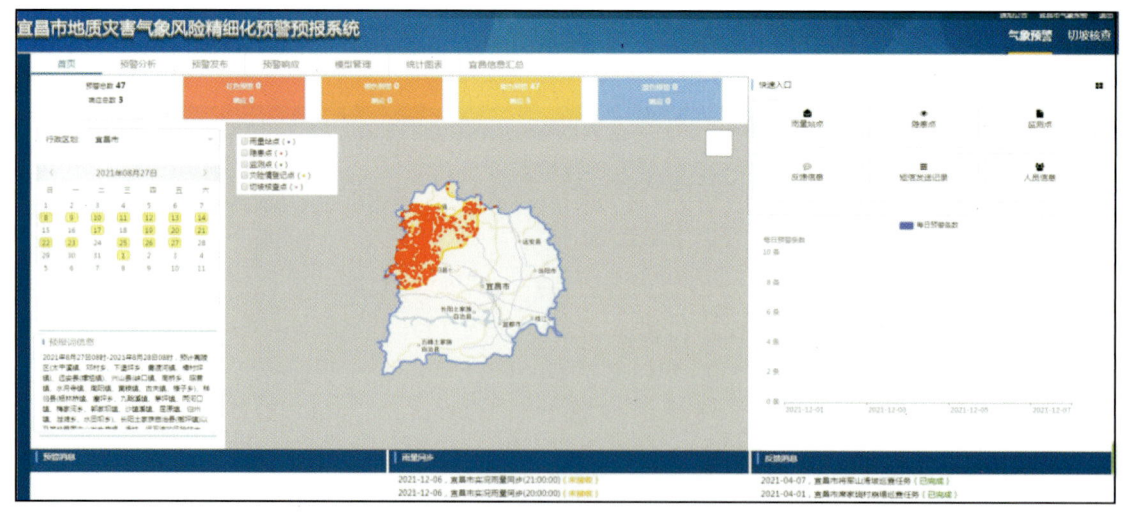

图 5.9 地质灾害气象风险精细化预警预报系统页面展示

地质灾害气象风险精细化预警预报系统立足于湖北省地质环境综合信息平台,包括雨量数据接入、预警分析、预警发布、响应反馈、预警模型、统计图表、信息汇总、切坡核查等模块,实现雨量数据接入、模型管理、预警分析与发布、预警响应与反馈、结果统计汇总的全流程闭环管理(图5.10)。

图5.10 地质灾害气象风险精细化预警预报系统业务流程图

该系统实现了"六查"功能,即查预警结果(预警图片和短信)、查隐患点信息、查监测结果、查雨量数据、查响应人员和查防御措施。此外,该系统具有精准推送预警短信的功能,可根据预警分区图自动挑选推送一线防灾人员,管理人员按照市、县、乡、村分级定制,针对性强。宜昌市"智慧防灾"微信公众号支持该平台功能。

系统主要特色如下:一是预警响应与专业监测相结合;二是实现与气象部门自动化雨量站点的对接;三是在全省率先实现四级预警短信的精准推送;四是在全省率先开展短临强降雨预警及趋势预测探索工作,组建汛期值班工作小组,针对局地突发短时强降雨,强化气象信息及时互通,实现短临预警信息推送(图5.11);五是建立地质灾害气象风险精细化预警响应机制。将预警产品制作、发布响应与地灾隐患点网格化管理等有机结合,实现气象预警工作的全流程闭环管理。

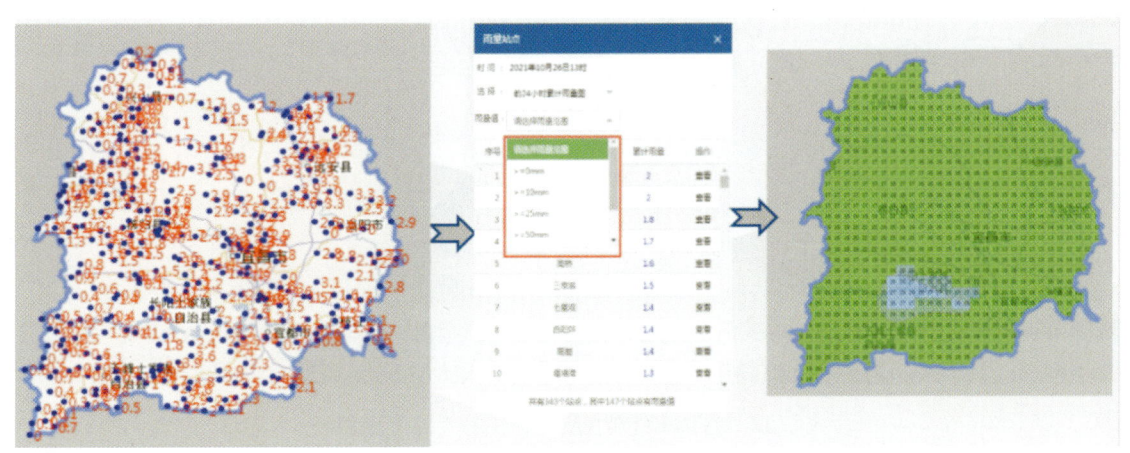

图5.11 宜昌市雨量站点分布及数据处理示意图

系统应用成效如下：基于以县（市、区）为单位的地质灾害气象风险精细化预警预报，通过各级政府网站、电视台、电台、短信、微信等多种媒介，累计发布气象风险防范信息400余期，短信接收超12万人次。典型的如，2021年8月28日发生在三峡库区秭归县归州镇的小岩头滑坡，就是一起气象风险预警主导的成功避险案例。

3）创建可视化风险防控平台

为更好管控全市重要地质灾害隐患点，基于地质灾害专业监测预警系统，开发了宜昌市地质灾害风险防控平台（图5.12），通过手机、平板电脑等移动端可实现重要地质灾害隐患点的基础数据查询、浏览和直观展示。

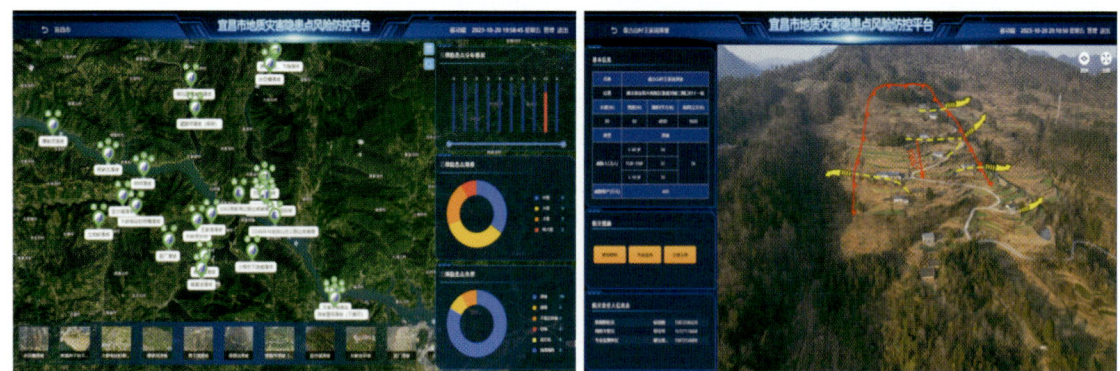

图5.12　宜昌市地质灾害风险防控平台页面展示

平台分为后台管理网站、移动端APP及网页展示端。其中,后台管理系统负责管理系统账号、角色权限、隐患点属性及配置、数据导入等相关内容。移动端APP适配于平板电脑横版模式与手机竖版模式,支持基础数据、地质灾害隐患点数据、隐患点风险防控数据等的分级查询浏览,界面简洁、内容直观。

同时,平台还具备重大隐患点无人机实景三维动态监测与高清视频监控功能,具体包括:在秭归县三峡库区4处重点岸坡段安装了高清视频设备,实现了对链子崖危岩体、新滩滑坡、白家包滑坡、八字门滑坡、树坪滑坡等重大灾害体的实时动态视频监控;对宜昌市三峡库区23处重大危险性崩塌、滑坡等地质灾害进行无人机摄影测量,实现重大风险点及其威胁对象的实景三维建模、动态信息标注、多期动态实景对比监测和分析,以及跨平台、多终端展示等功能。

3. 以"大脑"为底座,实现数据共享

"城市大脑"是智慧城市的核心组成部分,通过集成大数据、云计算、人工智能等先进技术,可以实现对城市各项运行数据的实时监测、分析和处理。在地质灾害防治领域,城市大脑通过数据共享和业务协同,提高灾害预警、应急响应和处置效率。

根据宜昌"城市大脑"建设总体安排,宜昌市自然资源部门按照城市大脑"数字底座"+"场景应用"的建设方式,实现"城市大脑"统领,地质灾害专业监测预警系统为"部门小脑",与城市大脑自然灾害地理信息系统对接,实现全市地质灾害在册隐患点基础数据、监测点基础数据、监测设备实时监测数据及监测预警信息的全量推送与展示服务(图5.13),为全市地质灾害风险防控、分析研判、指挥调度提供更准确及时的决策支持,有力提升了全市地质灾害管理业务工作协同能力。

图5.13 城市大脑自然灾害地理信息系统

(1)数据推送。截至2023年6月底,完成全市2807处在册地质灾害隐患点调查评价基础数据的全量接入,包括年度核查隐患点详细调查表11 288张、隐患点全貌图和警示牌各

2807份、更新"四位一体"群测群防3035人人员数据,同时提供全市地质灾害防治"十四五"规划成果GIS数据,包括地质灾害隐患点"易发分区图""防治规划图""防治分区图""风险区划图"等各一套。系统还新增了监测项目进度管理、监测成果管理、值班值守、调查评价、人工报灾、综合治理(包括排危除险、工程治理、搬迁避让)、切坡隐患(包括修路、建房切坡)、"四位一体"人员管理以及地质灾害专题图层等模块,最终实现了地质灾害风险防控一张图。

(2)数据共享。建立地质灾害数据共享平台,打破部门信息壁垒,实现数据互联互通。宜昌市城市大脑汇聚全域气象、水利、地质、地震、森林火灾、城市内涝监测点的感知数据、文档数据、普查数据等,同时结合城市信息模型(city information modeling,CIM)三维空间基础数据资源进行数据融合、分析、处理。基于CIM平台的三维空间底座和DataV数字孪生引擎进行丰富的多灾种信息展示,通盘掌握全市自然灾害风险等级和发展趋势,实现自然灾害多灾种综合监测预警。

(3)部门协同。结合"城市大脑"大数据服务中地质灾害和相关多部门(气象、水利、地震等)、多致灾因素关联的监测数据汇聚耦合分析,针对地质灾害风险监测预警领域,形成全面的宜昌市地质灾害风险监测感知信息数据库,构建"实时动态、高效融合、精准预警"的地质灾害风险监测预警新体系。

下一步计划:将实现由"城市大脑"底座提供全市各部门与地质灾害监测业务相关的气象(降雨实时监测雨量、预报雨量)、水文、地震、人类活动等多种影响因素数据;通过加快针对地质灾害隐患点地表位移、深部位移、地下水、裂缝、倾角加速度、雨量等实时监测感知设备建设,物联网风险感知网络建设,实现数据汇聚;依托各种监测数据和监测方法,构造多元预警模型,形成风险分析模型库;充分利用大数据、机器学习等先进技术,分析研究地质灾害成灾机理、各致灾因子与灾害发生的相关性、机器学习模型训练等算法,提高预警模型精度,预判各类地质灾害风险并及时发布预警信息,实现地质灾害风险监测智能化分析计算、预警预报和决策支持,为防灾减灾提供更加强有力的技术支撑。

5.3　整合资源,夯实持续保障体系

5.3.1　落实经费投入保障

1. 建立长效投入机制

中央财政和省级财政为地质灾害综合防治体系建设提供了有力的资金保障。市、县(区)两级明确额度和支持方向,为基层地质灾害日常防治工作提供了有力保障。自2014年以来,市级财政按每年500万元编列地质灾害防治专项预算,累计投入6500万元,逐步根治了市城区重要地质灾害隐患,并在地质灾害隐患识别、监测预警、信息化建设等综合能力提升方面,开展了有益探索和实践。

表 5.7 宜昌市地质灾害防治相关制度

序号	名称
1	宜昌市地质灾害防御响应工作方案
2	宜昌市地质灾害隐患点管理办法
3	宜昌市地质灾害巡排查工作制度
4	宜昌市地质灾害监测预警工作制度
5	宜昌市地质灾害宣传演练工作制度
6	宜昌市地质灾害值班值守工作制度
7	宜昌市地质灾害防御响应工作方案
8	宜昌市工程建设活动引发地质灾害防治工作制度
9	宜昌市政府投资地质灾害防治项目管理实施细则(试行)
10	宜昌市政府投资地质灾害防治项目建设主体信用评价管理实施暂行办法(试行)
11	宜昌市地质灾害成功避险奖励暂行办法

三级奖励：避免因一次地质灾害造成人员伤亡 3 人（含）以上、10 人以下的事件，奖金额度为个人奖励 5000 元、单位（集体）奖励 8000 元。

避免因一次地质灾害造成人员伤亡 3 人以下的事件，由县级实施奖励。

5.4 开拓创新，探索共同缔造机制

随着人类活动的日益频繁和自然环境的不断变化，地质灾害的发生频率和危害程度增加，对社会经济发展构成了重大挑战。面对严峻的防灾减灾形势，深刻认识到，地质灾害防治工作不仅是地方政府的责任，更是全社会共同的责任。因此，倡导"地质灾害防治共同缔造"的理念，旨在通过全社会的共同努力，构建地质灾害防治的长效机制，守护美好家园。共同缔造的核心在于"共同"，在地质灾害防治中，意味着政府、企事业单位、社会组织以及广大民众携手合作，形成地质灾害防治的强大合力，共同面对风险挑战。

5.4.1 宣传演练，提升防灾意识能力

提升公众的防灾意识和能力，首要任务是普及地质灾害知识，使公众了解地质灾害的成因、类型、危害及预防措施，使公众能够认识地质灾害的严重性，提高警惕性，从而在灾害发生前采取有效的防范措施。始终将地质灾害防治宣传培训演练作为保障安全与民生的关键举措，明确"以防为主、防抗救相结合"的方针，制订详细的工作计划和目标，确保每一项工作都能落到实处、取得实效。

1. 全方位、多层次宣传

1）媒体矩阵,广泛传播

充分利用传统媒体和新媒体优势,形成了线上线下相结合的立体宣传网络。通过电视、广播、报纸等传统媒体,发布地质灾害预警信息和科普知识;利用互联网、社交媒体等新兴媒体平台,开展互动、直播等活动,增强宣传的时效性和互动性。每年的4·22世界地球日、5·12全国防灾减灾日、主汛期等重要时间节点,全市各级自然资源部门借助报纸、电视、网络、微信、海报、横幅、展板等载体,开展全方位、多角度、立体式的地质灾害防治专题宣传,加深公众对地质灾害防治常识、管理、政策的认知。

2020年汛期发布《地灾科普》抖音短视频19条,播放量365.4万人次。

2021年的4·22世界地球日,"这些神器有智慧"引发人民日报客户端、新华网客户端、搜狐网等主流媒体广泛关注,全网点击量超过400万人次。5·12防灾减灾日期间,"宜昌方言版防灾减灾知识"抖音短视频全网点击量超过500万人次、点赞量3.2万。建房切坡引发地质灾害"一户一策"定制服务为群众办实事,被人民日报客户端、中国自然资源报、中国应急管理、湖北日报等媒体转发。

2022年的4·22世界地球日,以宜昌"地质灾害预警吹哨人"为题制作的漫画长图《地球日,图说地灾"吹哨人"》,形象生动地介绍了"地灾吹哨人"实地调查隐患点、安装监测预警设备等,作品在4月22日发布当天就获得超过10万的阅读量,同时受到湖北省自然资源厅的关注和点赞,被"湖北自然资源"微信公众号、新华网客户端、搜狐网、青春宜昌等媒体平台转发。5·12防灾减灾日期间,在三峡宜昌网、三峡宜昌APP、云上宜昌APP、宜昌发布微博微信等平台发布的《筑牢群众防灾"安全链"》《防灾减灾日"人防+技防",宜昌构筑地灾防治安全屏障》《加强防灾演练,筑牢安全防线》等新媒体图文稿件,每条均获得15万以上阅读量;三峡日报以《"火眼金睛"保平安-大数据赋能宜昌地质灾害防治扫描》整版报道全市地质灾害监测预警及信息化工作开展情况,并获人民日报客户端、新浪网、宜昌政府网刊发,阅读量达到27万人次。

2023年,在"宜昌发布"抖音号中发布地质灾害宣传短片19条,24h内点击量突破130万次,转发超2800次;累计获得点击量突破369.4万次,点赞数超过10万次。联合三峡宜昌网、三峡云、云上宜昌客户端推出短视频《防灾减灾日,看地灾"黑科技"守护人民群众安全》,引发网友关注,人民日报客户端、长江云、今日头条等中央、省、市新媒体转发报道,24h阅读数突破177万人次。

近5年数据统计,全市累计开展地质灾害防治专题科普宣传100余场次,发放宣传资料20万人份,布设各类主题宣传展板、横幅、电子屏100余处。在新媒体平台累计发布专题活动8期,稿件63条,短视频32条,全网累计阅读量超3800万人次。据不完全统计,宜昌市地质灾害综合防治体系建设期间,对受威胁群众的宣传培训人数达到24万人次以上。

2)横向联合,上下联动

围绕以"减轻灾害风险,守护美好家园"为主题开展专题科普宣传活动,在宜昌市城市规划展览馆大厅播放地质灾害科普及工作纪实视频,主要通道摆放科普展板,安排专人现场讲解和发放宣传手册,对现场参观群众进行面对面的地质灾害科普宣传,普及地质灾害防灾减灾知识。联合中国地质调查局武汉地质调查中心、三峡大学制作地质灾害科普宣传系列短视频,在"宜昌发布"抖音号、微信公众号、微博以及三峡宜昌网、三峡宜昌客户端等市级新媒体平台同步推出,并由抖音官方定向精准推送至秭归、兴山、五峰、长阳等地质灾害易发区的抖音用户,反响热烈。具体见图5.15。

2020年以来,在世界地球日、防灾减灾日及汛期等重点时段开展宣传,在市级以上新媒体平台发布专题活动12期,稿件89条,短视频32条,全网累计阅读量超3800万人次,人民日报客户端、湖北日报、三峡日报等主流媒体关注报道宜昌地质灾害防治工作60余次。

图5.15 多渠道、多方式的防灾减灾宣传

各县市区积极组织形式多样的防灾减灾主题活动。如兴山、长阳、五峰、远安、当阳、秭归、宜都及枝江,2023年分别组织各地减灾委开展了"防范灾害风险、护航高质量发展"主题宣传教育活动,现场宣传防灾减灾知识,开展应急疏散演练,引导群众防范灾害风险,减少灾害损失。其中,夷陵区局联合东城试验区、蔡家河村委会,在鹰子崖地质灾害点现场组织受威胁群众30人开展屋场式集中宣传教育活动,邀请技术单位专家进行防灾知识讲座,通过发放防灾避险宣传手册、现场解答群众疑问等方式,宣传科学应对地质灾害的措施和逃生自救方法,增强村民防灾减灾意识。

组织专业团队深入社区、学校、企业等基层单位开展面对面宣传活动,到在册地质灾害隐患点对受威胁群众开展"屋场式、院会式"培训演练、互动交流、解答公众的疑问和困惑,提高宣传的针对性和实效性。将地质灾害防范知识纳入中小学校教育体系,针对不同年龄段的学生制定不同的教育内容和方式。通过课堂教学、课外活动、应急演练等多种形式,让学生从小就树立防灾减灾意识,掌握基本的自救互救技能。

在村及社区设置宣传栏、发放宣传册、举办讲座等活动,向居民普及地质灾害防范知识。同时,鼓励居民积极参与社区防灾减灾工作,形成全社会共同参与的防灾减灾氛围。

3)丰富宣传内容

结合宜昌地质灾害特点,制作发放针对地质灾害基本知识、预防措施、自救互救方法以及相关法律法规等内容的宣传品。制作宣传展板80多块,印制发放知识读本等宣传资料约6万册,发放"四位一体"宣传扑克2万余副(图5.16),制作印发地质灾害宣传海报3000余张,下发地质灾害避险应急手册、挂历、台历等宣传资料5万余册(图5.17),印发中国新农历主题的地质灾害监测记录本1万份(图5.18)。

图5.16 "四位一体"宣传扑克牌

通过案例复盘分析,以地质灾害成功预警避险典型案例为主要内容,制作警示教育片发放到政府机关、相关部门和广大农村社区循环播放,提高公众的警觉性,教育宣传覆盖人数超100万人。

2. 系统化、专业化培训

根据不同培训对象制订差异化培训计划,对地质灾害防治基层干部群众注重普及基本知识和提高自救互救能力,对专业人员和应急救援队伍注重提升其专业技能和实战能力。培训方式,既有室内专家授课,又有现场实地教学。培训内容既有日常防灾技能,又有项目管理知识;既有隐患识别方法,又有预警处置程序;既有勘查设计基础,又有创新科技理论;还有廉政风险防范;等等。

5 强基固本 提升能力

图 5.17 地质灾害宣传挂历

图 5.18 地质灾害避险应急宣传台历

（1）市级专题培训。市委市政府每年举办培训班，对各地分管自然资源行政领导开展地质灾害专题培训，提升履职能力。市自然资源部门常态化组织年度地质灾害防治管理培训班，对市、县（市、区）、乡镇"四位一体"网格管理人员培训，提升地质灾害防范应对能力。定期组织专业技术人员开展防灾减灾理论、技术与方法等的培训和交流。综防体系建设以来，针对全市地质灾害调查评价、隐患识别、监测预警、工程治理、隐患双控等方面涉及的理论和技术问题，邀请各方面专家通过理论讲解、技术培训、动手实操等方式，对全市技术支撑单位人员进行定期培训，鼓励各技术单位之间和单位内部定期或不定期开展技术培训交流，全面提升技防能力水平（表5.8）。据统计，2018年以来，市级共组织700余人参加了培训。

表5.8 市级地质灾害专题培训情况

年度	培训专家	培训内容	培训对象	参训人数（人）
2018年	省级专家	地质灾害应急处置工作	各县（市、区）自然资源局分管负责同志、地质环境股长、地质灾害防治中心（监测站）负责人等技术单位人员	100
	省级专家	地质灾害治理工程项目管理		
	省级专家	地质灾害防治项目立项、验收		
	地大教授	地质灾害治理项目勘查、可研、设计		
	省级专家	地质灾害防治工程资料归档		
	三峡大学教授	无人机应用		
	省级专家	治理工程现场研讨		
	院士	山地城镇地质灾害防治与风险管理	市直相关部门分管负责人、各县（市、区）政府分管国土资源工作负责人、各地质灾害多发乡镇政府分管自然资源工作负责人及自然资源所所长	200
	省级专家	基层地质灾害防治工作要点		
	省级专家	"四位一体、网格化管理"		
2019年	省级专家	基层地质灾害防治工作要点	各县（市、区）局、城区分局主要领导、分管领导、股室相关人员、自然资源所所长、技术单位技术人员	186
	省级专家	地质灾害综合防治体系建设基本要求与思考		
	省级专家	湖北省地质灾害防治信息化的建与用		
	省级专家	规范程序 强化地灾防治项目管理		
2021年	纪检领导	党员干部在地灾防治工作中的廉政风险防范	各县（市、区）局、城区分局主要领导、分管领导、科（股）室相关人员、技术单位技术人员	100
	财政部门	工程招投标和政府采购业务培训		
	财政部门	财政投资评审业务培训		
	省级专家	地质灾害综合防治体系项目的组织和管理		
	省级专家	地质灾害防治项目预算编制		
	省级专家	地灾防治项目绩效评价		

续表 5.8

年度	培训专家	培训内容	培训对象	参训人数（人）
2023年	省级专家	地质灾害常态防控	各县（市、区）局、城区分局主要领导、分管领导、科（股）室相关人员、技术单位技术人员	120
	地大教授	如何做好地质灾害勘查设计		
	三峡大学教授	地质灾害监测预警		
	省级专家	地质灾害防治工程项目管理		
	基层档案管理人员	资料归档整理经验介绍		

（2）县乡两级培训常态化。各县（市、区）自然资源管理部门每年常态化组织相关负责同志、群测群防员进行多种形式监测技能培训（图 5.19），专题讲授地质灾害预防、识别、监测、预警、处置等防灾知识，同时为群测群防员配备简易、标准化的监测和报警等设备，提高群测群防和监测预警能力。

图 5.19 通过发放培训材料、集中讲解等方式开展群测群防员培训

（3）一户一策，精准培训。山区百姓建房切坡容易引发小灾大害。为 207 户受威胁群众精准定制"一户一策"防灾指导图[5.20(a)]，发放"一户一策"防灾工具包[图 5.20(b)]。针对建房切坡灾害特点、临灾特征、避险路线、防灾处理措施等，面对面讲解，对灾害、预防、除险方法手把手施教。精准提高受地质灾害威胁群众的"自测自防"能力，得到了受威胁群众和行业专家的一致好评。

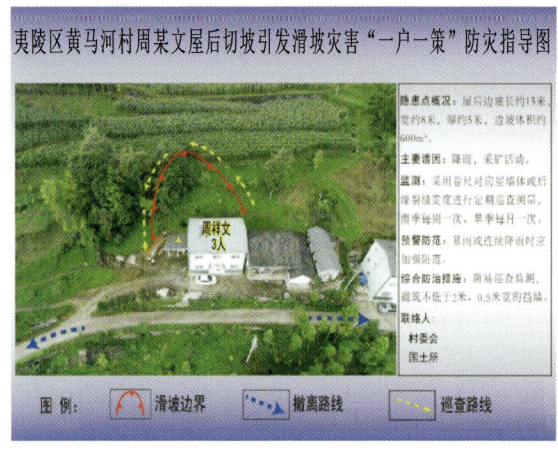

(a)"一户一策"防灾指导图　　　　　　　(b)"一户一策"防灾工具包

图 5.20　建房切坡"一户一策"试点

3. 全方位、多层级演练

地质灾害防灾演练是提升应急防范能力的有效保障,为实地检验临灾预案的科学性、合理性和可操作性,采取行政推动、技术支撑、部门联动,深入开展地质灾害隐患点的应急演练。2018年以来,共开展市、县(市、区)各级各类突发地质灾害防范综合演练100多次,地质灾害隐患点防灾预案演练全覆盖,参演人数1万人次以上。

(1)综合演练实战化、规范化。自然资源部门主导,相关部门协同,全社会参与。市局每年定期组织跨部门地质灾害防灾应急(综合)演练活动,注重发挥社会力量的作用,积极动员社会组织、志愿者等参与。主要目的是:检验地灾预警、人员疏散、转移安置等应急抢险能力;查找应急预案中存在的问题,完善应急预案,提高应急预案的实效性和可操作性;检查应对突发事件所需应急队伍、物资、装备、技术等方面的准备情况,发现不足及时予以调整补充,做好应急准备工作;增强演练组织单位、参与单位和人员对应急预案的熟悉程序,提高应急处置能力;进一步明确相关单位和人员的职责任务,完善应急机制;普及地质灾害防范知识,提高全员风险防范意识和自救互救的能力,形成全社会共同防灾减灾的良好局面。

典型的有:2024年5月12日是第16个全国防灾减灾日,宜昌市自然资源和城乡建设局突出"人人讲安全,个个会应急"主题,在渔洋关镇与五峰县联合主办综合防灾演练,湖北省自然资源厅专家到场指导,共计500余人参加活动(图5.21)。

演练具体内容:一是宜昌市地质灾害专业监测预警平台预警提示,大丽寨滑坡体的实时监测数据触发红色预警,随即发送提醒防灾避险预警信息;二是五峰自然资源和规划部门按照"四位一体"群测群防和专业监测联防联控的管理机制,随即组织开展现场核查工作;三是经核实险情并逐级上报后,五峰县人民政府决定启动突发地质灾害应急三级响应,立即成立现场指挥部以及综合协调、调查监测预报、交通治安管理、群众疏散、抢险救援、通信电力抢修、转移安置、医疗救护、专家等工作组;四是工作组立即组织受滑坡威胁的300余名居民紧

图 5.21　五峰县地质灾害应急演练现场

急撤离并临时安置；五是当所有居民撤离至避险场所后，现场指挥部对撤离居民进行二次核实，确认居民全部转移到安全区域，宣布演练结束。

基层一线是防灾减灾的主战场。本次演练中，各级政府、部门单位各司其职、各负其责、协力配合，现场指挥部和工作组职责明确、运转有效、处置高效，基层干部群众服从指挥、响应迅速、避险有序，有效检验了地灾预警、人员疏散、转移安置等防灾避险能力，达到了预期目的。

参与演练的当地村民王师傅说："今天的应急演练很有意义，也非常管用，学会了许多防灾知识，真要遇到地质灾害，我知道了往哪儿转移、怎样撤离避险才是安全的。"

（2）分级演练多样化。地方政府对县、乡、村地质灾害演练常抓不懈，人民群众应对突发性地质灾害的防范、避险意识和自救、互救能力得到极大提升。

例如，2018年7月14日，秭归县国土资源局在泄滩乡组织开展地质灾害应急演练（图5.22）。模拟在滑坡灾害险情出现后，各级防灾人员、相关部门自觉按分工迅速响应，共同协调处置险情，尽最大努力减轻和避免滑坡灾害损失的全过程。

此次演练分观摩、现场两个区域，按7个步骤进行：一是部门就位，演练开幕；二是巡查监测，灾情上报；三是专家调查，灾情会商；四是启动预案，部门联动；五是发布预警，组织撤离；六是稳妥安置，悉心安抚；七是演练结束，点评总结。

演练涵盖了气象预警、动态巡查、险情上报、应急调查、处置会商、预警发布、避险撤离等环节，做到了组织领导到位、应急处置到位、后勤保障到位，内容全面又具有可操作性，验证了应急预案的科学性和合理性。

图 5.22　秭归县泄滩乡地质灾害应急演练现场

演练工作由秭归县国土资源局牵头，泄滩乡人民政府、秭归县人武部、秭归县消防大队、秭归县公安局、秭归县民政局、秭归县卫计局、秭归县气象局、三峡大学、湖北省水文地质大队等多家单位参与，参演人员达到数百人。

(3) 隐患点演练全覆盖。2018 年，部署开展"宜昌市 2018 年地质灾害演练培训宣传三个全覆盖"项目。技术人员与乡（镇）村组结合，实现了针对全市 3019 处地质灾害隐患点上所有受威胁群众宣传、培训、演练全覆盖。该项工作在全省属于首创。技术单位对该项工作，周密策划，精心组织，组建 7 个工作小组深入各县（市、区）灾害点现场，与各县（市、区）、乡镇党委政府密切配合完成。

在宣传培训上，采取在隐患点设置横幅标语、布置展板、张贴科普宣传画册、发放科普挂历及台历、发放科普读本资料、现场集中面向受威胁对象宣讲等多种形式开展。

在演练活动上，采取"喊一嗓子、敲一下子、跑一阵子"的"屋场式"演练。演练分两个层级开展：第一层级为乡镇及重点村典型地质灾害隐患点；第二层级为受威胁人员达到 5 人及以上的地质灾害隐患点。演练要求做到人员和灾害点全覆盖，其中，演练人员包括从事地质灾害防治工作人员、乡镇及村地质灾害监测员、受地质灾害隐患点威胁单位及人员，尤其突出人员密集区、旅游景区、大中型工矿企业所在地和交通干线、重点水利电力工程等防护重点和偏远山区的群众、在建工程等。演练流程见图 5.23。

演练采用不设脚本或使用简易脚本，突出实战。做好前期准备，提前告知撤离路线及避灾场所。第一时间出击，在听到撤离警报后，各监测人员及应急抢险人员立即深入到隐患点内，带领群众按照预定路线有序快速进行撤离；一切行动听指挥，让群众在临灾状况下不惊慌，有效避险转移。

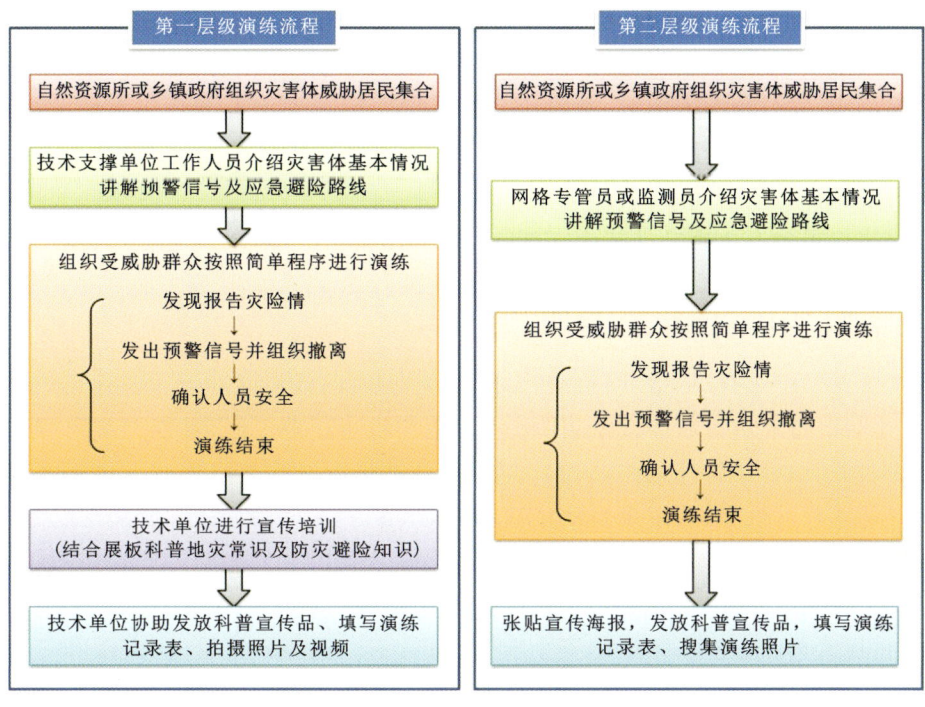

图 5.23　演练流程图

演练过程中,现场气氛浓厚,相关人员配合密切、流程衔接顺畅;群众士气高昂,进入角色状态快,积极主动,互相协作,抢险救援积极主动、疏散撤离安全有序。据统计,参与应急演练与宣传培训的基层干部及技术人员共计 17 353 人,受威胁群众共计 38 158 人;发放宣传画册、海报、宣传日历及台历等近 5 万份,发放宣传读本 2400 余份,取得了良好效果。

通过近年来的努力。全市建立了多层级、全覆盖的地质灾害宣传培训体系,涵盖了专业人员、基层干部、居民、学生等多个群体。通过制订详细的培训计划、设置科学的培训课程、采用灵活多样的教学方式,确保了培训工作的针对性和实效性。经过一系列的培训活动,全市公众的地质灾害防范意识和应急响应能力得到了显著提升。绝大部分居民掌握了基本的自救互救技能,能够在地质灾害发生时迅速采取行动保护自己和他人。同时,跨部门协作能力也得到了加强,为应对复杂多变的地质灾害防治形势提供了有力保障。如 2021 年 8 月 28 日秭归小岩头滑坡避险入选 2021 年全国地质灾害成功避险十大案例,2022 年 3 月 21 日兴山阳泉村彭家院子后山崩塌灾害避险入选 2022 年全国地质灾害避险典型案例等,无不得益于多年来强有力的宣传和培训。

全市地质灾害培训工作得到了社会各界的广泛关注和高度评价。许多参与培训的群众表示受益匪浅,认为培训内容实用性强、易于掌握。同时,社会各界也积极参与到地质灾害防治工作中来,形成了全民参与防灾减灾的良好氛围。

下一步,由"宜昌城市大脑"底座提供全市各部门与地质灾害监测业务相关的气象(降雨实时监测雨量、预报雨量)、水文、地震、人类活动等多种影响因素数据;加快针对地质灾害隐患点地表位移、深部位移、地下水、裂缝、倾角加速度、雨量等实时监测感知设备建设,物联网风险感知网络建设,实现数据汇聚;依托各种监测数据和监测方法,构造多元预警模型,形成风险分析模型库;充分利用大数据、机器学习等现代技术,分析研究地质灾害成灾机理、各致灾因子与灾害发生的相关性、机器学习模型训练等,提高预警模型精度,预判各类地质灾害风险并及时发布预警信息,实现地质灾害风险监测智能化分析计算、预警预报和决策支持,为防灾减灾提供更加有强有力的技术支撑。

5.4.2 先行先试,构建智慧防灾社区

以地质灾害防治"四位一体、网格化管理"模式为基础,依托基层社区行政组织和管理体系,整合社区各类地质灾害防治资源,优化地质灾害监测预警工作,实现专业监测与群测群防紧密结合,构建以社区管理为核心,多方参与、全民防灾的智慧防灾减灾体系。以秭归县沙镇溪镇三星店村为试点,围绕提升社区管理能力,服务群众防灾需求,开展定制服务。

1. 建设原则

(1)坚持以人为本。把人民生命安全放在首位,兼顾重要公共设施、资源和环境。努力实现避免"群死群伤"和重大经济损失的目标。

(2)坚持突出重点。以人口密集、地质环境脆弱区作为重点监测区,兼顾其他隐患相对不发育区,强化巡查机制。

(3)坚持科技创新。人防技防紧密结合,提升监测效能;采用视频会议、户外大屏等手段,提升社区信息互联、宣传培训实效;集物联网、移动互联等技术,建立社区智慧防灾减灾信息平台。

(4)坚持共同缔造。整合社区资源,完善群专结合监测网络,形成专业监测队伍、县级职能管理部门、基层社区组织、社区群众多方参与的地质灾害监测预警新模式,提高群众地质灾害防治意识,提升社区防灾预灾能力。

2. 建设内容

(1)根据区内地质灾害发育特点,开展地质灾害风险调查,结合已完成的地质灾害防治工作,圈定重点地质灾害隐患点和风险区,补充布设普适型监测网点。

(2)集成区内地质灾害隐患点、工程治理、专业监测预警、气象风险预警、巡查反馈、值班值守、防灾宣传视频等信息;开发社区智慧防灾减灾信息平台、"防灾社区"微信小程序等工具。

(3)完善室内基础设施建设,改造建成视频会议室、防灾值班室。

(4)制作安装户外 LED 宣传大屏、防灾高频广播、宣传展板。

(5)定制社区防灾宣传册和防灾减灾宣传科普视频,组织开展防灾宣传培训与演练。